JINSHU QINGXIJI

PEIFANG YU ZHIBEI SHOUCE

# 金属清洗剂
## 配方与制备手册

李东光　主编

化学工业出版社
·北京·

本书对除油、去锈、除垢等复合、高效、环保类型的 320 种金属清洗剂进行了详细介绍，包括原料配比、制备方法、原料介绍、产品应用、产品特性等内容，简明扼要、实用性强。

本书适合从事金属清洗剂生产、研发的人员使用，也可供精细化工等相关专业师生参考。

**图书在版编目（CIP）数据**

金属清洗剂配方与制备手册/李东光主编. —北京：化学工业出版社，2019.4
ISBN 978-7-122-33989-8

Ⅰ.①金…　Ⅱ.①李…　Ⅲ.①金属-洗涤剂—配方—手册②金属—洗涤剂—制备—手册　Ⅳ.①TQ649-62

中国版本图书馆 CIP 数据核字（2019）第 035227 号

责任编辑：张　艳　刘　军　　　　　文字编辑：陈　雨
责任校对：王鹏飞　　　　　　　　　装帧设计：王晓宇

出版发行：化学工业出版社（北京市东城区青年湖南街 13 号　邮政编码 100011）
印　　刷：三河市延风印装有限公司
装　　订：三河市宇新装订厂
710mm×1000mm　1/16　印张 18¼　字数 354 千字　2019 年 7 月北京第 1 版第 1 次印刷

购书咨询：010-64518888　　　　　　售后服务：010-64518899
网　　址：http://www.cip.com.cn
凡购买本书，如有缺损质量问题，本社销售中心负责调换。

定　价：79.00 元

金属及其制品在加工过程中常会在表面沾染各种污物和杂质。清洗是金属表面处理中极其重要的一环。以去油脱脂为主要目标的常用清洗剂有石油系清洗剂、氯代烃系清洗剂、碱性清洗剂和表面活性剂类清洗剂等。

(1) 石油系清洗剂　主要有溶剂汽油、煤油或轻柴油等。它的作用原理主要是利用其对金属表面油脂的溶解作用。由于这类溶剂渗透力强、脱脂性好，故一般用于粗清洗，以除去大量的油脂类污物。但在实际使用时，往往加入某种合成的表面活性剂，使它具有清洗水溶性污物的能力，有时也加入少量防锈剂，使清洗后金属表面具有短时间的防锈能力。这类石油系清洗剂，特别是汽油，由于易燃，使用时必须有充分的防火安全措施。

(2) 氯代烃系清洗剂　常用的是三氯乙烯和四氯化碳。这类溶剂的特点是对油脂的溶解能力强，但沸点低，一般为不易燃物，而且比热容小、蒸发潜热小，因而温升快、凝缩也快。它的密度一般比空气大，因而存在于空气下部。由于这些特点，这类清洗剂可用于蒸气脱脂。这类溶剂价格较贵，一般需循环使用或回收使用。有些溶剂如三氯乙烯有一定的毒性，在有光、空气和水分共存时，分解产生氯化氢，易引起金属腐蚀，与强碱共热时，易产生爆炸等，使用时应加以注意。

(3) 碱性清洗剂　主要有氢氧化钠、碳酸钠、硅酸钠、磷酸钠等，溶于水成为碱性清洗剂。它们的作用原理是能和油污中的脂肪酸甘油酯发生皂化反应形成初生皂，使油污成为水溶性的物质而被溶解去除。其中氢氧化钠和碳酸钠还有中和酸性污垢的作用。磷酸钠、三聚磷酸钠、六偏磷酸钠等既具有清洗作用，又有抑制腐蚀的作用。硅酸钠则有胶溶、分散等作用，清洗效果较好。碱性清洗剂由于价格较低、无毒性、不易燃等原因，使用较为广泛。但在使用碱性清洗剂时要注意被清洗金属的材质，选择具有适当的 pH 的碱液。此外，在使用碱性清洗剂时，通常加入表面活性剂构成复合配方，以加强清洗作用。

(4) 表面活性剂类清洗剂　这类清洗剂的作用原理与表面活性剂的增溶、润湿、吸附、乳化、分散等性质有关。它们首先润湿金属表面，进入金属与污物连接的界面，使污物被拆开；或者使油脂类污物以球状聚集在金属表面上，然后逐渐从金属表面脱落、分散或悬浮成细小粒子。这种细小粒子在清洗剂的胶囊中溶解为溶液，或吸附在胶囊表面，与水形成乳化液或分散液，而不至于凝集或吸附在金属表面上，从而完成使油脂或固体污粒离开金属表面、进入清洗液中的清洗过程。这类含有表面活性剂（尤其是非离子表面活性剂）的清洗剂，在水溶液中不离解，受酸碱、硬水、海水等影响较小，去脂能力强，清洗效果好，无毒，不易燃，因而有着广阔的应用前景。

为了满足市场的需求，我们在化学工业出版社的组织下编写了这本《金属清洗剂配方与制备手册》，书中收集了 300 余种金属清洗剂的制备实例，详细介绍了产品的特性、用途与用法、配方和制法，旨在为金属清洗工业的发展尽点微薄之力。

本书的配方以质量份数表示，在配方中有注明以体积份数表示的情况下，需注意质量份数与体积份数的对应关系，例如质量份数以 g 为单位时，对应的体积份数单位是 mL，质量份数以 kg 为单位时，对应的体积份数单位是 L，以此类推。

本书由李东光主编，参加编写的还有翟怀凤、李桂芝、吴宪民、吴慧芳、蒋永波、邢胜利、李嘉等。由于编者水平有限，疏漏和不妥之处在所难免，请读者使用过程中发现问题及时指正。主编的 E-mail 为 ldguang@163.com。

主编

2018 年 8 月

# 目 录

CONTENTS

## 3 金属酸洗剂 / 212

# 1
# 金属清洗液

## 配方01　不损伤金属表面的安全清洗液

**原料配比**

| 原料 | 配比（质量份） | | |
|---|---|---|---|
| | 1# | 2# | 3# |
| 二乙烯三胺五乙酸 | 2.7 | 1.5 | 3.7 |
| 无水硅酸钠 | 2.8 | 2.5 | 3.8 |
| 氨基二亚甲基膦酸 | 2.9 | 2.3 | 3.6 |
| $N,N$-二甲基丙烯酰胺 | 7.9 | 7.5 | 8.6 |
| 表面活性剂烷基硫酸钠 | 3.7 | 3.2 | 4.5 |
| 钼酸钠 | 4.7 | 3.5 | 5.7 |
| 三羟乙基甲基季铵甲基硫酸盐 | 7.4 | 6.2 | 8.4 |
| 二异丙醇胺 | 3.9 | 3.4 | 5.3 |
| 琥珀酸磺酸钠盐 | 4.6 | 3.5 | 5.6 |
| 水 | 加至100 | 加至100 | 加至100 |

**制备方法**　将各组分原料混合均匀即可。

**产品应用**　本品是一种不损伤金属表面的安全清洗液。

**产品特性**　本产品具有极强的渗透性和优良的除油性，使用添加剂量少，清洗成本低，清洗能力强，可重复使用，无污染，具有防锈和减少蚀度、延长零部件寿命的作用；可以减少成本、降低金属表面粗糙度、增强清洁度。

## 配方02　对金属表面无损伤的清洗液

**原料配比**

| 原料 | 配比（质量份） | | |
|---|---|---|---|
| | 1# | 2# | 3# |
| 2-丙烯酰氨基-2-甲基丙磺酸 | 1.8 | 1.5 | 2.8 |
| 色氨酸 | 1.3 | 0.8 | 2.3 |
| 二磷酸钾 | 2.4 | 1.2 | 3.4 |
| 水 | 1.4 | 1.2 | 1.5 |
| 烃基乙酸 | 1.9 | 1.5 | 2.8 |
| 稳定剂油酸甲酯 | 5.4 | 3.1 | 6.4 |
| 聚乙烯吡咯烷酮 | 5.7 | 3.5 | 6.7 |
| 增稠剂疏水性有机硅改性乳液 | 4.9 | 4.5 | 5.8 |

**制备方法**　将各组分原料混合均匀即可。

**产品应用**　本品是一种对金属表面无损伤的清洗液。

**产品特性**　本产品能够提高对油污等有机污染物的溶解度，可溶解金属表面的有机污染物；能够增强清洗剂的渗透性，提高对金属表面的清洗效果；能够增强质量传递，保证清洗的均匀性，降低对精密金属表面的损伤；能降低清洗剂的表面张力，同时具有水溶性好、渗透力强、无污染等优点；清洗剂中选用的化学试剂，不污染环境，不易燃烧，属于非破坏臭氧层物质，清洗后的废液便于处理排放，能够满足环保"三废"排放要求；制造工艺简单，操作方便，使用安全可靠。

## 配方03　对金属极低腐蚀的光刻胶清洗液

**原料配比**

| 原料 | | 配比（质量份） | | | | | | | | | |
|---|---|---|---|---|---|---|---|---|---|---|---|
| | | 1# | 2# | 3# | 4# | 5# | 6# | 7# | 8# | 9# | 10# |
| 醇胺 | $N,N$-二乙基乙醇胺 | 3 | — | — | — | — | — | — | — | — | — |
| | 单乙醇胺 | — | 5 | — | — | — | — | — | 15 | 0.1 | 8 |
| | 异丙醇胺 | — | — | 30 | — | — | — | — | — | — | — |
| | 二乙醇胺 | — | — | — | 7.5 | — | — | — | — | — | — |
| | 三乙醇胺 | — | — | — | — | 20 | — | — | — | — | — |
| | 乙基二乙醇胺 | — | — | — | — | — | 2.5 | — | — | — | — |
| | N-甲基乙醇胺 | — | — | — | — | — | — | 1.5 | — | — | — |
| 季铵氢氧化物 | 四乙基氢氧化铵 | 2.5 | 3.5 | — | — | — | — | — | — | — | — |
| | 四丁基氢氧化铵 | — | — | 0.5 | — | — | — | — | — | — | 4 |
| | 四丙基氢氧化铵 | — | — | — | 3 | — | — | — | — | — | — |
| | 十六烷基三甲基氢氧化铵 | — | — | — | — | 6 | — | — | 3.5 | — | — |
| | 四甲基氢氧化铵 | — | — | — | — | — | 2.5 | — | — | — | — |
| | 苄基三甲基氢氧化铵 | — | — | — | — | — | — | 1.5 | — | 2 | — |
| $C_4 \sim C_6$ 的多元醇 | 苏阿糖 | 2 | — | — | — | — | — | — | — | — | — |
| | 阿拉伯糖 | — | 3 | — | — | — | — | — | — | — | — |
| | 木糖 | — | — | 1.5 | — | — | — | — | — | — | — |
| | 核糖 | — | — | — | 1.2 | — | — | — | — | — | — |
| | 葡萄糖 | — | — | — | — | 2.5 | — | — | — | — | — |
| | 甘露糖 | — | — | — | — | — | 5 | — | — | — | — |
| | 阿洛糖 | — | — | — | — | — | — | 3 | — | — | — |
| | 山梨糖 | — | — | — | — | — | — | — | 3.5 | — | — |
| | 苏糖醇 | — | — | — | — | — | — | — | — | 1.5 | — |
| | 赤藓醇 | — | — | — | — | — | — | — | — | — | 0.1 |

续表

| 原料 | | 配比（质量份） | | | | | | | | | |
|---|---|---|---|---|---|---|---|---|---|---|---|
| | | 1# | 2# | 3# | 4# | 5# | 6# | 7# | 8# | 9# | 10# |
| 噻唑衍生物 | 2,5-二（叔十二烷基二硫代)-1,3,4-噻二唑 | 0.5 | — | — | — | — | — | — | — | — | — |
| | 2,5-二巯基-1,3,4-噻二唑 | — | 0.2 | — | — | — | — | — | — | — | — |
| | 5-(2-氯苯甲基硫代)-2-巯基-3,4-噻二唑 | — | — | 1 | — | — | — | — | — | — | — |
| | 2,5-双（辛基二硫代）噻二唑 | — | — | — | 0.1 | — | — | — | — | — | — |
| | 2-巯基苯并噻二唑 | — | — | — | — | 2.5 | — | — | — | — | — |
| | 2-巯基噻二唑 | — | — | — | — | — | 1.5 | — | — | — | — |
| | 2-氨基-1,3,4-噻二唑 | — | — | — | — | — | — | 3 | — | — | — |
| | 2-巯基-5-甲基-1,3,4-噻二唑 | — | — | — | — | — | — | — | 1.5 | — | — |
| | 5-甲基-2-巯基噻二唑 | — | — | — | — | — | — | — | — | 0.8 | — |
| | 1,2,3-苯并噻二唑 | — | — | — | — | — | — | — | — | — | 1.5 |
| 溶剂 | N-甲基吡咯烷酮 | 92 | — | — | — | — | — | — | — | — | — |
| | 环丁砜 | — | 88.3 | — | — | — | — | — | — | — | — |
| | 二甲基亚砜 | — | — | 67 | — | — | — | — | — | — | — |
| | 甲基砜 | — | — | — | 88.2 | — | — | — | — | — | — |
| | 1,3-二甲基-2-咪唑烷酮 | — | — | — | — | 69 | — | — | — | — | — |
| | 2-咪唑烷酮 | — | — | — | — | — | 88.5 | — | — | — | — |
| | N-环己基吡咯烷酮 | — | — | — | — | — | — | 91 | — | — | — |
| | 甲乙基亚砜 | — | — | — | — | — | — | — | 76.5 | — | — |
| | 二甲基甲酰胺 | — | — | — | — | — | — | — | — | 95.6 | — |
| | 二甲基乙酰胺 | — | — | — | — | — | — | — | — | — | 86.4 |

| 原料 | | 配比（质量份） | | | | | |
|---|---|---|---|---|---|---|---|
| | | 11# | 12# | 13# | 14# | 15# | 16# |
| 醇胺 | N-(2-氨基乙基)乙醇胺 | 3.5 | — | — | — | — | — |
| | N-甲基乙醇胺 | — | 5.5 | — | — | — | — |
| | 二甘醇胺 | — | — | 12 | — | 0.5 | — |
| | 三乙醇胺 | — | — | — | 2.5 | — | — |
| | 单乙醇胺 | — | — | — | — | — | 8 |
| 季铵氢氧化物 | 四丙基氢氧化铵 | 2.5 | — | — | — | — | — |
| | 四甲基氢氧化铵 | — | 3.5 | 0.1 | — | 2.5 | 3 |
| | 四乙基氢氧化铵 | — | — | 3 | — | — | — |

续表

| 原料 | | 配比(质量份) | | | | | |
| --- | --- | --- | --- | --- | --- | --- | --- |
| | | 11# | 12# | 13# | 14# | 15# | 16# |
| C₄~C₆的多元醇 | 核糖醇 | 0.5 | — | — | — | — | — |
| | 阿拉伯糖醇 | — | 1 | — | — | — | — |
| | 木糖醇 | — | — | 1 | — | — | — |
| | 山梨醇 | — | — | — | 2.5 | — | — |
| | 甘露醇 | — | — | — | — | 3 | — |
| | 半乳糖醇 | — | — | — | — | — | 1 |
| 噻唑衍生物 | 2-氨基噻唑 | 5 | — | — | — | — | — |
| | 2-巯基噻二唑 | — | 3.5 | — | — | — | — |
| | 2,5-二巯基-1,3,4-噻二唑 | — | — | 2 | — | — | — |
| | 2-巯基苯并噻唑 | — | — | — | 1.5 | — | — |
| | 5-甲基-2-巯基噻二唑 | — | — | — | — | 0.5 | — |
| | 2-氨基噻唑 | — | — | — | — | — | 2 |
| 溶剂 | 二丙二醇单甲醚 | 88.5 | — | — | — | — | — |
| | 1,3-二甲基-2-咪唑啉酮 | — | 86.5 | — | — | — | — |
| | 二甲基亚砜 | — | — | 83.9 | — | 93.5 | — |
| | 二乙二醇单丁醚 | — | — | — | 90.5 | — | — |
| | 1,3-二甲基-2-咪唑啉酮 | — | — | — | — | — | 85.5 |

**制备方法**　将所述原料简单均匀混合即可制得。

**产品应用**　本品主要用于去除晶圆上的光刻胶（光阻）残留物。

本产品可以在25~80℃下清洗晶圆上的光刻胶（光阻）残留物。具体方法如下：将含有光刻胶（光阻）残留物的晶圆浸入本产品中的清洗液中，在25~80℃下浸泡合适的时间后，取出漂洗后用高纯氮气吹干。

**产品特性**　本产品在有效去除晶圆上的光刻胶（光阻）残留物的同时，对于基材如金属铝、铜等基本无腐蚀，在半导体晶片清洗等领域具有良好的应用前景。

## 配方04　多功能金属表面清洗液

### 原料配比

| 原料 | 配比(质量份) | 原料 | 配比(质量份) |
| --- | --- | --- | --- |
| 水 | 45~60 | 氧化锌 | 0.2~0.5 |
| 磷酸 | 8~15 | 咪唑啉 | 7~10 |
| 亚硝酸钠 | 0.2~0.6 | 乙二醇 | 1~3 |

续表

| 原料 | 配比(质量份) | 原料 | 配比(质量份) |
|------|-------------|------|-------------|
| 三聚磷酸钠 | 1~1.5 | OP-10 | 5~10 |
| 酒石酸 | 5~13 | 冰醋酸 | 1~2 |
| 氯化钠 | 0.5~0.95 | 磷酸钠 | 0.5~1.5 |
| 过氧化氢 | 0.5~0.8 | | |

**制备方法** 依次向反应釜内加入水、氯化钠、亚硝酸钠、过氧化氢、乙二醇、氧化锌、磷酸、酒石酸、咪唑啉、磷酸钠、三聚磷酸钠、OP-10、冰醋酸，在常温常压下，反应时间为40min，同时搅拌混合均匀，无结块现象出现，出料，得到成品。

**原料介绍** 磷酸具有除锈的作用；亚硝酸钠具有增强除锈功能的作用；氧化锌作为交联剂；咪唑啉具有除油的作用；乙二醇具有除油的作用；三聚磷酸钠具有增强磷化膜的功能；酒石酸具有增强除锈功能；氯化钠能使磷酸增大腐蚀力；过氧化氢具有增强除锈功能；OP-10具有增强除锈功能；冰醋酸具有除油的作用；磷酸钠具有增强磷化膜的作用。

**产品应用** 本品是一种多功能金属表面清洗液。

在对工件进行清洗时，只需将待清洗件浸入到清洗液中，30min后取出，由于清洗液对皮肤的腐蚀性甚小，可徒手进行操作，方便快捷。将材料从清洗液中取出，擦净表面的清洗液，材料表面便可恢复原有的光洁。

**产品特性** 该产品完全替代了传统使用"三酸"的清洗工艺，使用过程中无任何排放，无任何污染环境的现象发生；处理过的工件长期不生锈，远远优于传统工艺的清洗效果。

## 配方05 改进的金属缓蚀清洗液

**原料配比**

| 原料 | 配比(质量份) | | |
|------|------|------|------|
| | 1# | 2# | 3# |
| 椰油脂肪酸单乙醇酰胺 | 6.6 | 4.7 | 9.2 |
| 甲壳质 | 1.4 | 0.5 | 3.2 |
| 聚乙二醇辛基苯基醚 | 4.1 | 3.4 | 4.3 |
| 有机磷羧酸 | 9.5 | 8.3 | 10.5 |
| 2-甲基戊烷 | 8.5 | 6.7 | 10.5 |
| 助溶剂碘化钾 | 2.8 | 2.3 | 3.4 |
| 石英粉 | 3.4 | 2.5 | 4.7 |

续表

| 原料 | 配比（质量份） | | |
|---|---|---|---|
| | 1# | 2# | 3# |
| 氧化聚丙烯酯 | 3.9 | 3.5 | 5.7 |
| 水 | 加至 100 | 加至 100 | 加至 100 |

**制备方法**　将各组分原料混合均匀即可。

**产品应用**　本品是一种改进的金属缓蚀清洗液。

**产品特性**　本产品去油去污范围广、可与油污分离、清洗效果好；可清洗不锈钢、低碳钢、铝及铝合金、铜及铜合金、高铁合金和镍合金等表面润滑油、压力油、金属加工液、研磨液等污垢；清洗能力强、速度快；可重复使用、无污染，具有防锈能力。

## 配方06　改进的金属设备用清洗液

**原料配比**

| 原料 | 配比（质量份） | | |
|---|---|---|---|
| | 1# | 2# | 3# |
| 脂肪酸聚氧乙烯醚 | 2.7 | 1.5 | 3.7 |
| 合成脂肪酸三乙醇胺盐 | 2.8 | 2.5 | 3.8 |
| 环丁砜 | 2.9 | 2.3 | 3.6 |
| 烷基酚聚氧乙烯醚 | 7.9 | 7.5 | 8.6 |
| 吸附剂 | 3.7 | 3.2 | 4.5 |
| 水 | 4.7 | 3.5 | 5.7 |
| 月桂基氧化胺 | 7.4 | 6.2 | 8.4 |
| 甲基氯异噻唑啉酮 | 3.9 | 3.4 | 5.3 |
| 琥珀酸磺酸钠盐 | 4.6 | 3.5 | 5.6 |

**制备方法**　将各组分原料混合均匀即可。

**产品应用**　本品是一种改进的金属设备用清洗液。

**产品特性**　本产品具有极强的渗透性和优良的除油性，使用添加剂量少，清洗成本低，清洗能力强、速度快，易漂洗，可重复使用，无污染、具有防锈能力，工件表面质量好，处理成本较低；配制工艺简单，使用简便，具有低泡、高效、对金属表面无腐蚀、稳定性好等特点，可增强清洁度，具有推广价值。本品便于废弃清洗液的处理排放，还能降低对设备的腐蚀性。

## 配方07    缓蚀水基金属清洗液

**原料配比**

| 原料 | 配比(质量份) | | |
|---|---|---|---|
| | 1# | 2# | 3# |
| 羧基丁苯 | 4.3 | 2.7 | 5.3 |
| 轻质碳酸钙 | 4.8 | 4.2 | 5.6 |
| 乙二胺二琥珀酸 | 6.6 | 5.2 | 7.6 |
| 2-丙烯酰胺 | 6.6 | 5.4 | 7.6 |
| 磷酸酯盐 | 4.6 | 3.5 | 5.6 |
| 六聚甘油单油酸酯 | 4.5 | 3.2 | 5.6 |
| 渗透剂琥珀酸烷基酯磺酸钠 | 6.3 | 5.6 | 7.3 |
| 水 | 加至100 | 加至100 | 加至100 |

**制备方法**    将各组分原料混合均匀即可。

**产品应用**    本品是一种缓蚀水基金属清洗液。

**产品特性**    本产品既有清洗能力，又是防止钢铁锈蚀的防锈剂。本产品对钢铁、铜、铝、锡及其合金都具有较好的防锈性能；由于添加轻质碳酸钙和乙二胺二琥珀酸，提高了除垢能力。本产品特别对难洗油垢，例如脱排油烟机沉积的油垢、机床陈年老油垢以及石化企业设备内沉积的大分子及高聚物油垢均有很好的清除能力。本产品可以在常温下制备，节省能源，容易操作。本产品清洗油垢能力强，泡沫少，对多种金属及合金具有防锈能力，还能降低对设备的腐蚀性。

## 配方08    金属表面清洗液

**原料配比**

| 原料 | 配比(质量份) | | |
|---|---|---|---|
| | 1# | 2# | 3# |
| 烷基醇酰胺 | 6.6 | 4.7 | 8.6 |
| 组合助洗剂 | 1.4 | 0.5 | 2.4 |
| 草酸 | 4.1 | 3.8 | 4.3 |
| 六亚甲基四胺 | 9.5 | 8.3 | 10.5 |
| 烷基磷酸酯盐 | 8.5 | 7.2 | 10.5 |
| 防冻剂丙二醇丁醚 | 2.8 | 2.3 | 3.4 |
| 硼化油酰胺 | 3.9 | 3.5 | 5.2 |
| 水 | 加至100 | 加至100 | 加至100 |

**制备方法**　将各组分原料混合均匀即可。

**产品应用**　本品是一种金属表面清洗液。

**产品特性**　本产品能迅速地除去金属表面的油污和锈斑，无毒，相较碳氢清洗剂又不易燃烧，消除了火灾的隐患，洗后对金属设备不腐蚀。

## 配方09　金属表面强力清洗液

**原料配比**

| 原料 | 配比（质量份） | | |
| --- | --- | --- | --- |
| | 1# | 2# | 3# |
| 脂肪醇醚硫酸钠 | 4.8 | 4.3 | 5.6 |
| 多糖类硫酸酯盐 | 3.5 | 2.8 | 4.5 |
| 碳酸钠 | 6.8 | 5.6 | 7.8 |
| 焦磷酸钾 | 4.4 | 3.5 | 5.4 |
| 十二烷基硫酸铵 | 6.5 | 5.5 | 7.5 |
| 稳定剂 2,6-二叔丁基对甲酚 | 4.5 | 2.4 | 5.5 |
| 无机碱 | 5.5 | 3.3 | 6.5 |
| 水 | 加至 100 | 加至 100 | 加至 100 |

**制备方法**　将各组分原料混合均匀即可。

**产品应用**　本品是一种金属表面清洗液。

**产品特性**　本产品具有强力渗透能力，使用时不具有易燃易爆的特性，安全系数高，对工作环境也不会造成较大的不良影响，不含亚硝酸盐、苯酚、甲醛等危害环境的物质，使用时借助清洗时的加热、刷洗等方式使得油污尽快脱离工件表面，从而分散到清洗液中，对操作人员无毒害，具有较好的安全环保性，废液处理容易，清洗成本低且经济效益高；同时能够有效改善加工环境和车间的卫生状况，利于提高工作效率；对清洗过的机械设备有长期防锈蚀作用。

## 配方10　金属表面除油清洗液

**原料配比**

| 原料 | 配比（质量份） | | |
| --- | --- | --- | --- |
| | 1# | 2# | 3# |
| 硫酸 | 13 | 15 | 18 |
| 盐酸 | 3 | 6 | 8 |
| 高分子复合增效活性剂 | 3 | 6 | 8 |

续表

| 原料 | 配比(质量份) | | |
|---|---|---|---|
| | 1# | 2# | 3# |
| 十二烷基苯磺酸钠 | 1 | 3 | 5 |
| 乌洛托品 | 2 | 4 | 6 |
| 硅酸钠 | 5 | 8 | 10 |
| 柠檬酸 | 2 | 5 | 6 |
| 尿素 | 1 | 3 | 5 |
| 工业盐 | 2 | 4 | 6 |
| 三乙醇胺 | 3 | 5 | 8 |
| 水 | 30 | 50 | 70 |

**制备方法**

(1) 原料水溶液的配制:按所述配比分别称取十二烷基苯磺酸钠、乌洛托品、硅酸钠、柠檬酸、尿素和工业盐,将各原料分别盛装在耐酸容器中加水并加热溶解,搅拌均匀,其中加水量以各原料全部溶解成溶液状态为宜,分别制成半成品水溶液原料。各原料溶解加热温度控制范围分别是:十二烷基苯磺酸钠用 80~90℃热水溶化,搅拌均匀,制成十二烷基苯磺酸钠水溶液,待配;乌洛托品用 30~40℃温水溶化,搅拌均匀,待配;硅酸钠用 30~40℃温水溶化,搅拌均匀,待配;柠檬酸用 25~35℃温水溶化,搅拌均匀,待配;尿素用 30~40℃温水溶化,搅拌均匀,制成半成品尿素水溶液,待配;工业盐用 25~35℃温水溶化,搅拌均匀,待配。

(2) 硫酸液的配制:按所述配比称取硫酸,硫酸采用浓度为 98% 的纯硫酸,加水稀释,硫酸与水的配比量为 1:2,制成硫酸稀释液,待配。

(3) 盐酸液的配制:按所述配比称取盐酸,盐酸采用浓度为 31% 的盐酸,加水稀释,盐酸与水的配比量为 1:2,制成盐酸稀释液,待配。

(4) 将步骤(1)中分别制成的半成品水溶液原料,按照所述配方后一项与前一项逐项混合配制的次序,依次混合搅拌均匀,然后按所述配比加入步骤(2)中的硫酸稀释液和步骤(3)中的盐酸稀释液,最后再按所述配比加入高分子复合增效活性剂和三乙醇胺,并按所述配比加足水,搅拌均匀,即制成金属表面清洗液成品。

**产品应用**　本品是一种对金属材料和金属制品的表面进行预处理的金属表面清洗液。

使用方法:只需建一个能够加温的池子,池内盛放有金属表面清洗液,其步骤是清除金属工件表面上的泥土等脏物,在常温下将金属工件浸入溶液中 8~

20min，其时间长短与槽温、金属工件油污锈蚀程度等因素有关。该清洗液虽然使用期长、沉淀少、稳定性好，但随工件处理量的增加，清洗液的pH值会升高，当pH≥1.52时，就应适当补充清洗液。槽温越高，除油除锈速度越快，但超过40℃易引起某些组分的变化与挥发，因此，最佳温度是30℃左右。此外，使工件与液体做相对运动，也有助于提高除油除锈的速度。随着处理数量的增加，溶液中的杂质污物增多，为保持正常效率，必须予以清除。

**产品特性**

（1）钢铁表面的油污主要是动物油、植物油和矿物油。去除这些油污实质上是有机溶剂、表面活性剂等在其他组分的协同作用下，通过溶解、润湿、渗透、乳化、增溶、洗涤等作用实现的。本品不但能迅速溶解油污，而且能迅速地穿过油污到达金属与油污的界面，并进行定向吸附，使油污松动、溶解、乳化、分散，由于分子热运动或机械运动将油污拉入液中，从而脱离钢铁表面，完成除油全过程。钢铁表面的锈蚀主要是铁的氧化物和氢氧化物等，去除这些锈蚀主要是酸类组分在表面活性剂等的协同作用下完成的。本产品选用所述原料进行组合，可使各原料功效产生协同作用，从而能够快速有效地进行一次性除油、除锈。

（2）本品可对金属表面通过渗透层与形成锈斑的媒介物质发生化学反应，经表面活性剂乳化，分解油锈污，能迅速地破坏、分解、剥落金属表面上的油污和锈斑的附着力，从而达到一次性除油、除锈、除氧化皮的效果。

（3）本品除油除锈速度快，缩短工艺操作时间，比常规的除油除锈和综合性除油除锈速度都快，功效显著，能够有效、彻底地清除金属表面附着的各种油污、锈斑以及附着的发蓝层、氧化皮，而且清洗后的金属表面能形成一种保护膜，保护金属在一定期间不再生锈。

（4）使用本品工艺简单，操作方便，稳定性好，可连续使用，且对操作人员技术要求低，简化了处理工艺，缩短了处理时间。本产品除锈能力强，对于一般的轻锈，只需几分钟便可清除，锈蚀清除后，即在金属表面形成一层保护薄膜，其膜致密、均匀，而且具有较强的防锈能力，使处理后的金属表面具有一定的缓蚀性能，在室外能保持3～5天或在室内能保持一个月左右不再产生二次氧化锈蚀。

（5）本产品对钢铁基体不产生过腐蚀和氢脆，属于渗透剥离型除锈，无过腐蚀现象发生，使用十分安全。由于该溶液是由各种不同性能的高分子合成原料所产生的协同效应，因此，不产生酸雾和有害气体，而且使用过的溶液废水经回收、沉淀、过滤后可重复使用。

（6）本产品污染甚少，不需经常排放，无臭味、无酸雾产生，不腐蚀设备和厂房，安全可靠，而且稳定性好，不变质、无挥发、使用安全可靠。

## 配方11 金属材料表面清洗液

**原料配比**

| 原料 | 配比(质量份) | | |
|---|---|---|---|
| | 1# | 2# | 3# |
| 复合防锈剂 | 4.3 | 2.7 | 5.3 |
| 柠檬酸 | 4.8 | 4.2 | 5.6 |
| 聚醚改性聚二甲基硅氧烷 | 6.6 | 5.2 | 7.6 |
| 油酸乙二醇酰胺 | 6.6 | 5.4 | 7.6 |
| 水 | 4.6 | 3.5 | 5.6 |
| 聚氧乙己糖醇脂肪酸酯 | 4.5 | 3.2 | 5.6 |
| 聚乙二醇辛基苯基醚 | 6.3 | 5.6 | 7.3 |

**制备方法** 将各组分原料混合均匀即可。

**产品应用** 本品是一种金属材料表面清洗液。

**产品特性** 本产品能显著降低水的表面张力,使工件表面容易润湿、渗透力强;能更有效地改变油污和工件之间的界面状况,使油污乳化、分散、卷离、增溶,形成水包油型的微粒而被清洗掉;配方科学合理,酸碱性温和,清洗过程中泡沫少,清洗能力强、连续性好、速度快、使用寿命长,随着清洗次数的增加,清洗液 pH 值降低;不含磷酸盐或亚硝酸盐,可直接在自然界完全生物降解为无害物质;性质稳定,清洗能力强,泡沫少,同时便于废弃清洗液的处理排放,还能降低对设备的腐蚀性。

## 配方12 金属材料冷挤压前的清洗液

**原料配比**

| 原料 | 配比(质量份) | 原料 | 配比(质量份) |
|---|---|---|---|
| 氢氧化钠 | 60~100 | 氯化钠 | 20~22 |
| 碳酸钠 | 60~80 | 盐酸 | 5~8 |
| 磷酸三钠 | 25~80 | 水 | 加至1000 |
| 水玻璃 | 10~15 | | |

**制备方法**

(1) 将上述各个组分依次放入容器中进行混合搅拌;

(2) 待各个组分相互混合后用清水稀释至浓度为80%的原液;

(3) 将装满原液的器皿密封放入冷藏室中冷藏72h后取出进行清洗使用。

**产品应用**　本品是一种金属材料冷挤压前的清洗液。

　　本品使用时，清洗处理的时间需要控制在 20～30min 内，并且需要在温度为 40～60℃ 的环境下对零件进行清洗处理，清洗完成后还需要将零件放在 90℃ 的热水中反复清洗 4 次以上，这样才能够使清洗液的清洗效果达到最佳。

**产品特性**　本产品对于金属冷挤压前的去油污效果明显，并且能够为后续氧化层的形成提供良好的帮助，有益于提高零件加工前清洗的质量。

## 配方13　金属除炭清洗液

**原料配比**

| 原料 | 配比（质量份） | |
|---|---|---|
| | 1# | 2# |
| 柴油 | 25 | 30 |
| 脂肪酸 | 35 | 40 |
| 清洗剂 761 | 1 | 2 |
| 水 | 加至 100 | 加至 100 |

**制备方法**　将各组分原料混合均匀即可。

**产品应用**　本品主要用作金属零件的清洗剂。

**产品特性**　本产品清洗性能好，特别适用于易积炭的金属零件的清洗。

## 配方14　金属管道清洗液

**原料配比**

| 原料 | 配比（质量份） | | | |
|---|---|---|---|---|
| | 1# | 2# | 3# | 4# |
| 脂肪醇聚氧乙烯醚 | 5 | 12 | 7 | 10 |
| 脂肪醇环氧丙烷聚醚 | 10 | 25 | 12 | 22 |
| 二酰胺四乙酸 | 8 | 18 | 10 | 15 |
| 十八烷基五羟基甜菜碱 | 12 | 20 | 14 | 18 |
| 柠檬酸钠 | 9 | 15 | 12 | 12 |
| 三乙醇胺皂 | 10 | 26 | 15 | 24 |
| 水 | 50 | 95 | 70 | 85 |

**制备方法**

　　（1）将水加热到 60～75℃，然后将脂肪醇聚氧乙烯醚、脂肪醇环氧丙烷聚醚、二酰胺四乙酸和十八烷基五羟基甜菜碱依次加入，混合均匀，获得 A 溶液；

（2）将上述 A 溶液升温至 90～95℃后，依次加入柠檬酸钠和三乙醇胺皂，混合均匀后，冷却至室温，即获得本品。

**产品应用**　本品是一种金属管道清洗液。

**产品特性**　本产品通过采用复方组分的表面活性剂，改善了清洗效果、渗透能力、乳化能力和稳定性，使得清洗剂无残留、无闪点、配方温和、兼容性好、使用寿命长、维护成本低；在清洗油污和积垢以后对金属管道表面具有缓蚀防锈作用；柠檬酸钠属于有机螯合剂，避免了对环境产生有危害的物质，安全环保。

## 配方15　金属基印刷 PS 版上预感光涂层的清洗液

**原料配比**

| 原料 | 配比（质量份） | | | |
| --- | --- | --- | --- | --- |
| | 1# | 2# | 3# | 4# |
| NaOH | 1.0 | 2.0 | 3.0 | 4.0 |
| 表面活性剂 OP-10 | 0.5 | 0.5 | 0.5 | — |
| 表面活性剂十二烷基硫酸钠 | — | — | — | 0.5 |
| 硅酸钠（模数为 2） | 1.0 | — | — | — |
| 硅酸钠（模数为 3） | — | 1.0 | — | — |
| 硅酸钠（模数为 2.5） | — | — | 1.0 | 1.0 |
| 水 | 加至 100 | 加至 100 | 加至 100 | 加至 100 |

**制备方法**　将各组分原料混合均匀即可。

**产品应用**　本品是一种金属基印刷 PS 版上预感光涂层的清洗液。

清洗方法包括以下步骤：

（1）将附有预感光涂层的金属基印刷 PS 版放入清洗液中进行浸泡处理，浸泡处理的温度为 45～55℃，浸泡处理的时间为 10～15min；

（2）浸泡处理后取出金属基印刷 PS 版在清水中进行漂洗；

（3）漂洗后对金属基印刷 PS 版进行干燥以除去水分。

浸泡处理前，对金属基印刷 PS 版上的油污、灰尘以及其他杂质进行初步清除，具体可采用毛刷或一定压力的水对 PS 版表面进行处理，以去除附着于 PS 版表面上的明显杂质。

漂洗过程中采用毛刷刷除残留在金属基印刷 PS 版上的预感光涂层。

干燥采用热风干燥方式。

**产品特性**　本产品采用化学试剂溶液作为清洗液对金属基印刷 PS 版进行浸泡处理，待预感光涂层脱落并溶解于浸泡液后，取出金属基印刷 PS 版并在清水中进行充分漂洗，采用毛刷等工具可进一步除去预感光涂层，经热风干燥后可得到清洁的金属基印刷 PS 版。本产品所述清洗液的组成配方中涉及的 NaOH 可以对附着在金属基印刷 PS 版表面上的预感光涂层中的胶黏剂成分产生皂化破坏作用，胶黏剂经 NaOH 皂化破坏后，表面活性剂可以为预感光涂层的脱落产生渗透、乳化和分散等促进作用，硅酸钠可以为金属基印刷 PS 版上预感光涂层的破坏和脱落产生协同皂化和分散作用，以上三种化学试剂的共用对于 PS 版上预感光涂层的有效清洗具有良好的协同作用，既能完全清除金属基印刷 PS 版表面的预感光涂层，又能保持金属表面完好。

## 配方16　金属零件清洗液

**原料配比**

| 原料 | 配比（质量份） | 原料 | 配比（质量份） |
|---|---|---|---|
| 磷酸三钠 | 0.5 | 非离子表面活性剂 | 20 |
| 焦磷酸钠 | 0.5 | 水 | 50 |
| 氢氧化钾 | 0.1 | | |

**制备方法**　按上述配比先将磷酸三钠、焦磷酸钠、水混合并升温至 90℃，使磷酸三钠、焦磷酸钠全部溶解，然后再加入其他成分并搅拌均匀。

**产品应用**　本品是一种金属零件清洗液。

**产品特性**　本产品对大气臭氧层无破坏作用，绿色环保，制备方法简单，清洗效果好。

## 配方17　金属抛光后的清洗液

**原料配比**

| 原料 | | 配比（质量份） | | | | | | | | | |
|---|---|---|---|---|---|---|---|---|---|---|---|
| | | 1# | 2# | 3# | 4# | 5# | 6# | 7# | 8# | 9# | 10# |
| 有机酸 | 柠檬酸 | 0.1 | — | — | — | 0.05 | 5 | 0.08 | 1.2 | 1 | 1 |
| | 苹果酸 | — | 0.5 | — | — | — | — | — | — | — | — |
| | 酒石酸 | — | — | 1.5 | — | — | — | — | — | — | — |
| | 草酸 | — | — | — | 3 | — | — | — | — | — | — |
| 有机膦酸 | 羟基膦酰基乙酸 | 0.01 | — | — | — | — | — | — | — | — | — |
| | 氨基三亚甲基膦酸 | — | 0.1 | — | — | — | — | — | — | — | — |
| | 乙二胺四亚甲基膦酸 | — | — | 0.5 | — | — | — | — | — | — | — |
| | 二乙烯三胺五亚甲基膦酸 | — | — | — | 1 | — | — | — | — | — | — |

续表

| 原料 | | 配比（质量份） | | | | | | | | | |
| --- | --- | --- | --- | --- | --- | --- | --- | --- | --- | --- | --- |
| | | 1# | 2# | 3# | 4# | 5# | 6# | 7# | 8# | 9# | 10# |
| 有机膦酸 | 2-膦酸丁烷-1,2,4-三羧酸 | — | — | — | — | 0.05 | — | — | — | — | — |
| | 己二胺四亚甲基膦酸 | — | — | — | — | — | 0.005 | — | — | — | — |
| | 双-1,6-亚己基三胺五亚甲基膦酸 | — | — | — | — | — | — | 0.8 | — | — | — |
| | 有机膦磺酸 | — | — | — | — | — | — | — | 0.008 | — | — |
| | 氨基三亚甲基膦酸钾 | — | — | — | — | — | — | — | — | 0.1 | — |
| | 羟基亚乙基二膦酸 | — | — | — | — | — | — | — | — | — | 0.1 |
| 羧酸类聚合物 | 聚丙烯酸（$M_w$ 1000） | 1 | — | — | — | — | — | — | — | — | — |
| | 丙烯酸与丙烯酸酯共聚物（$M_w$ 10000） | — | 0.1 | — | — | — | — | — | — | — | — |
| | 丙烯酸与顺丁烯二酸酐共聚物（$M_w$ 30000） | — | — | 0.0005 | — | — | — | — | — | — | — |
| | 丙烯酸与苯乙烯共聚物（$M_w$ 300000） | — | — | — | 0.001 | — | — | — | — | — | — |
| | 聚丙烯酸钾盐（$M_w$ 50000） | — | — | — | — | 0.005 | — | — | — | — | — |
| | 聚羧酸铵（$M_w$ 5000） | — | — | — | — | — | 0.5 | — | — | — | — |
| | 聚丙烯酸（$M_w$ 100000） | — | — | — | — | — | — | 0.0008 | — | — | — |
| | 聚丙烯酸（$M_w$ 5000） | — | — | — | — | — | — | — | 0.05 | — | — |
| | 聚丙烯酸（$M_w$ 4000） | — | — | — | — | — | — | — | — | 0.1 | — |
| | 聚丙烯酸（$M_w$ 2000） | — | — | — | — | — | — | — | — | — | 0.01 |
| 水 | | 加至100 | 加至100 | 加至100 | 加至100 | 加至100 | 加至100 | 加至100 | 加至100 | 加至100 | 加至100 |

**制备方法**　按所给配方，将所有组分溶解混合均匀，用水补足质量份至100。可用 KOH，氨水或 HNO₃ 调节到所需要的 pH。

**原料介绍**　有机酸为柠檬酸、苹果酸、草酸、酒石酸等。

有机膦酸为氨基三亚甲基膦酸、羟基亚乙基二膦酸、己二胺四亚甲基膦酸、二乙烯三胺五亚甲基膦酸、2-膦酸丁烷-1,2,4-三羧酸、双-1,6-亚己基三胺五亚甲基膦酸和羟基膦酰基乙酸、有机膦磺酸及其盐，可一种或者多种配合使用，盐类优选铵盐、钾盐。

其中，羧酸类聚合物为丙烯酸类聚合物及其盐，如聚丙烯酸，或者为丙烯酸与苯乙烯共聚物，或者为丙烯酸与顺丁烯二酸酐共聚物，或者为丙烯酸与丙烯酸酯共聚物，它们的分子量在1000～300000之间，较佳为1000～30000。

清洗液中，还可以包括 pH 调节剂、消泡剂、杀菌剂等本领域常规的添加剂。

**产品应用**　本品主要用作金属抛光后的清洗液。

**产品特性**

（1）通过加入羧酸类聚合物，可以降低表面粗糙度，抑制金属的腐蚀。通过加入有机膦酸可以加速金属表面残留的金属离子及金属氧化物的去除。通过羧酸类聚合物的加入，改善了晶片表面的亲水性，有利于晶片的清洗。通过有机膦酸和羧酸类聚合物的配合使用，增加了研磨颗粒的去除。

（2）使用本产品清洗抛光后的含金属的晶片，可以去除抛光后晶片表面残留的研磨颗粒、金属离子等残留，降低金属表面粗糙度，改善清洗后晶片表面的亲水性，降低清洗后的表面缺陷，并且可以防止晶片在等待下一步工序的过程中可能产生的金属腐蚀。

（3）用本产品清洗后的铜图形晶片表面无污染，无研磨颗粒残留，无腐蚀等缺陷。用清洗液浸泡后的铜图形晶片的铜线边缘清晰、铜线无腐蚀。

## 配方18　金属制品用清洗液

**原料配比**

| 原料 | 配比（质量份） | | |
|---|---|---|---|
| | 1# | 2# | 3# |
| 三甘醇单丁醚 | 2.7 | 1.5 | 3.7 |
| 消泡剂聚硅氧烷 | 2.8 | 2.5 | 3.8 |
| N-乙烯基吡咯烷酮 | 2.9 | 2.3 | 3.6 |
| 烷基酚聚氧乙烯醚 | 7.9 | 7.5 | 8.6 |
| 烷基硫酸钠 | 3.7 | 3.2 | 4.5 |
| 水 | 4.7 | 3.5 | 5.7 |
| 柠檬酸钠 | 7.4 | 6.2 | 8.4 |
| 二异丙醇胺 | 3.9 | 3.4 | 5.3 |
| 琥珀酸磺酸钠盐 | 4.6 | 3.5 | 5.6 |

**制备方法**　将各组分原料混合均匀即可。

**产品应用**　本品是一种金属制品用清洗液。

**产品特性**　本产品具有极强的渗透性和优良的除油性，使用添加剂量少，清洗成本低，清洗能力强、速度快，易漂洗，可重复使用，无污染，具有防锈能力，工件表面质量好，处理成本较低；配制工艺简单，使用简便，具有低泡、高效、对金属表面无腐蚀、稳定性好的特点，可增强清洁度，具有推广价值；性质稳定，同时便于废弃清洗液的处理排放，还能降低对设备的腐蚀性。

## 配方19　金属去污清洗液

**原料配比**

| 原料 | 配比(质量份) | | | |
|---|---|---|---|---|
| | 1# | 2# | 3# | 4# |
| 柠檬酸 | 14 | 12 | 16 | 13 |
| 酒石酸 | 2.5 | 2 | 3 | 2.3 |
| 钼酸钠 | 0.5 | 0.6 | 0.4 | 0.4 |
| 三聚磷酸钠 | 0.3 | 0.4 | 0.2 | 0.25 |
| 三乙醇胺 | 0.6 | 0.5 | 0.8 | 0.7 |
| 苯并三氮唑 | 0.5 | 0.6 | 0.4 | 0.45 |
| 乙二胺四乙酸钠 | 0.5 | 0.4 | 0.6 | 0.46 |
| 硝酸钾 | 0.25 | 0.2 | 0.3 | 0.23 |
| 水 | 72 | 70 | 75 | 73 |

**制备方法**　将各组分混合，搅拌均匀即得。

**产品应用**　本品是一种金属清洗液。

**产品特性**　本产品不易燃烧，使用安全可靠，对金属无损害；用法简单，在常温下即可使用，去污力强，能够去除机械零件表面的残留物质。

## 配方20　低污染金属清洗液

**原料配比**

| 原料 | 配比(质量份) | | |
|---|---|---|---|
| | 1# | 2# | 3# |
| 硅酸钠 | 9 | 10.5 | 12 |
| 乙醇胺 | 5 | 10 | 15 |
| 钼酸钠 | 8 | 10 | 12 |
| 两性表面活性剂 | 20 | 30 | 40 |
| 水 | 加至100 | 加至100 | 加至100 |

**制备方法**　将各组分原料混合均匀即可。

**产品应用**　本品是一种金属清洗液。

**产品特性**　本产品的优点是成本低廉，清洗效果好，对环境和人体危害低。

## 配方21　金属防锈清洗液

**原料配比**

| 原料 | 配比（质量份） | 原料 | 配比（质量份） |
| --- | --- | --- | --- |
| 异丙醇 | 6 | 拉开粉 | 1 |
| 太古油 | 2 | 亚硝酸钠 | 1 |
| 油酸三乙醇胺 | 2 | 水 | 88 |

**制备方法**　将组分的各种原料加入水中溶解搅拌均匀即可。

**产品应用**　本品是一种替代汽油的金属清洗剂。

**产品特性**　本产品的优势是：选用异丙醇，具有防锈作用，不需涂刷防锈剂，无毒，无害，不会燃烧。本品除用于金属表面清洗外，还可以用于机械的日常清洗，以提高清洗剂的渗透、分散和去污能力，尤其对重油污垢，有较强的清洗效果。

## 配方22　金属污垢清洗液

**原料配比**

| 原料 | 配比（质量份） | | |
| --- | --- | --- | --- |
| | 1# | 2# | 3# |
| 十二烷基磺酸钠 | 4 | 6 | 8 |
| 磷酸三钠 | 4 | 5 | 6 |
| 碳酸钠 | 8 | 10 | 12 |
| 五氯酚钠 | 4 | 6 | 8 |
| 苯甲酸钠 | 2 | 4 | 6 |
| 三乙醇胺 | 4 | 6 | 8 |
| 乙醇 | 10 | 11 | 12 |
| 乙酸甲酯 | 2 | 5 | 8 |
| 氢氧化钠 | 4 | 5 | 6 |
| 水 | 加至100 | 加至100 | 加至100 |

**制备方法**　将上述组分依次加入反应釜中，搅匀即可。

**产品应用**　本品是一种金属清洗液。

**产品特性**　本产品可以有效清除金属表面的污垢，还能提高金属制件的防锈能力，使用安全。

## 配方23　金属锈蚀清洗液

**原料配比**

| 原料 | 配比（质量份） | | | | | | | | | | | | | |
|---|---|---|---|---|---|---|---|---|---|---|---|---|---|---|
| | 1# | 2# | 3# | 4# | 5# | 6# | 7# | 8# | 9# | 10# | 11# | 12# | 13# | 14# |
| 磷酸 | 18 | 30 | 30 | 25 | 18 | 22 | 23 | 25 | 30 | 28 | 26 | 27 | 27 | 27 |
| 草酸 | 20 | 20 | 15 | 20 | 15 | 15 | 18 | 16 | 14 | 17 | 15 | 16 | 16 | 16 |
| 苹果酸 | 25 | 15 | 20 | 18 | 15 | 20 | 19 | 18 | 16 | 18 | 17 | 18 | 19 | 18 |
| 柠檬酸 | 9 | 10 | 13 | 14 | 9 | 10 | 13 | 13 | 12 | 13 | 12 | 13 | 12 | 12 |
| 十二烷基苯磺酸钠 | 10 | 9 | 8 | 8 | 8 | 7 | 9 | 9 | 8 | 9 | 10 | 8 | 8 | 8 |
| 水 | 96 | 100 | 95 | 90 | 95 | 80 | 87 | 90 | 90 | 87 | 89 | 88 | 85 | 85 |

**制备方法**　将各组分原料混合均匀即可。

**产品应用**　本品是一种金属清洗液。

**产品特性**　本产品具有强力渗透、剥离氧化皮和锈蚀的特性，除锈、去除氧化皮速度快，温度低，稳定性好，经处理的工件表面具有优异的防锈功能。

## 配方24　金属常温清洗液

**原料配比**

| 原料 | 配比（质量份） | | | |
|---|---|---|---|---|
| | 1# | 2# | 3# | 4# |
| 柠檬酸 | 12 | 10 | 15 | 13 |
| 酒石酸 | 6 | 8 | 5 | 7 |
| 月桂酸 | 2.5 | 2 | 3 | 3 |
| 三乙醇胺 | 1.4 | 1.2 | 1.6 | 1.3 |
| 乙二胺四乙酸钠 | 1.1 | 1.2 | 0.8 | 0.9 |
| 硝酸钠 | 0.25 | 0.2 | 0.3 | 0.3 |
| 水 | 62 | 60 | 65 | 63 |

**制备方法**　将各组分混合，搅拌均匀即得。

**产品应用**　本品是一种金属清洗液。

**产品特性**　本产品不易燃烧，使用安全可靠，对金属无损害；用法简单，在常温下即可使用，去污力强，能够去除机械零件表面的残留物质。

## 配方25　金属去锈清洗液

**原料配比**

| 原料 | 配比（质量份） | | |
|---|---|---|---|
| | 1# | 2# | 3# |
| 二甲基聚硅氧烷 | 4.2 | 3.4 | 5.2 |
| 三聚碳酸钠 | 3.3 | 1.5 | 4.3 |
| 硅烷酮乳化液 | 12 | 10 | 14 |
| 硅酸盐 | 10.5 | 8.4 | 11.5 |
| N-膦羧甲基亚氨基二乙酸 | 5.5 | 4.3 | 7.5 |
| 水 | 2.8 | 2.3 | 3.5 |
| 抗静电剂单硬脂酸甘油酯 | 4.7 | 4.2 | 5.5 |
| 聚四氟乙烯 | 3.9 | 3.4 | 5.5 |

**制备方法**　将各组分原料混合均匀即可。

**产品应用**　本品是一种金属去锈清洗液。

**产品特性**　本产品泡沫少，可轻松地去除金属加工过程中的润滑油脂等难去除的污垢，同时金属材料清洗后暴露在空气中，能保持很多天不生锈，对铁材、铜材、铝材、复合金属材料都有效，成本相对较低。

## 配方26　金属设备清洗液

**原料配比**

| 原料 | 配比（质量份） | | |
|---|---|---|---|
| | 1# | 2# | 3# |
| 硅烷 | 5.5 | 4.3 | 6.5 |
| 硅酸钠 | 3.3 | 2.5 | 4.3 |
| 精制矿物油 | 2.8 | 2.4 | 3.5 |
| 水解马来酸酐 | 7.8 | 7.2 | 8.5 |
| 油酰肌氨酸十八胺 | 3.5 | 2.2 | 4.5 |
| 表面活性剂纤维素醚 | 3.9 | 3.5 | 4.3 |
| 二乙烯三胺五亚甲基膦酸 | 5.2 | 4.5 | 6.2 |
| 水 | 加至100 | 加至100 | 加至100 |

**制备方法**　将各组分原料混合均匀即可。

**产品应用**　本品是一种金属设备清洗液。

**产品特性**  本产品具有优异的脱脂、洗涤和缓蚀、除锈、清除表面油污和防锈功能，清洗后能够在金属表面形成一层保护膜，防止金属表面清洗后发生二次锈蚀，可广泛用于各种金属材料及制件加工前后的表面清洗、除锈、去污等处理，同时具有污染小、不含磷、对设备腐蚀性低等优点。

## 配方27    金属设备污渍清洗液

**原料配比**

| 原料 | 配比（质量份） | | |
|---|---|---|---|
| | 1# | 2# | 3# |
| 水 | 9 | 16 | 13 |
| 甘油 | 4 | 7 | 6 |
| 氢氧化钠 | 2 | 6 | 4 |
| 乙醇 | 3 | 7 | 5 |
| 柠檬酸 | 6 | 10 | 8 |
| 木质素 | 2 | 7 | 5 |
| 三聚磷酸钠 | 1.5 | 5 | 3.5 |
| 还原剂 | 4 | 8 | 6 |
| 淀粉黄原酸酯 | 2 | 5 | 3.5 |
| 粉煤灰 | 4 | 9 | 7 |

**制备方法**  将各组分原料混合均匀即可。
**产品应用**  本品是一种金属设备清洗液。
**产品特性**  本产品清洗效果好，能够对设备表面的污渍进行有力的清除，同时对人和机械设备均没有伤害。

## 配方28    金属设备用清洗液

**原料配比**

| 原料 | 配比（质量份） | | |
|---|---|---|---|
| | 1# | 2# | 3# |
| 磷酸钾 | 7.4 | 6.2～8.4 | 6.2～8.4 |
| 十六烷基磷酸 | 6.7 | 5.2～8.7 | 5.2～8.7 |
| 苯并三氮唑 | 6.5 | 5.5～7.5 | 5.5～7.5 |
| 异丙醇 | 3.5 | 2.8～4.5 | 2.8～4.5 |
| 聚乙二醇 | 4.7 | 4.2～5.3 | 4.2～5.3 |

右上角：续表

| 原料 | 配比（质量份） | | |
|---|---|---|---|
| | 1# | 2# | 3# |
| 羟基亚乙基二膦酸 | 4.9 | 4.5～5.6 | 4.5～5.6 |
| 助溶剂无水乙醇 | 2.5 | 1.8～4.5 | 1.8～4.5 |
| 水 | 加至100 | 加至100 | 加至100 |

**制备方法**　将各组分原料混合均匀即可。

**产品应用**　本品是一种金属设备用清洗液。

**产品特性**　本产品具有强力渗透能力，能渗透到清洗物底层，能迅速溶解、清除附着于金属零配件表面的各种污垢和杂质，清洗时无再沉积现象，清洗过程对金属表面无腐蚀、无损伤，清洗速度快，清洗后金属表面洁净、光亮，金属表面质量好，能有效保障金属的加工精度，清洗效果好，金属材料清洗后暴露在空气中，可保持比较长的时间不生锈，降低了清洗成本。

## 配方29　金属用防锈清洗液

**原料配比**

| 原料 | 配比（质量份） | |
|---|---|---|
| | 1# | 2# |
| 十二烷基苯磺酸钠 | 2.7 | 1.5～3.7 |
| 消泡剂聚硅氧烷 | 2.8 | 2.5～3.8 |
| 二异辛基琥珀磺酸钠 | 2.9 | 2.3～3.6 |
| 二丙甘醇甲醚烷醇酰胺 | 7.9 | 7.5～8.6 |
| 表面活性剂烷基硫酸钠 | 3.7 | 3.2～4.5 |
| 水 | 4.7 | 3.5～5.7 |
| 二苄基酚聚氧乙烯醚 | 7.4 | 6.2～8.4 |
| 琥珀酸磺酸钠盐 | 4.6 | 6.2～8.4 |

**制备方法**　将各组分原料混合均匀即可。

**产品应用**　本品是一种金属用防锈清洗液。

**产品特性**　本产品具有极强的渗透性和优良的除油性，使用添加剂量少，清洗成本低，清洗能力强、速度快，易漂洗，无污染，具有防锈能力，工件表面质量好，处理成本较低；配制工艺简单，使用简便，具有低泡、高效、对金属表面无腐蚀、稳定性好、可增强清洁度等特性。

## 配方30    金属制品缓蚀清洗液

**原料配比**

| 原料 | 配比（质量份） | | |
|------|------|------|------|
| | 1# | 2# | 3# |
| 乙二醇醚 | 5.5 | 4.3 | 6.5 |
| 胺羟络合剂 | 3.3 | 2.5 | 4.3 |
| 碳酸氢钠 | 2.8 | 2.4 | 3.5 |
| 十二烷基醚硫酸钠 | 7.8 | 7.2 | 8.5 |
| 油酰肌氨酸十八胺 | 3.5 | 2.2 | 4.5 |
| 表面活性剂纤维素醚 | 3.9 | 3.5 | 4.3 |
| 无磷水软化剂 | 1.8 | 1.3 | 3.4 |
| 三异丙醇胺 | 5.2 | 4.5 | 6.2 |
| 水 | 加至100 | 加至100 | 加至100 |

**制备方法**    将各组分原料混合均匀即可。

**产品应用**    本品主要用作金属制品的缓蚀清洗液。

**产品特性**    本产品具有优异的脱脂、洗涤和缓蚀、防锈功能，还有除锈、清除表面油污的功能，清洗后能够在金属表面形成一层保护膜，防止金属表面清洗后在后续加工前发生二次锈蚀，可广泛用于各种金属材料及制件加工前后的表面清洗、除锈、去污等处理，同时具有污染小、不含磷、对设备腐蚀性低等优点。

## 配方31    防锈金属清洗液

**原料配比**

| 原料 | 配比（质量份） | | |
|------|------|------|------|
| | 1# | 2# | 3# |
| 柠檬酸一钠 | 4.2 | 3.4 | 5.2 |
| 硬脂酸锌 | 3.3 | 1.5 | 4.3 |
| 1,2-环氧丁烷 | 12 | 10 | 14 |
| 苯并三氮唑 | 10.5 | 8.4 | 11.5 |
| N-膦羧甲基亚氨基二乙酸 | 5.5 | 4.3 | 7.5 |
| 橄榄油脂肪酸 | 2.8 | 2.3 | 3.5 |
| 分散剂 | 4.7 | 4.2 | 5.5 |
| 硅酸钠 | 3.9 | 3.4 | 5.5 |
| 水 | 加至100 | 加至100 | 加至100 |

**制备方法** 将各组分原料混合均匀即可。

**产品应用** 本品是一种具有防锈功能的金属清洗液，可清洗不锈钢、低碳钢、铝及铝合金、铜及铜合金、高铁合金和镍合金等表面润滑油、压力油、金属加工液、研磨液等污垢。

**产品特性** 本产品去油去污范围广、清洗效果好；清洗能力强、速度快；可重复使用、无污染、具有防锈能力。

## 配方32　具有防锈功能的金属清洗液

原料配比

| 原料 | 配比（质量份） | | |
|---|---|---|---|
| | 1 # | 2 # | 3 # |
| 氯化牛油烷基三甲基铵 | 11 | 10 | 12 |
| N-乙烯基咪唑 | 12 | 9 | 13 |
| 次氯酸钠 | 8 | 5 | 10 |
| 植物甾醇 | 7 | 5 | 10 |
| 三乙醇胺 | 8 | 7 | 9 |
| 金属离子螯合剂丝氨酸 | 2.5 | 2 | 3 |
| 水玻璃 | 2 | 1.5 | 3 |
| 表面活性剂亲水性硅油 | 1.5 | 1 | 2 |
| 水 | 加至100 | 加至100 | 加至100 |

**制备方法** 将各组分原料混合均匀即可。

**产品应用** 本品是一种具有防锈功能的金属清洗液。

**产品特性** 本产品采用氯化牛油烷基三甲基铵、N-乙烯基咪唑等作为原料，不含对环境有害的化合物，并且对人体健康无害；工艺简单，清洗金属表面效果好，具有一定的防锈功能；使用方便，安全可靠；既可对设备的零部件进行清洗，对设备不造成伤害，且清洗无须再防锈就有防锈效果，又能适用于自动机械中的高压清洗。

## 配方33　可以保护金属表面的清洗液

原料配比

| 原料 | 配比（质量份） | | |
|---|---|---|---|
| | 1 # | 2 # | 3 # |
| 脂肪酸甲酯乙氧化物 FMEE | 7.4 | 6.2～8.4 | 6.2～8.4 |

续表

| 原料 | 配比(质量份) | | |
|---|---|---|---|
| | 1# | 2# | 3# |
| 油酸钾 | 6.7 | 5.2～8.7 | 5.2～8.7 |
| 烷基聚葡萄糖苷 | 6.5 | 5.5～7.5 | 5.5～7.5 |
| 十二硫酸钠 | 3.5 | 2.8～4.5 | 2.8～4.5 |
| 氧化硅 | 4.7 | 4.2～5.3 | 4.2～5.3 |
| 无磷水软化剂 | 4.9 | 4.5～5.6 | 4.5～5.6 |
| 阻燃剂羟基聚磷酸酯 | 1.7 | 1.3 | 2.5 |
| 助溶剂碳酸氢钠 | 2.5 | 1.8～4.5 | 1.8～4.5 |
| 水 | 加至100 | 加至100 | 加至100 |

**制备方法**　将各组分原料混合均匀即可。

**产品应用**　本品是一种可以保护金属表面的清洗液。

**产品特性**　本产品具有较强的渗透能力，能渗透到清洗物底层，能迅速溶解、清除附着于金属零配件表面的各种污垢和杂质，清洗时无再沉积现象，清洗过程对金属表面无腐蚀、无损伤，清洗速度快，清洗后金属表面洁净、光亮，金属表面质量好，能有效保障金属的加工精度，清洗效果好，金属材料清洗后暴露在空气中，可保持比较长的时间不生锈，降低了清洗成本。

## 配方34　可重复使用的金属防锈清洗液

**原料配比**

| 原料 | 配比(质量份) | | |
|---|---|---|---|
| | 1# | 2# | 3# |
| 环己烷四乙酸 | 6.6 | 4.7 | 9.2 |
| 山梨酸钠 | 1.4 | 0.5 | 3.2 |
| 聚乙二醇辛苯基醚 | 4.1 | 3.8 | 4.3 |
| 有机磷羧酸 | 9.5 | 8.3 | 10.5 |
| 2-甲基戊烷 | 8.5 | 6.7 | 10.5 |
| 助溶剂碘化钾 | 2.8 | 2.3 | 3.4 |
| 脂肪酸钠 | 3.4 | 2.5 | 4.7 |
| 氧化聚丙烯酯 | 3.9 | 3.5 | 5.2 |
| 水 | 加至100 | 加至100 | 加至100 |

**制备方法**　将各组分原料混合均匀即可。

**产品应用**　本品是一种可重复使用的金属防锈清洗液。

**产品特性**　本产品去油去污范围广、可与油污分离、清洗效果好；可清洗不锈钢、低碳钢、铝及铝合金、铜及铜合金、高铁合金和镍合金等表面润滑油、压力油、金属加工液、研磨液等污垢；清洗能力强、速度快；可重复使用、无污染、具有防锈能力。

## 配方35　强效金属设备用清洗液

原料配比

| 原料 | 配比（质量份） | | |
|---|---|---|---|
| | 1# | 2# | 3# |
| 磷酸钠 | 4.8 | 4.3 | 5.6 |
| 丁烷 | 3.5 | 2.8 | 4.5 |
| 磷酸三钠 | 6.8 | 5.6 | 7.8 |
| 丁醇 | 4.4 | 3.5 | 5.4 |
| 油酸三乙醇胺 | 6.5 | 5.5 | 7.5 |
| 稳定剂2,6-二叔丁基对甲酚 | 4.5 | 2.4 | 5.5 |
| 乙二胺四亚甲基膦酸 | 5.5 | 3.3 | 6.5 |
| 水 | 加至100 | 加至100 | 加至100 |

**制备方法**　将各组分原料混合均匀即可。

**产品应用**　本品是一种强效金属设备用清洗液。

**产品特性**　本产品具有强力渗透能力，使用时不具有易燃易爆的特性，安全系数高，对工作环境也不会造成较大的不良影响，不含亚硝酸盐、苯酚、甲醛等危害环境的物质，使用时借助清洗时的加热、刷洗等方式使得油污尽快脱离工件表面，从而分散到清洗液中，对操作人员无毒害，具有较好的安全环保性，废液处理容易，清洗成本低且经济效益高；同时能够有效改善加工环境和车间的卫生状况，有利于提高工作效率；对清洗过的机械设备有长期防锈蚀作用。

## 配方36　水基金属清洗液

原料配比

| 原料 | 配比（质量份） | | | |
|---|---|---|---|---|
| | 1# | 2# | 3# | 4# |
| 氢氧化钠 | 0.4 | 0.3 | 0.5 | 0.5 |
| 硅酸钠 | 1 | 1.2 | 0.8 | 0.9 |

续表

| 原料 | 配比(质量份) | | | |
| --- | --- | --- | --- | --- |
| | 1# | 2# | 3# | 4# |
| 酒石酸钠 | 1.5 | 1 | 2 | 1.2 |
| 三聚磷酸钠 | 0.2 | 0.3 | 0.1 | 0.1 |
| 十二烷基磺酸钠 | 0.5 | 0.6 | 0.4 | 0.45 |
| 苯甲酸钠 | 0.4 | 0.5 | 0.3 | 0.35 |
| 钼酸钾 | 0.5 | 0.4 | 0.6 | 0.45 |
| 柠檬酸钾 | 0.2 | 0.1 | 0.2 | 0.25 |
| 水 | 82 | 80 | 85 | 85 |

**制备方法**　将各组分混合，搅拌均匀即得。

**产品应用**　本品是一种水基金属清洗液。

**产品特性**　本产品去污范围广，可与油污分离，清洗效果好，清洗能力强、速度快，同时具有一定的防锈作用。

## 配方37　水溶性金属清洗液

原料配比

| 原料 | 配比(质量份) | 原料 | 配比(质量份) |
| --- | --- | --- | --- |
| 十二烷基磺酸钠 | 4~5 | 三乙醇胺 | 4.5~6 |
| OP-10 | 4~5 | 聚乙二醇 | 3~4 |
| 五氯酚钠 | 0.04~0.05 | 乙醇 | 7~8.5 |
| 苯甲酸钠 | 0.02~0.03 | 磷酸 | 0.8~1.0 |
| 亚硝酸钠 | 0.02~0.03 | 水 | 加至100 |

**制备方法**　将各组分原料混合均匀即可。

**产品应用**　本品是一种水溶性金属清洗液。

**产品特性**　本清洗液不仅能清洗诸如弹簧钢、优质钢、碳钢和各种铸铁件上的灰尘、油脂、烟油、黏合剂、油漆等，而且经清洗的制件、制品具有良好的防锈功能。

## 配方38　降低金属表面粗糙度的防腐蚀清洗液

原料配比

| 原料 | 配比(质量份) | | |
| --- | --- | --- | --- |
| | 1# | 2# | 3# |
| 环氧己烯 | 2.7 | 1.5 | 3.7 |

续表

| 原料 | 配比(质量份) | | |
|---|---|---|---|
| | 1# | 2# | 3# |
| 无水硅酸钠 | 2.8 | 2.5 | 3.8 |
| 氨基二亚甲基膦酸 | 2.9 | 2.3 | 3.6 |
| N,N-二甲基丙烯酰胺 | 7.9 | 7.5 | 8.6 |
| 增效助剂 α-氰基丙烯酸酯 | 3.7 | 3.2 | 4.5 |
| 钼酸钠 | 4.7 | 3.5 | 5.7 |
| 三羟乙基甲基季铵甲基硫酸盐 | 7.4 | 6.2 | 8.4 |
| 环烷酸锰 | 3.9 | 3.4 | 5.3 |
| 琥珀酸磺酸钠盐 | 4.6 | 3.5 | 5.6 |
| 水 | 加至 100 | 加至 100 | 加至 100 |

**制备方法**　将各组分原料混合均匀即可。

**产品应用**　本品是一种降低金属表面粗糙度的防腐蚀清洗液。

**产品特性**　本产品具有极强的渗透性和优良的除油性，使用添加剂量少，清洗成本低，清洗能力强，可重复使用，无污染，具有防锈和减少蚀度、延长零部件寿命的作用；可以减少成本、降低金属表面粗糙度、增强清洁度，稳定性好，不损伤金属表面，还能降低对设备的腐蚀性。

## 配方39　有色金属通用型水性清洗液

**原料配比**

| 原料 | | 配比(质量份) | | | | |
|---|---|---|---|---|---|---|
| | | 1# | 2# | 3# | 4# | 5# |
| 松香胺聚氧乙烯醚 | | 0.5 | 0.4 | 1 | 0.4 | 1 |
| 醇醚表面活性剂 | OP-10,即壬基酚聚氧乙烯(10)醚 | 12 | 5 | 20 | — | — |
| | OP-8,即壬基酚聚氧乙烯(8)醚 | — | — | — | 5 | — |
| | OP-15,即壬基酚聚氧乙烯(15)醚 | — | — | — | — | 20 |
| 脂肪酸聚氧乙烯醚 | | 18 | 3 | 20 | 3 | 20 |
| 蔗糖 | | 2 | 1 | 5 | 5 | 1 |
| 二乙醇胺和三乙醇胺混合物 | | 2 | 2 | 5 | 5 | 2 |
| 醇类 | 异丙醇 | 6 | 2 | 10 | — | — |
| | 乙醇 | — | — | — | 10 | — |
| | 乙二醇 | — | — | — | — | 2 |
| 水 | | 69.5 | 86.6 | 39 | 71.6 | 54 |

**制备方法**    将各组分原料混合均匀即可。

**产品应用**    本品是一种有色金属通用型水性清洗液。

**产品特性**

(1) 本产品以松香胺聚氧乙烯醚为主剂，以醇醚表面活性剂和脂肪酸聚氧乙烯醚为除污垢的活性剂，以蔗糖为硬水络合剂，用有机碱提高 pH 值，以醇类和水为溶剂。本品具有成本低、无毒、无害的优点，对皮肤无腐蚀、无刺激，对人体无危害，对环境无污染；清洗缓蚀性能好，功效持久，不伤手，不危害操作员工身体健康。

(2) 本产品适用于各种有色金属的清洗加工，能够在适中的温度下提供稳定性质，在工件表面形成吸附较紧的抗腐蚀保护膜，缓蚀效果较好，清洗后有色金属工件表面洁净、无色差；同时，使用时或排放后具有较好的环保性，避免对操作者或环境造成污染。

# 2
# 金属清洗剂

## 配方01　便于工件除油的水基金属清洗剂

**原料配比**

| 原料 | 配比（质量份） | | |
|---|---|---|---|
| | 1# | 2# | 3# |
| 碳酸钠 | 4.76 | 4.51 | 4.28 |
| 硼酸钠 | 4.07 | 3.72 | 3.59 |
| 氢氧化钠 | 2.53 | 2.14 | 1.76 |
| 油酸三乙醇胺 | 11.54 | 11.27 | 10.87 |
| 聚氧乙烯脂肪醇醚 | 15.36 | 14.96 | 14.69 |
| 三乙醇胺 | 12.65 | 11.78 | 11.37 |
| 消泡剂 | 0.94 | 0.81 | 0.72 |
| 尿素 | 0.97 | 0.76 | 0.65 |
| 水 | 47.18 | 50.05 | 52.07 |

**制备方法**

（1）将油酸三乙醇胺、聚氧乙烯脂肪醇醚、三乙醇胺混合，在常温下充分搅拌混合并加热至55～60℃后，冷却得到A溶液。

（2）将碳酸钠、硼酸钠、氢氧化钠加入水中，在常温下搅拌充分后得到B溶液。

（3）将B溶液加至A溶液中，并充分搅拌，搅拌过程中可以加入消泡剂、尿素进行混合，使其达到更好的去除泡沫的效果，将混合液加热至85～90℃后，冷却至室温就可以制成水基金属清洗剂。

**原料介绍**　消泡剂为硅油或乙醇或改性硅氧烷类中的一种或多种。

**产品应用**　本品是一种便于工件除油的水基金属清洗剂。

使用时，将水基金属清洗剂与水混合制成金属清洗液，水基金属清洗剂与水的比例为25∶1。

**产品特性**　本产品具有良好的吸附、润湿、乳化和增溶等作用，去污能力强，对金属无腐蚀、无损伤，清洗后的工件具有一定的缓蚀防锈能力，清洗剂中不含重金属及磷等有害元素，减少了环境的污染，减少了操作人员疾病的发生，能够在常温条件下进行洗涤操作，泡沫少，生产工艺简单，生产成本低。

## 配方02　茶皂素水基金属清洗剂

**原料配比**

| 原料 | 配比（质量份） | | | | | |
|---|---|---|---|---|---|---|
| | 1# | 2# | 3# | 4# | 5# | 6# |
| 茶皂素 | 20 | 20 | 25 | 30 | 40 | 50 |

续表

| 原料 | 配比（质量份） | | | | | |
|---|---|---|---|---|---|---|
| | 1# | 2# | 3# | 4# | 5# | 6# |
| 可可胺 | 5 | 5 | 5 | 10 | 5 | 20 |
| 萜烯醇 | 5 | 10 | 10 | 10 | 20 | 10 |
| 助洗剂碳酸钠 | 3 | — | — | 3 | 3 | 3 |
| 助洗剂碳酸氢钠 | — | 5 | — | — | — | — |
| 助洗剂碳酸钾 | — | — | 4 | — | — | — |
| 缓蚀剂石油磺酸钠 | 0.5 | 0.5 | 0.5 | 0.5 | 0.5 | 1 |
| 消泡剂 FAG470 | — | — | — | 0.01 | 0.05 | 1 |
| 水 | 加至100 | 加至100 | 加至100 | 加至100 | 加至100 | 加至100 |

**制备方法**　按配比，首先将可可胺、萜烯醇、缓蚀剂在 70～80℃水中分散混合均匀后，再将余料加入其中，常温搅拌，均匀分散即可。

**原料介绍**　助洗剂为碳酸钠、碳酸钾、碳酸氢钠中的至少一种；碳酸盐类无机碱相较于通常的氢氧化钠、氢氧化钾而言，碱性较为温和，对皮肤的刺激性小。

缓蚀剂为石油磺酸钠。

消泡剂为非离子有机硅复配物，可以添加，也可以不添加。

茶皂素为天然非离子表面活性剂，该表面活性剂具有优良的低温洗涤性能和增溶、分散、润湿性能，还有良好的发泡、稳泡性能，良好的生物降解性能，对皮肤无刺激性，是一种环保、无公害的非离子表面活性剂。

可可胺为阴离子表面活性剂，该表面活性剂在水中具有良好的润湿、渗透、乳化、分散和去污能力，耐碱性较高，生物降解性能好，不含致癌芳胺和重金属离子，对人体健康无害。

萜烯醇为助溶剂，同时具有良好的发泡效果。

**产品应用**　本品是一种茶皂素水基金属清洗剂。

使用方法如下：将茶皂素水基金属清洗剂稀释 10～30 倍后作为洗液，将待清洗金属部件浸入洗液中，室温或加热到 40～80℃浸泡 10～30min，再进行清洗。可以采用喷淋、振荡电解、超声波等各种清洗形式。

**产品特性**

（1）本产品以天然非离子表面活性剂茶皂素为主，易于降解生成茶皂草精醇以及盐类物质；本产品不含 APEO 类表面活性剂，不含磷助剂，不含亚硝酸盐等物质，环保、安全、无污染并且清洗能力强。

（2）易溶于水，泡沫少，便于清洗，能快速清除金属表面的污垢。

（3）对金属无腐蚀和损伤，清洗后的金属表面清洁光亮。

（4）对金属有缓蚀防锈作用。

（5）安全无害，对环境无污染。

（6）原料易得，价格低廉。

## 配方03　常温金属清洗剂

### 原料配比

| 原料 | 配比(质量份) | 原料 | 配比(质量份) |
|---|---|---|---|
| 两性表面活性剂 | 7 | 油酸三乙醇胺 | 6 |
| 高锰酸钾 | 0.3 | 表面调整剂 | 3 |
| 乳化剂烷基酚与环氧乙烷缩合物 | 1.5 | 酸洗缓蚀剂 | 5 |
| 工业草酸 | 6 | 34%盐酸 | 8 |
| 酸雾抑制剂 | 15 | 水 | 40 |

### 酸雾抑制剂

| 原料 | 配比(质量份) | 原料 | 配比(质量份) |
|---|---|---|---|
| 1,3-二邻甲苯硫脲 | 26 | 食盐 | 52 |
| 淀粉 | 17 | 平平加 | 0.5 |

### 制备方法

（1）将两性表面活性剂、水加入第一个反应器进行搅拌使之溶解，继续搅拌加入乳化剂、工业草酸和酸雾抑制剂使之再次溶解。

（2）将油酸三乙醇胺、水加入另一反应器内进行搅拌溶解，继续搅拌加入酸洗缓蚀剂进行搅拌溶解。

（3）将步骤（2）反应器中的物料加入步骤（1）反应器内溶解的物料中继续搅拌，再逐渐加入34%盐酸、高锰酸钾和表面调整剂，搅拌一段时间，静置后即制得产品。加入表面调整剂后的搅拌时间为5～10min，静置的时间为1～2h。

**产品应用**　本品是一种常温金属清洗剂。

**产品特性**

（1）本金属清洗剂配制简单，操作简便易行，去污能力强，常温下易水洗，不含毒性物质，不产生有害气体，劳动条件好，能提高除锈速度，防止工件产生过腐蚀和氢脆现象，能较好地抑制酸雾。

（2）便利性：产品适用于各种金属产品的清洗，操作简便。

（3）高效性：操作工艺简单，清洗效率大大提高，且可以提高金属工件表面性能，改善工件表面状况，提高生产效率。

（4）经济性：对各种金属工件表面问题，都可以进行有效的清洗处理，用量节省，加快用户生产速度，缩短工期，节省各种费用。

（5）环保性：不会产生酸雾，对人体安全无威胁，表面活性剂成分生物降解性高，不是易燃易爆物品，无异味；不含重金属成分，减少环境污染。

## 配方04　除锈金属表面清洗剂

**原料配比**

| 原料 | 配比(质量份) | 原料 | 配比(质量份) |
|---|---|---|---|
| 蛭石粉 | 6 | 硫代硫酸钠 | 3 |
| 滑石粉 | 3 | 三乙醇胺 | 3 |
| 月桂基两性乙酸钠 | 1.5 | 石油磺酸钡 | 1.5 |
| 羟乙基纤维素 | 3 | 乙二醇单硬脂酸酯 | 0.8 |
| 油酸三乙醇胺 | 3 | 助剂 | 4 |
| 松香酸聚氧乙烯酯 | 1.5 | 水 | 45 |

**助剂**

| 原料 | 配比(质量份) | 原料 | 配比(质量份) |
|---|---|---|---|
| 葡萄皮渣 | 18 | 丙二醇 | 4 |
| 草酸 | 3 | 壬基酚聚氧乙烯醚 | 1.5 |
| 柠檬酸 | 3 | 石英粉 | 1.5 |
| 三聚磷酸钠 | 1.5 | 水 | 25 |

**制备方法**

(1) 将三乙醇胺和蛭石粉、滑石粉混合后研磨 1～2h，再加入月桂基两性乙酸钠和 1/4～1/3 量的水，先超声分散 10～15min，再以 8000～10000r/min 高速匀浆 15～30min，得 A 组分；

(2) 将油酸三乙醇胺、松香酸聚氧乙烯酯和羟乙基纤维素加入余量的水中以800～1000r/min 的转速搅拌 5～10min，再加入石油磺酸钡和乙二醇单硬脂酸酯（60～80℃），同样转速下搅拌 20～30min，得 B 组分；

(3) 将 A 组分、B 组分和其余原料混合后以 800～1000r/min 转速搅拌 15～30min，分装后即得。

**原料介绍**　助剂的制备方法是：将葡萄皮渣与 1/3～1/2 量的水混合后搅拌均匀，超声处理 0.5～1h，再加入草酸、柠檬酸、三聚磷酸钠和丙二醇，在200～400r/min、60～80℃条件下处理 12～24h，过滤后将滤渣与余量的水混合，加入壬基酚聚氧乙烯醚和石英粉在 1000～1200r/min、60～80℃条件下处理 6～8h，再次过滤并将两次得到的滤液合并，将 pH 调至中性，即得。

**产品应用**　本品是一种除锈金属表面清洗剂。

**产品特性**

(1) 通过配方与工艺的改进，使产品兼具防锈与清洗油污、杂质的功能，清洗与防锈效果好，节约资源，简化处理步骤，实用性强，有利于下一步工序的进行。

（2）通过添加蛭石粉能有效吸附附着在金属表面的油污，既缩短了清洗时间，又使清洗更加彻底；且在金属清洗剂废水排放时能通过离心、过滤等方式分离大部分污染物，有利于减轻污水处理负担，更易达到排放标准。

## 配方05    除油污金属清洗剂

**原料配比**

| 原料 | 配比（质量份） | | |
|---|---|---|---|
| | 1# | 2# | 3# |
| 三聚磷酸钠 | 11 | 10 | 12 |
| 硝酸锌 | 12 | 9 | 13 |
| 平平加 | 8 | 5 | 10 |
| 棕榈油脂肪酸甲酯磺酸钠 | 7 | 5 | 10 |
| 硬脂酸镁 | 8 | 7 | 9 |
| 三氯羟苯醚 | 2.5 | 2 | 3 |
| 正庚烷 | 2 | 1.5 | 3 |
| 缓蚀剂聚天冬氨酸 | 1.5 | 1 | 2 |
| 水 | 加至100 | 加至100 | 加至100 |

**制备方法**    将各组分原料混合均匀即可。

**产品应用**    本品是一种可去除油污的金属清洗剂。

**产品特性**    本产品能够提高对油污等有机污染物的溶解度，可溶解金属材料表面的有机污染物；能够降低清洗剂的表面张力，增强清洗剂的渗透性，提高对金属材料表面的清洗效果；能够增强质量传递，保证清洗的均匀性，降低对金属材料表面的损伤；具有水溶性好、渗透力强、无污染等优点；不易燃烧，属于非破坏臭氧层物质，清洗后的废液便于处理排放，能够满足环保"三废"排放要求，不腐蚀金属设备；制备工艺简单，操作方便，使用安全可靠。

## 配方06    传感器镀锌外壳用金属防锈清洗剂

**原料配比**

| 原料 | 配比（质量份） | | | | |
|---|---|---|---|---|---|
| | 1# | 2# | 3# | 4# | 5# |
| VP-10 | 3.5 | 5 | 6.5 | 7.5 | 8.5 |

续表

| 原料 | 配比(质量份) | | | | |
|---|---|---|---|---|---|
| | 1# | 2# | 3# | 4# | 5# |
| 脂肪胺聚氧乙烯醚 | 10 | 11 | 13 | 15 | 16 |
| 苯胺 | 0.8 | 1.6 | 2.5 | 3.5 | 4.5 |
| 植酸 | 0.6 | 0.7 | 0.8 | 0.9 | 1.0 |
| 酸雾抑制剂 | 0.06 | 0.07 | 0.08 | 0.10 | 0.12 |
| 乌洛托品 | 0.8 | 1.6 | 2.5 | 3.5 | 4.5 |
| 若丁 | 0.9 | 1.6 | 2.5 | 3.5 | 4.5 |
| 盐酸 | 10 | 11 | 13 | 14 | 15 |
| 水 | 加至100 | 加至100 | 加至100 | 加至100 | 加至100 |

酸雾抑制剂

| 原料 | 配比(质量份) | | | | |
|---|---|---|---|---|---|
| 硫脲 | 1 | 1.5 | 2 | 2.5 | 3 |
| 草酸 | 3 | 4 | 6 | 8 | 9 |
| JFC-S渗透剂 | 4 | 6 | 8 | 9 | 10 |

**制备方法**　先将酸雾抑制剂的各种组分按照上述配比，进行混合。然后，将混合后的酸雾抑制剂与其他各种组分（除盐酸）一起溶解在水中，再加入盐酸，混合均匀，即得本品。

**产品应用**　本品主要用于钢铁制品及材料表面处理，是一种传感器镀锌外壳用金属防锈清洗剂，主要用于盐酸清洗工艺。

**产品特性**

(1) VP-10和脂肪胺聚氧乙烯醚的混合物能强力去除金属表面的油脂、污渍等，而且对镀锌金属表面无腐蚀。

(2) 乌洛托品、若丁与苯胺的组合，一方面作为添加剂，能与VP-10和脂肪胺聚氧乙烯醚发生协同作用，加快清洗的速度，使清洗时间大大缩短；另一方面，也能作为缓蚀剂，防止金属表面过腐蚀。

(3) 主要由硫脲、草酸和JFC-S渗透剂组成的酸雾抑制剂，能与若丁、苯胺等发生协同作用，能有效抑制酸雾的形成，消除金属除锈过程对操作人员的危害和对周围环境的污染，并对金属表面的除锈、去污和防锈发挥辅助作用，加快清洗速度。

## 配方07    低泡低温金属清洗剂

**原料配比**

| 原料 | 配比（质量份） | 原料 | 配比（质量份） |
|---|---|---|---|
| 十二烷基二甲基氧化胺 | 5 | 纯碱 | 31 |
| 氢氧化钠 | 28 | 丁二醇 | 5 |
| 硅酸钠 | 32 | 水 | 加至100 |
| 烷醇酰胺 | 3.5 | | |

**制备方法**    将各组分材料混合并搅拌均匀即可。

**产品应用**    本品是一种低温金属洗涤剂。

使用时，按清洗污垢的程度，用水稀释至所需要求即可。

**产品特性**    使用时将清洗剂用水稀释至 $10\%\sim30\%$，经使用后，测得其清洗率为 $95\%$；合适的 pH 值为 $9.0\sim9.3$；防锈性能为 0 级（表面无锈，无明显表化）。本产品具有低泡、高效、对金属表面无腐蚀、稳定性好、安全环保、对人体无直接伤害的优点。

## 配方08    低温金属清洗剂

**原料配比**

| 原料 | 配比（质量份） | | |
|---|---|---|---|
| | 1# | 2# | 3# |
| 月桂基甲基氧化胺 | 6 | 10 | 8 |
| 油酸羟乙基咪唑啉 | 0.5 | 1 | 0.7 |
| 丁二醇 | 2 | 4 | 3 |
| 二甲苯磺酸钠 | 3 | 6 | 4.5 |
| 乙二胺四乙酸 | 1 | 2 | 1.5 |
| 异丙醇 | 3 | 5 | 4 |
| 水 | 84.5 | 72 | 78.3 |

**制备方法**    在反应釜里先加入一定量的水，升温至 40℃ 后，加入月桂基甲基氧化胺、二甲苯磺酸钠搅拌混合 15min，然后相继加入丁二醇、乙二胺四乙酸、异丙醇混合搅拌 15min，最后加入油酸羟乙基咪唑啉混合搅拌 15min，静置 30min 后打开阀门罐装。

**产品应用**    本品主要用于日常五金的金属表面油污的清洗及金属表面磷化、钝化的清洗。

**产品特性**　本产品中月桂基甲基氧化胺具有清洁作用；油酸羟乙基咪唑啉对除油具有特效；丁二醇具有柔软金属表面油污的作用；二甲苯磺酸钠具有使金属表面油污脱落的作用；乙二胺四乙酸用于洗涤剂中起辅助除油作用；异丙醇在本产品中起各原料间的调节作用。

## 配方09　电解金属锰不锈钢极板无铬清洗剂

**原料配比**

| 原料 | 配比(质量份) | |
| --- | --- | --- |
| | 1# | 2# |
| 乙二胺四乙酸二钠 | 10 | 5 |
| 酒石酸钠 | 10 | 2 |
| 柠檬酸钠 | 15 | 20 |
| 肌醇六磷酸酯 | 2 | 3 |
| 2-羟基膦酰基乙酸 | 1 | 0.5 |
| 硅酸钠 | 8 | 5 |
| 磷酸钠 | 15 | 20 |
| 三聚磷酸钠 | 15 | 10 |
| 硫酸钠 | 9 | 15 |
| 脂肪醇聚氧乙烯醚 | 0.05 | — |
| 脂肪酸醇烷酰胺 | 0.05 | 0.1 |
| 烷基聚葡糖苷 | — | 0.05 |
| 聚二甲基硅氧烷乳液 | 0.03 | — |
| 仲烷醇聚氧乙烯醚 | — | 0.02 |
| 甘油聚氧丙烯醚 | 0.02 | 0.02 |
| 羧甲基纤维素盐 | 0.01 | — |
| 甘油聚氧丙烯聚氧乙烯嵌段共聚物 | — | 0.01 |
| 羟丙基纤维素 | 0.02 | — |
| 聚丙烯酰胺 | — | 0.05 |
| 聚乙烯醇 | 0.01 | — |
| 海藻酸钠 | — | 0.05 |

**制备方法**　将各组分原料混合均匀即可。
**产品应用**　本品主要是一种电解金属锰不锈钢极板无铬清洗剂。
**产品特性**　本产品具有对环境友好、运行成本低、使用效果好、对极板损伤小、在清洗的极板上电解锰快、洗板废水易处理等优点。本产品不仅能大量减少电解锰企业的重金属排放量，还有助于稳定产量，降低成本。

## 配方10　镀锌金属清洗剂

**原料配比**

| 原料 | 配比（质量份） | | | | | | | | | | | | | |
|------|---|---|---|---|---|---|---|---|---|---|---|---|---|---|
| | 1# | 2# | 3# | 4# | 5# | 6# | 7# | 8# | 9# | 10# | 11# | 12# | 13# | 14# |
| EDTA-2Na | 3 | — | 7 | — | — | 7 | — | 7 | — | 7 | — | — | 7 | — |
| EDTA-2K | — | 4 | — | 10 | 4 | — | 4 | — | 4 | — | 4 | 4 | — | 4 |
| 邻菲罗啉 | 0.005 | 0.01 | 0.03 | 0.04 | 0.01 | 0.03 | 0.01 | 0.03 | 0.01 | 0.03 | 0.01 | 0.01 | 0.03 | 0.01 |
| 水 | 100 | 100 | 100 | 100 | 100 | 100 | 100 | 100 | 100 | 100 | 100 | 100 | 100 | 100 |
| 硫脲 | — | — | — | — | 0.8 | — | — | 0.8 | — | — | 0.8 | — | — | — |
| 苯胺 | — | — | — | — | — | 0.2 | — | — | 0.2 | — | — | — | 0.2 | 1.2 |
| 乌洛托品 | — | — | — | — | — | — | 1.2 | — | — | — | 1.2 | — | — | — |
| 邻二甲苯硫脲 | — | — | — | — | — | — | — | 2 | — | — | — | — | — | 0.1 |
| 黄连素 | — | — | — | — | — | — | — | — | 0.03 | 0.05 | 0.1 | 0.03 | 0.05 | — |
| 十二烷基苯磺酸钠 | — | — | — | — | — | — | — | — | — | — | — | — | 1 | — |
| 平平加 | — | — | — | — | — | — | — | — | — | — | — | — | 0.025 | — |
| 吐温-80 | — | — | — | — | — | — | — | — | — | — | — | — | — | 0.05 |

**制备方法**　将有机络合剂、邻菲罗啉加入水中，搅拌至完全溶解即可。

**原料介绍**　有机络合剂为 EDTA-2Na 和 EDTA-2K。

为了增加清洗剂的缓蚀效果，还可在清洗剂中增加缓蚀剂。缓蚀剂有硫脲、乌洛托品、苯胺、邻二甲苯硫脲，其与水的质量比为（0.2~2）:100。

为了增加清洗的效果，还可在清洗剂中加入黄连素，黄连素与水的质量比为（0.03~0.1）:100。

为了增加清洗的效果，还可在清洗剂中增加表面活性剂。表面活性剂有十二烷基苯磺酸钠、平平加、吐温-80，表面活性剂与水的质量比为 1:（0.005~0.05）。

有机络合剂为主清洗剂，起着溶垢的作用，邻菲罗啉作为锌的专属缓蚀剂，能消除铁离子与金属锌的置换反应。

使用后的清洗液，还可以通过 pH 值的调节，对有机络合剂进行回收利用。

**产品应用**　本品主要用作镀锌金属的清洗剂。

**产品特性**　本产品具有对金属镀锌层腐蚀率小、除垢时间适中、主清洗剂可以回收利用的特点。

## 配方11　多功能多元金属清洗剂

**原料配比**

| 原料 | 配比（质量份） | |
| --- | --- | --- |
| | 1# | 2# |
| 十二烷基乙二酰胺 | 28 | 29 |
| 十二烷基醇聚氯乙烯-9-醚 | 36 | 37 |
| 葡萄糖酸钠 | 9 | 8 |
| 钨酸钠 | 9 | 8 |
| 苯并三氮唑 | 3 | 2 |
| 乙醇 | 11 | 10 |
| 去离子水 | 4 | 6 |

**制备方法**

（1）将十二烷基乙二酰胺与十二烷基醇聚氧乙烯-9-醚定量混溶，在增效剂钨酸钠、葡萄糖酸钠作用下熟化24h，成为多功能活性体。

（2）将上述多功能活性体与其他辅助剂苯并三氮唑、乙醇、去离子水，在反应釜中混合，在40℃温度下搅拌60min，即为多功能多元金属清洗剂。

**产品应用**　本品是一种多功能多元金属清洗剂。

使用方法：

（1）在机械自动化清洗机使用条件下，需在60～70℃热水中，投入多功能多元金属清洗剂的量为清洗用水量的3%～5%。

（2）在人力搅拌清洗机中使用时，也是在60～70℃热水中投入多功能多元金属清洗剂的量为清洗用水量的6%～8%。清洗后需用清水清洗制件，然后吹干或自然干燥皆可。

**产品特性**　本产品具有高清洗度、高防锈力、低泡、低温清洗的特点，同时可清洗一个部件上的黑色金属和有色金属，工艺简单，应用范围广泛，在原料配方中不含磷酸盐和亚硝酸盐，也不含生物难以降解的表面活性物，不会环境污染。

## 配方12　多功能钢材专用金属清洗剂

**原料配比**

| 原料 | 配比（质量份） | |
| --- | --- | --- |
| | 1# | 2# |
| 磷酸 | 15 | 26 |
| 酒石酸钠 | 10 | 13 |

续表

| 原料 | 配比（质量份） | |
|---|---|---|
| | 1# | 2# |
| 硫酸钠 | 1.5 | 3 |
| 磷酸锌 | 2 | 4 |
| 硫脲 | 1 | 2 |
| 磷酸三丁酯 | 1 | 1.5 |
| OP-10 | 5 | 7 |
| 司盘-80 | 3 | 6 |
| 咪唑啉 | 6 | 10 |
| 乌洛托品 | 1 | 2 |
| EDTA 二钠 | 1 | 1.5 |
| 乙二醇 | 3 | 4 |
| 水 | 加至 100 | 加至 100 |

**制备方法**

（1）先把磷酸及钠盐与水混合溶解；

（2）把其余助剂与水混合溶解；

（3）把两种溶液合并混合均匀，其混合溶解温度为 $60\sim85℃$，pH 值为 $1.0\sim3.0$。

**产品应用**　本品是一种用于大批钢材进行清洗的多功能钢材专用金属清洗剂。

**产品特性**　本产品凝固点小于 10℃，其配成后为无色，稍黏状液体，无气味，不易燃、不易爆，无挥发性，储存期大于 2 年。该清洗剂不仅成本低、效率高，并且其工作环境无酸雾出现，不会污染操作环境，其废液无污染，可加温操作也可常温操作，符合流水线生产的工艺要求，可以加水稀释使用，也可以续补液使用，可大大降低使用成本，使用安全、方便、高效。

## 配方13　多功能金属清洗剂

**原料配比**

| 原料 | 配比（质量份） | |
|---|---|---|
| | 1# | 2# |
| 磷酸 | 110 | 140 |
| 硝酸锌 | 150 | 160 |
| 十二烷基苯磺酸钠 | 12 | 25 |
| 酒石酸 | 6 | 8 |
| 水 | 1000 | 1000 |

**制备方法**　将原料按配比混合均匀即可。

**产品应用**　本品是用于清除金属表面的油污和锈斑并防止再次形成锈斑的清洗剂。

**产品特性**　本产品配制工艺十分简单，只需将原料按配比混合均匀即可，使用本清洗剂清洗金属表面时，可将被清洗金属浸泡在本清洗剂中 10～15min，油污和锈斑即可迅速消除，并在金属表面形成锌质磷化防锈膜。十二烷基苯磺酸钠是一种可清除金属表面油污的活性剂，磷酸的主要作用是清除金属表面的锈斑，磷酸和硝酸锌则可在酒石酸的作用下在金属表面形成可防止锈斑再次形成的锌质磷化膜。由此可见，本清洗剂使用方便，除油、除锈和防锈三个步骤一次完成，简化了清洗工艺，可缩短工时，降低清洗成本。

## 配方14　多功能金属设备清洗剂

**原料配比**

| 原料 | 配比（质量份） | |
| --- | --- | --- |
| | 1# | 2# |
| 氨基硅氧烷 | 2 | 4 |
| 乙二胺四乙酸 | 6 | 12 |
| 氨基三亚甲基膦酸 | 2.4 | 3.6 |
| 竹炭粉 | 1.5 | 2.5 |
| 表面活性剂 | 4 | 7 |
| 丙烯酸 $C_1$～$C_4$ 烷基酯 | 5 | 6.7 |
| 氯化锌 | 3.5 | 5.6 |
| 山梨糖醇酐油酸酯 | 3 | 5 |
| 长链烷基硫酸钠 | 3.5 | 5.5 |
| 防锈剂 | 2.4 | 4 |
| 十二烷基甜菜碱 | 5 | 7 |
| 非离子型乳化剂 | 2 | 5 |
| 椰子油二乙醇酰胺 | 3.2 | 4.1 |
| 天冬氨酸 | 3 | 6 |
| 焦磷酸钠 | 2 | 4 |

**制备方法**　将各组分原料混合均匀即可。

**产品应用**　本品是一种多功能金属设备清洗剂。

**产品特性**　本产品具有防锈功效好、腐蚀性小、操作简单方便、性能稳定的特点。

## 配方15    多功能金属水基防锈及清洗剂

**原料配比**

| 原料 | 配比（质量份） | | |
|---|---|---|---|
| | 1# | 2# | 3# |
| 羊毛脂 | 12.5 | 8 | 6.25 |
| 三乙醇胺 | 12.5 | 17 | 18.75 |
| 纯水 | 加至100 | 加至100 | 加至100 |

**制备方法**　将羊毛脂与三乙醇胺在反应釜中混合，升温至（120±10）℃，搅拌并保持该温度（60±10）min，停止加热待冷却至50～60℃，往反应釜中加入定量的水，均匀搅拌即得。

**产品应用**　本品主要用于金属加工及机械制造行业的金属防锈、清洗及作为防锈添加剂使用。

**产品特性**

（1）本产品可以单独使用（可以进一步加水稀释），也可以与其他清洗剂等混合使用。

（2）本产品由无生物毒性、易降解、可再生的资源制得，是非亚硝酸盐/钼酸盐型的水基防锈清洗剂，其防锈性能达到亚硝酸盐及其他水基防锈剂的技术性能水平，且具有较强的洗净能力，而且在制备和使用过程中不会造成对人体健康的损害，不会污染环境。此外，本产品的生产方法工艺简单，加工成本低，适合于大规模推广应用。

## 配方16    防冻金属表面固体清洗剂

**原料配比**

| 原料 | 配比（质量份） | 原料 | 配比（质量份） |
|---|---|---|---|
| 膨化珍珠岩(150μm) | 28 | 一氟代乙基磷酸钠 | 1.0 |
| 壬基酚聚氧乙烯醚 | 10 | 去离子水 | 53 |
| 乙二醇 | 8 | | |

**制备方法**　称取壬基酚聚氧乙烯醚、乙二醇、一氟代乙基磷酸钠，将其充分混合、溶解，得到一种混合液，再将去离子水在搅拌下加入上述混合液中；然后用部分去离子水浸润膨化珍珠岩，边搅拌边加入上述配制的混合物中，即制得本产品。

**原料介绍**　此金属清洁剂中的固体磨粒膨化珍珠岩的最佳用量是12%～28%，

粒度在 $1\sim200\mu m$；表面活性剂在其中起去油污作用，其最佳用量为 $2\%\sim12\%$，可使用聚氧乙烯醚类表面活性剂，如脂肪醇的聚氧乙烯醚类、壬基酚聚氧乙烯醚、仲烷醇聚氧乙烯醚。其中的 $C_2\sim C_4$ 的多羟基醇烷基的最佳用量是 $2\%\sim8\%$，如乙二醇、丙二醇，该组分与聚氧烷基酚醚协同起到降低冰点和去除油污的作用；阴离子氟代表面活性剂可协同多羟基醇起融化冰的作用。这类物质有一氟代乙基磷酸钠、氟代乙醇。实验用水最好是去离子水。本产品还可加入其他助剂，如香精、缓冲剂等。

**产品应用**　本品特别适用于缺水、低温状态下的金属表面的清洁。

**产品特性**　本产品本身在低温 $-40℃$ 的条件下不冻结，对在气温 $-40℃$ 石油场的机械进行清洗，具有不冻结、去油污性能良好的特点；无须用水，由于对人体皮肤无损伤，可用手直接操作，可用于清洗机械，也可用于皮肤表面油污的清洁。由于本产品的清洗剂呈固体状态，易于包装和运输，具有防冻、免水的优点，特别适合户外低温作业的环境。

## 配方17　防腐蚀金属表面清洗剂

### 原料配比

| 原料 | 配比（质量份） | 原料 | 配比（质量份） |
| --- | --- | --- | --- |
| 高岭土 | 5 | 聚马来酸酐 | 0.15 |
| 元明粉 | 1.5 | 聚乙烯吡咯烷酮 | 1.5 |
| 三乙醇胺 | 4 | 羟乙基纤维素 | 4 |
| 十二烷基硫酸钠 | 4 | 磷酸三丁酯 | 0.3 |
| 辛基酚聚氧乙烯醚 | 1.5 | 助剂 | 4 |
| 三乙醇胺硼酸酯 | 0.4 | 水 | 45 |
| 羟基亚乙基二膦酸二钠 | 0.15 | | |

### 助剂

| 原料 | 配比（质量份） | 原料 | 配比（质量份） |
| --- | --- | --- | --- |
| 葡萄皮渣 | 18 | 丙二醇 | 4 |
| 草酸 | 3 | 壬基酚聚氧乙烯醚 | 1.5 |
| 柠檬酸 | 3 | 石英粉 | 1.5 |
| 三聚磷酸钠 | 1.5 | 水 | 25 |

### 制备方法

（1）将高岭土与三乙醇胺混合后研磨 $1\sim2h$，再加入辛基酚聚氧乙烯醚、聚马来酸酐和 $1/4\sim1/3$ 量的水，先超声分散 $10\sim15min$，再以 $8000\sim10000r/min$

高速匀浆 15～30min，得 A 组分；

（2）将十二烷基硫酸钠和聚乙烯吡咯烷酮加入余量的水中以 800～1000r/min 转速搅拌 5～10min，再加入三乙醇胺硼酸酯和磷酸三丁酯在 60～80℃和同样转速下搅拌 20～30min，得 B 组分；

（3）将 A 组分、B 组分和其余原料混合后以 800～1000r/min 转速搅拌 15～30min，分装后即得。

**原料介绍**    助剂的制备方法是：将葡萄皮渣与 1/3～1/2 量的水混合后搅拌均匀，超声处理 0.5～1h，再加入草酸、柠檬酸、三聚磷酸钠和丙二醇，在 200～400r/min、60～80℃条件下处理 12～24h，过滤后将滤渣与余量的水混合，加入壬基酚聚氧乙烯醚和石英粉在 1000～1200r/min、60～80℃条件下处理 6～8h，再次过滤并将两次得到的滤液合并，将 pH 调至中性，即得。

**产品应用**    本品是一种防腐蚀金属表面清洗剂。

**产品特性**

（1）通过配方与工艺的改进，使产品具有较高的清洗性能，同时对金属有缓蚀作用，延长清洗的有效作用时间。

（2）通过添加元明粉能有效吸附附着在金属表面的油污，既缩短了清洗时间，又使清洗更加彻底；且在金属清洗剂废水排放时能通过离心、过滤等方式分离大部分污染物，有利于减轻污水处理负担，更易达到排放标准。

## 配方18    防腐蚀金属清洗剂

**原料配比**

| 原料 | 配比（质量份） | | |
|---|---|---|---|
| | 1# | 2# | 3# |
| 肌醇六磷酸酯 | 3.2 | 2.3 | 4.2 |
| 4-戊烯-2-醇 | 4.5 | 3.6 | 5.5 |
| 聚氧乙烯蓖麻油 | 4.2 | 3.5 | 5.2 |
| 氨基酸 | 4.9 | 4.6 | 5.7 |
| 羧酸盐衍生物 | 4.8 | 4.2 | 5.6 |
| 消泡剂二甲基硅油 | 3.7 | 3.2 | 4.6 |
| 2-磷酸丁烷-1,2,4-三羧酸钠 | 5.8 | 5.3 | 6.5 |
| 碳酸钠矾 | 4.7 | 4.4 | 6.7 |

**制备方法**    将各组分原料混合均匀即可。

**产品应用**    本品是一种可以防腐蚀的金属清洗剂。

**产品特性**    本产品具有高效的清洗效果，属浓缩型产品，可低浓度稀释使用；各成分经有效组合，产生了极好的协同增强作用，具有良好的脱脂、除油、防锈效果，且平均清洗成本低；安全性能好，不污染环境，节约能源；洗涤过程对金属设备无损伤，洗后对金属设备不腐蚀。

## 配方19　防腐蚀性金属零件清洗剂

原料配比

| 原料 | 配比(质量份) | |
|---|---|---|
| | 1# | 2# |
| 十二烷基硫酸钠 | 8 | 12 |
| 二氯甲烷 | 7 | 14 |
| 四甲基硫脲 | 6 | 9 |
| 氨基三亚甲基膦酸 | 4 | 8 |
| 减磨保护剂 | 1 | 4 |
| 棕榈蜡 | 7 | 10 |
| 顺丁烯二酸二乙酯 | 12 | 17 |
| 氯化亚锡 | 2.4 | 3.2 |
| 氮化硼 | 4 | 10 |
| 金属离子螯合剂 | 1 | 5 |
| 乙二胺四乙酸四钠 | 3 | 4 |
| 斑脱岩 | 2 | 5 |
| 氯二甲苯酚 | 3 | 5 |
| 薄荷醇 | 2 | 4 |
| 陈皮 | 4 | 7 |

**制备方法**　将各组分原料混合均匀即可。

**产品应用**　本品是一种防腐蚀性金属零件清洗剂。

**产品特性**　本产品改善了防腐蚀性能，清洗效率高，可减少磨损。

## 配方20　防锈金属清洗剂

原料配比

| 原料 | | 配比(质量份) | | | |
|---|---|---|---|---|---|
| | | 1# | 2# | 3# | 4# |
| 苛性碱 | 苛性钾 | 2 | — | — | — |
| | 苛性钠 | — | 5 | 8 | — |

续表

| 原料 | | 配比（质量份） | | | |
|---|---|---|---|---|---|
| | | 1# | 2# | 3# | 4# |
| 硅酸钠 | | 10 | 12 | 10 | 14 |
| 乙醇胺 | | 8 | 12 | 10 | 10 |
| C₁₁~C₁₅二元烯酸 | C₁₁二元烯酸 | 5 | — | — | 5 |
| | C₁₅二元烯酸 | — | 4 | — | — |
| | C₁₃二元烯酸 | — | — | 3 | — |
| 表面活性剂 | 非离子表面活性剂 | 10 | — | — | — |
| | 阴离子表面活性剂十二烷基磷酸酯钾盐 | — | 8 | — | 8 |
| | 阴离子和非离子表面活性剂混合物 | — | — | 6 | — |
| 水 | | 加至100 | 加至100 | 加至100 | 加至100 |
| pH值调节剂调节pH值 | | 9 | 8 | 9.5 | 9.5 |

**制备方法**　按金属清洗剂常规工艺进行生产，即将各组分加入反应容器中搅拌使之充分溶解混合，然后静置装桶即可。

**产品应用**　本品主要用于机械自动中高压喷淋清洗和超声清洗。

**产品特性**　本产品对机械行业中的机械零部件清洗效果明显，对黑色金属产品的除油、防锈一次完成，省去了原清洗工艺要对产品先进行除油后再防锈的两次工序，简化了清洗工艺，提高了清洗效率，降低了清洗成本；对清洗后的金属无伤害，不变色。本产品具有低泡清洗特征，特别适用于机械自动中高压喷淋清洗和超声波清洗；在本产品中不含铬酸盐、亚硝酸盐、磷酸盐，不燃烧，无气味，不会对环境造成污染，对人体无伤害。本产品稳定性好，不分层、不浑浊。本产品既可对设备的零部件进行清洗，对设备不造成伤害，且清洗无须再防锈就有防锈效果，又能适用于机械自动中高压清洗。

## 配方21　防锈蚀水基金属清洗剂

**原料配比**

| 原料 | 配比（质量份） | | |
|---|---|---|---|
| | 1# | 2# | 3# |
| 十二烷基醇酰胺磷酸酯 | 8 | 9 | 12 |
| 次氮基三乙酸钠 | 1 | 1.5 | 1.2 |
| 碳酸钙 | 1.5 | 2 | 1.8 |
| 2-巯基苯并噻唑 | 0.6 | 0.7 | 0.8 |
| 乙醇 | 8 | 9 | 11 |

续表

| 原料 | 配比(质量份) | | |
|---|---|---|---|
| | 1# | 2# | 3# |
| 防锈剂 | 0.6 | 1.2 | 0.9 |
| 脂肪醇聚氧乙烯醚 | 2.5 | 4.5 | 3.6 |
| 水 | 加至100 | 加至100 | 加至100 |

**制备方法**　将十二烷基醇酰胺磷酸酯、次氮基三乙酸钠、碳酸钙、2-巯基苯并噻唑、乙醇、防锈剂、脂肪醇聚氧乙烯醚加入水中,搅拌均匀即可得到防锈蚀水基金属清洗剂。

**产品应用**　本品是一种防锈蚀水基金属清洗剂。

**产品特性**　本产品对金属表面的污垢有很强的清洗作用,对精密仪器不造成腐蚀和损伤,并且可以有效防止金属锈蚀,对金属表面有一定的保护作用,是一种高效的水基金属清洗剂。

## 配方22　复合酸金属表面清洗剂

**原料配比**

| 原料 | | 配比(质量份) | | | | | |
|---|---|---|---|---|---|---|---|
| | | 1# | 2# | 3# | 4# | 5# | 6# |
| 缓蚀组分 | 六亚甲基四胺 | 45 | 50 | 50 | 50 | 55 | 52 |
| | 邻二甲苯硫脲 | 25 | 25 | 25 | 20 | 15 | 25 |
| | 烷基苯磺酸钠 | 20 | 20 | 15 | 18 | 15 | 20 |
| | 异抗坏血酸钠 | 3 | 1 | 4 | 5 | 5 | 1 |
| | 甲基苯并三氮唑 | 5 | 2 | 4 | 5 | 8 | 2 |
| | 硫酸铜 | 2 | 2 | 2 | 2 | 2 | 92 |
| 除垢组分 | 氨基磺酸 | 90 | 92 | 92 | 90 | 90 | 6 |
| | 柠檬酸 | 8 | 6 | 6 | 8 | 8 | 2 |
| | 催化剂氟化氢铵 | 2 | 2 | 2 | 2 | 2 | — |

**制备方法**　分别将构成缓蚀组分和除垢组分的各成分按规定的质量份加入粉体混合机,混合20~30min;混合均匀的缓蚀组分和除垢组分混合物用包装袋分别包装便得。

**产品应用**　本品主要用于由碳钢、不锈钢、合金钢、铜及铜合金等各种材质组成的大型锅炉或换热器金属的表面清洗。

使用方法:将缓蚀组分和除垢组分溶解于水中,制成缓蚀组分质量分数为

0.1%～0.3%、除垢组分质量分数为3%～10%的水溶液，将水溶液加热到30～60℃，循环流动清洗。

**产品特性**

（1）复合酸金属表面清洗剂缓蚀组分起缓蚀作用，能有效抑制金属表面的腐蚀。不同成分之间有很好的协同作用，单独使用或部分品种使用都达不到应有的缓蚀效果。当除垢组分的质量分数为5%，缓蚀组分质量分数为0.15%时对碳钢、不锈钢、合金钢缓蚀效率达到99.5%以上，清洗腐蚀速率控制在2g/(m² · h)以内。

（2）复合酸除垢组分可与金属表面的污垢进行化学反应，使之快速溶解。氨基磺酸和柠檬酸单独使用对污垢的溶解能力很差，形成的产物溶解性差，都不能满足清洗除垢的要求，但经过大量试验筛选发现两种酸按一定比例联合使用，有良好的清洗除垢能力，再配合规定量的清洗反应催化剂氟化氢铵，还能大大提高除垢速度和溶垢量，且在较低清洗温度（30～60℃）下，就能满足金属表面清洗，特别适用于多材质大型锅炉或换热器清洗的要求。

（3）本产品缓蚀组分和除垢组分均不含氯离子成分，可用于碳钢、不锈钢、合金钢、铜及铜合金等多种材质金属表面的清洗，因此复合酸清洗剂的使用不受材质的限制。

（4）本产品在较低的清洗温度（30～60℃）下，完全满足碳钢、不锈钢、合金钢、铜及铜合金等多种材质金属表面清洗要求。本品成功地解决了清洗与腐蚀的矛盾，缓蚀组分的使用使复合酸在提高清洗性能的同时，对金属的腐蚀达到最低，对碳钢、不锈钢、合金钢缓蚀效率最高达到99.5%以上。本产品具有清洗能力强、易溶于水、无挥发性、不产生酸雾、清洗工艺易实施、清洗费用低等优点。

（5）该种清洗剂价格低廉、制造和使用方便，还具有清洗能力强、腐蚀速率低［小于2g/(m² · h)］、清洗温度低（30～60℃）、废液易于处理等优点。

## 配方23　改进的金属机械用清洗剂

**原料配比**

| 原料 | 配比（质量份） | | |
| --- | --- | --- | --- |
| | 1# | 2# | 3# |
| 烷基芳基聚醚 | 4.8 | 4.3 | 5.6 |
| 氢氟酸 | 3.5 | 2.8 | 4.5 |
| 碳酸钠 | 6.8 | 5.6 | 7.8 |
| 焦磷酸钾 | 4.4 | 3.5 | 5.4 |

续表

| 原料 | 配比（质量份） | | |
|---|---|---|---|
| | 1# | 2# | 3# |
| 十二烷基硫酸铵 | 6.5 | 5.5 | 7.5 |
| 金属离子螯合剂依地酸二钠 | 4.5 | 2.4 | 5.5 |
| 无机碱 | 5.5 | 3.3 | 6.5 |

**制备方法**　将各组分原料混合均匀即可。

**产品应用**　本品是一种改进的金属机械用清洗剂。

**产品特性**　本产品具有强力渗透能力，使用时不具有易燃易爆的特性，安全系数高，对工作环境也不会造成较大的不良影响，不含亚硝酸盐、苯酚、甲醛等危害环境物质，使用时借助清洗时的加热、刷洗等方式使得油污尽快脱离工件表面，从而分散到清洗液中，对操作人员无毒害，具有较好的安全环保性，废液处理容易，清洗成本低且经济效益高；同时能够有效改善加工环境和车间的卫生状况，利于提高工作效率。该清洗剂对清洗过的机械设备有长期防锈蚀作用。

## 配方24　改进的金属配件用清洗剂

**原料配比**

| 原料 | 配比（质量份） | | |
|---|---|---|---|
| | 1# | 2# | 3# |
| 二乙二醇单甲基醚 | 6.7 | 5.2 | 8.7 |
| N-己基-2-吡咯烷酮 | 4.3 | 2.5 | 5.3 |
| 己二胺四亚甲基膦酸 | 4.3 | 2.7 | 7.3 |
| 阴离子表面活性剂木质素磺酸盐 | 6.2 | 5.2 | 8.3 |
| 癸酸甘油酯 | 4.8 | 4.2 | 5.3 |
| 3-甲基己烷 | 5.7 | 5.1 | 6.3 |
| 过氧单磺酸钾 | 3.8 | 3.2 | 4.5 |
| 缓蚀剂 | 11 | 10 | 12 |

**制备方法**　将各组分原料混合均匀即可。

**产品应用**　本品是一种改进的金属配件用清洗剂。

**产品特性**　本产品具有强力渗透能力，能渗透到清洗物底层，能迅速溶解、清除附着于金属零配件表面的各种污垢和杂质，清洗时无再沉积现象，清洗过程对金属表面无腐蚀、无损伤，清洗速度快，清洗后金属表面洁净、光亮，金属表面质量好，能有效保障金属的加工精度。

## 配方25　改进的金属清洗剂

**原料配比**

| 原料 | 配比（质量份） | |
|---|---|---|
| | 1# | 2# |
| 二烷基二硫代磷酸锌 | 3 | 8 |
| 二乙醇胺马来酐复合酯 | 6 | 10 |
| 环己烷 | 4 | 8 |
| 硫酸锌 | 4 | 8 |
| 羽扇醇棕榈酸酯 | 3 | 7 |
| 三乙醇胺 | 3 | 7 |
| 聚乙烯醇 | 2 | 6 |
| 三亚油酸甘油酯 | 1 | 4 |
| 烷基苯合成磺酸钙 | 4 | 7 |
| 硫化烷基酚钙 | 2 | 5 |

**制备方法**　将各组分原料混合均匀即可。

**产品应用**　本品是一种改进的金属清洗剂。

**产品特性**　本产品在清洗的同时能够对金属表面进行一定的保护，同时渗透性好，清洗速度快。

## 配方26　改进型金属清洗剂

**原料配比**

| 原料 | 配比（质量份） | |
|---|---|---|
| | 1# | 2# |
| 二氯异氰尿酸钠 | 3 | 8 |
| 乙二胺四乙酸 | 2 | 5 |
| 表面活性剂 | 2 | 4 |
| 氨基三亚甲基膦酸 | 4 | 7 |
| 二乙二醇乙醚 | 3 | 7 |
| 三乙醇胺 | 2 | 5 |
| 乙烯基双硬脂酰胺 | 4 | 8 |

续表

| 原料 | 配比(质量份) | |
| --- | --- | --- |
| | 1# | 2# |
| 二氧化硅 | 4 | 6 |
| 十二烷基酚聚氧乙烯 | 1 | 5 |
| 稳定剂 | 2 | 6 |
| 三硬脂酸甘油酯 | 4 | 8 |

**制备方法**　将各组分原料混合均匀即可。

**产品应用**　本品是一种改进型金属清洗剂。

**产品特性**　本产品安全环保，具有很好的清洗能力，同时可以防油防污，同时成本低。

## 配方27　改进的金属设备清洗剂

**原料配比**

| 原料 | 配比(质量份) | |
| --- | --- | --- |
| | 1# | 2# |
| 硫酸锌 | 4 | 8 |
| 凹凸棒土 | 3 | 9 |
| 十二烷基甜菜碱 | 4 | 6 |
| 椰子油酸烷醇酰胺 | 3 | 7 |
| 氨基苯磺酰胺 | 2 | 5 |
| 乙酸纤维素 | 1 | 5 |
| 烷基聚葡萄糖苷 | 4 | 5 |
| 碳化钙粉 | 2 | 4 |
| 羧酸盐衍生物 | 1 | 3 |
| 非离子型乳化剂 | 3 | 8 |
| 聚氧乙烯山梨糖醇酐单油酸酯 | 5 | 9 |

**制备方法**　将各组分原料混合均匀即可。

**产品应用**　本品是一种改进的金属设备清洗剂。

**产品特性**　本产品对金属表面的油污具有很好的清除效果，同时不会伤害金属表面，对设备进行很好的保护。

## 配方28  改进的金属制品表面清洗剂

**原料配比**

| 原料 | 配比（质量份） | | |
|---|---|---|---|
| | 1# | 2# | 3# |
| 氧化铁红 | 6.7 | 5.2 | 8.7 |
| 十二烷基二甲基-2-苯氧基乙基溴化铵 | 4.3 | 2.5 | 5.3 |
| 防冻剂丙二醇 | 4.3 | 2.7 | 7.3 |
| 阴离子表面活性剂甘油磷脂 | 6.2 | 5.2 | 8.3 |
| 油脂剂 | 4.8 | 4.2 | 5.3 |
| 氨基苯磺酰胺 | 5.7 | 5.1 | 6.3 |
| 棕榈酸异丙酯 | 3.8 | 3.2 | 4.5 |
| 水 | 11 | 10 | 12 |

**制备方法**　将各组分原料混合均匀即可。

**产品应用**　本品是一种改进的金属制品表面清洗剂。

**产品特性**　本产品具有强力渗透能力，能渗透到清洗物底层，能迅速溶解、清除附着于金属零配件表面的各种污垢和杂质，清洗时无再沉积现象，清洗过程对金属表面无腐蚀、无损伤，清洗速度快，清洗后金属表面洁净、光亮，金属表面质量好，能有效保障金属的加工精度。

## 配方29  改进型金属设备用清洗剂

**原料配比**

| 原料 | 配比（质量份） | | |
|---|---|---|---|
| | 1# | 2# | 3# |
| 磷酸钠 | 4.2 | 3.4 | 5.2 |
| 消泡剂环氧丙烷 | 3.3 | 1.5 | 4.3 |
| 水 | 12 | 10 | 14 |
| 乙二胺四乙酸二钾 | 10.5 | 8.4 | 11.5 |
| 二聚酸钾 | 5.5 | 4.3 | 7.5 |
| 壬基酚聚氧乙烯醚 | 2.8 | 2.3 | 3.5 |

**制备方法**　将各组分原料混合均匀即可。

**产品应用**　本品是一种改进型金属设备用清洗剂。

**产品特性**　本产品具有高效的清洗效果，属浓缩型产品，可低浓度稀释使用；各成分经有效组合，产生了极好的协同增强作用，具有良好的脱脂、除油、防锈效果，且平均清洗成本低；安全性能好，不污染环境，节约能源；洗涤过程对金属设备无损伤，洗后对金属设备不腐蚀。

## 配方30　高防腐性金属清洗剂

**原料配比**

| 原料 | | 配比（质量份） | | |
| --- | --- | --- | --- | --- |
| | | 1# | 2# | 3# |
| 氟碳表面活性剂 | 全氟辛酸（FF61） | 10 | — | 8 |
| | 水 | 10 | 40 | 40 |
| | 异丙醇 | 12 | — | — |
| | 含氟表面活性剂（FF63） | — | 20 | — |
| | 聚乙二醇 | — | 30 | 20 |
| 偏硅酸钠钼酸钠复合物 | 偏硅酸钠 | 30 | 30 | 30 |
| | 开水 | 60 | 60 | 60 |
| | 钼酸钠 | 10 | 10 | 10 |
| 油酸 | | 40 | 60 | 80 |
| 癸二酸 | | 60 | 80 | 50 |
| 三乙醇胺 | | 150 | 100 | — |
| 一乙醇胺 | | — | 80 | — |
| 二乙醇胺 | | — | — | 130 |
| 十二烷基苯磺酸钠 | | 60 | 50 | 80 |
| 6501 洗净剂 | | — | 20 | — |
| OP 非离子型表面活性剂 | | 30 | — | 50 |
| 甲基硅油消泡剂 | | 10 | 15 | 20 |
| 苯甲酸钠杀菌剂 | | 10 | 15 | 10 |
| 水 | | 加至 1000 | 加至 1000 | 加至 1000 |

**制备方法**

（1）将氟碳表面活性剂溶解于有机醇助溶剂中，形成氟碳表面活性剂溶液；所加入有机醇助溶剂与氟碳表面活性剂质量比为（1.5～2.5）：1。氟碳表面活性剂溶解加水，主要是为满足稀释量的需要，而非必需。

（2）将偏硅酸钠溶解于开水中，搅拌至熔化，再加入钼酸钠，90℃保温反应1h，形成偏硅酸钠钼酸钠复合物；偏硅酸钠钼酸钠复合物中加开水是为了使偏硅酸钠和钼酸钠能全溶。

（3）将油酸、癸二酸、三乙醇胺或二乙醇胺在 $80\sim100℃$ 反应至形成黏稠透明液体，并使反应物溶于水，然后再加入步骤（1）获得的氟碳表面活性剂溶液、步骤（2）获得的偏硅酸钠钼酸钠复合物以及其他组分，搅拌反应至得到透明稠状浓缩物，即获得所述高防腐性金属清洗剂。

**产品应用**　本品主要用于航空发动机、汽油机（轿车发动机、摩托车发动机）零部件加工过程中和整机装配前的防腐防锈清洗。

在实施过程中，可根据具体情况，更改防腐性金属清洗剂中偏硅酸钠钼酸钠复合物的添加比例，只要添加量控制在 $2\%\sim10\%$ 范围内，均可实现产品目的；同时制备本产品时，采用其他氟碳表面活性剂，其他阴离子或非离子型表面活性剂、杀菌剂、消泡剂，同样可以制得防腐性金属清洗剂。

**产品特性**　本产品添加了渗透性能非常优异的氟碳表面活性剂，在助溶剂异丙醇的作用下，与非离子型表面活性剂和阴离子型表面活性剂的复合，产生了叠加渗透性的效果，再配以防腐、防锈性能优异的偏硅酸盐钼酸盐复合物，使合成后的产品可以在常温下清洗航空发动机零件和轿车发动机零件，其清洗、防腐效果大大超过了行业标准，提高了清洗剂对金属表面的保护功能，满足了航空发动机、汽油机（轿车发动机、摩托车发动机）零部件加工过程中和整机装配前的防腐防锈清洗要求。

## 配方31　高渗透性金属清洗剂

**原料配比**

| 原料 | 配比（质量份） | | |
|---|---|---|---|
| | 1# | 2# | 3# |
| 全氟辛酸（FF61） | 10 | — | 8 |
| 含氟表面活性剂 FF63（全氟烷氧基苯磺酸钠为主体） | — | 20 | — |
| 异丙醇 | 10 | — | — |
| 聚乙二醇 | — | 30 | 20 |
| 水 | 12 | 40 | 40 |
| 油酸 | 40 | 60 | 80 |
| 癸二酸 | 60 | 80 | 50 |
| 一乙醇胺 | — | 80 | — |
| 二乙醇胺 | — | — | 130 |
| 三乙醇胺 | 150 | 100 | — |
| 十二烷基苯磺酸钠 | 60 | 50 | 80 |

续表

| 原料 | 配比（质量份） | | |
|---|---|---|---|
| | 1# | 2# | 3# |
| OP 非离子型表面活性剂 | 30 | — | — |
| OP 表面活性剂 | — | — | 50 |
| 6501 洗净剂 | — | 20 | |
| 甲基硅油消泡剂 | 10 | 15 | 20 |
| 苯甲酸钠杀菌剂 | 10 | 15 | 10 |
| 水 | 加至1000 | 加至1000 | 加至1000 |

**制备方法**　先使油酸、癸二酸、一乙醇胺或二乙醇胺或三乙醇胺在 80～100℃ 反应至得到黏稠透明液体，并使反应物溶于水，然后再加入其他组分发生缩合反应至得到透明稠状浓缩物。

**产品应用**　本品主要用作精密零部件清洗和有色金属零部件去油清洗用高渗透性清洗剂。

**产品特性**

（1）本产品中有机醇助溶剂，主要作用是提高氟碳表面活性剂在水基中的溶解能力，使其充分发挥作用。考虑到助溶剂的加入应不增加组合物的表面张力，以有利于减少氟碳表面活性剂的用量。本产品经试验比较，采用异丙醇或聚乙二醇，其较适宜用量为氟碳表面活性剂 FF63 的 1～2 倍，例如 0.8%～4%，如果助溶剂使用量过低，会造成氟碳表面活性剂溶解不完全，使用量过多，没有实际意义，仅会增加成本。为加速其溶解速度，溶解时应采取加热措施，在低于溶剂汽化温度下进行，如使用异丙醇作助溶剂，加热温度宜低于 60℃，避免异丙醇汽化挥发。

（2）本产品在 80～100℃ 发生缩合反应，主要是使不溶于水的油酸、醇胺完全反应。此温度范围仅是合适值，并非极值，如果反应温度过低，则反应进行十分缓慢，不利于工业化生产，并且此温度已能满足反应进行，过高没有实际意义，同时也不利于安全操作。

（3）本产品为水基溶液，即所选物料对环境及人友好，基本无不良影响，对人体皮肤无刺激，使用安全可靠，工作环境干净无油雾。本产品复配具有较强的抗乳化性能，使用时基本不乳化，因而使用寿命长，并且具有极强的消泡性能（<1mL/10min），远低于行业标准（≤5mL/10min），尤其可用于高压清洗，可提高清洗效果，清洗效果优于行业标准，可以达到 99%。癸二酸、醇胺反应物防锈效果大大优于其他防锈剂，此为本产品创新点之一。本产品有极强的渗透性和优良的除油性，使用添加量少，清洗成本低，仅是汽油、煤油的 70%。

## 配方 32    高效抗腐蚀金属清洗剂

**原料配比**

| 原料 | 配比(质量份) | |
|---|---|---|
| | 1# | 2# |
| 烷基酚聚氧乙烯醚(OP-10) | 7 | 6 |
| 脂肪醇聚氧乙烯醚(AEO-9) | 7 | 6 |
| 烷基醇酰胺(6501) | 7 | 6 |
| 乙二醇单丁醚($C_6H_{14}O_2$) | 7 | 7 |
| 油酸($C_{18}H_{34}O_2$) | 4 | 4 |
| 三乙醇胺[$N(CH_2CH_2OH)_3$] | 6 | 6 |
| 无水偏硅酸钠($Na_2SiO_3$) | 3 | 3 |
| 偏硼酸钠($NaBO_2 \cdot 4H_2O$) | 1.5 | 1.5 |
| 钼酸钠($Na_2MoO_4 \cdot 2H_2O$) | 0.8 | 0.8 |
| 有机硅消泡剂(H-580) | 0.2 | 0.2 |
| 水 | 56.5 | 59.5 |

**制备方法**    根据清洗剂的配制质量,计算出各组分的用量。将 OP-10、AEO-9、6501、$C_6H_{14}O_2$ 分别加入配制槽中;另取一容器,加入 $N(CH_2CH_2OH)_3$,然后将 $C_{18}H_{34}O_2$ 加热后缓缓加入 $N(CH_2CH_2OH)_3$ 中,充分搅拌后加入配制槽中;再取一容器,用适量水将 $Na_2SiO_3$、$NaBO_2 \cdot 4H_2O$ 和 $Na_2MoO_4 \cdot 2H_2O$ 溶解后,加入配制槽;最后加入 H-580 并补足水量,搅拌至溶液澄清透明即可。

**原料介绍**    非离子型表面活性剂的选择及其作用原理:本产品选用烷基酚聚氧乙烯醚(OP-10)、脂肪醇聚氧乙烯醚(AEO-9)和烷基醇酰胺(6501)等非离子型表面活性剂作为清洗剂的主要成分。它们都是两亲分子,具有亲油基和亲水基,易溶于水,在水中不电离,具有很好的浸润、渗透、乳化、扩散、耐酸碱、抗硬水等性能。然而由于分子结构不同,各有各自的优势。OP-10 疏水能力强。AEO-9 和 6501 的浸润、渗透、去污和抗硬水等性能则更为优秀。6501 还兼有抗腐蚀和抗油污再沉积等性能。它们复配时,优势互补,产生的协同作用,可大大提高清洗剂的清洗能力。

阴离子型表面活性剂的选择及其作用机理:上述的非离子型表面活性剂的复配物,由于 OP-10 和 AEO-9 浊点分别为 61~67℃和 75~81℃,在升温清洗过程中,溶液会浑浊,清洗能力下降。加入阴离子型表面活性剂则可有效消除或提高单体非离子型表面活性剂的浊点,以适应加温情况的需要,同时可以提高清洗剂的除油去污能力。常用阴离子型表面活性剂有十二烷基苯磺酸钠、十二烷基醚硫酸钠、十二烷基硫酸钠、十二烷基磺酸钠、油酸三乙醇胺等。实验表明,十二烷基磺酸钠和油酸三乙醇胺更为合适。前者由于价格太贵，未被采用。油酸三乙醇胺是由油酸和过量的三乙醇胺直接反应而得。过量的三乙醇胺仍然是清洗剂的重要组分，它既是表面活性剂（乳化能力强），又是软化剂、缓蚀剂、泡沫稳定剂，还是抗污垢再沉积剂。这是由于其分子中具有多个杂化原子 O 和 N，可与水溶液的 $Ca^{2+}$、$Mg^{2+}$ 螯合，使之软化，也能与油污中的二价重金属离子螯合，增强去污能力，同时它还能与钢铁表面的 $Fe^{2+}$ 或裸露的铁原子螯合，形成化学吸附膜，起防锈作用。

有机溶剂的选择及其作用机理：有机溶剂既可以把油污直接溶解下来，也能增加表面活性剂的溶解度，两种作用都能提升清洗剂的清洗能力。经反复比较，从乙醇、异丙醇、正丁醇、丙二醇丁醚、乙二醇单丁醚等诸多溶剂中，挑选出乙二醇单丁醚作为清洗剂的重要组分。乙二醇单丁醚既是优良的溶剂，也是优良的表面活性剂。它具有毒性低、沸点高、黏度小、可以任意比例与水混溶等优点。

助洗剂的选择及其作用原理：选用无水偏硅酸钠和偏硼酸钠作为助洗剂。无水偏硅酸钠易溶于水，不会出现玻璃化现象，在无机电解质中，无水偏硅酸钠的活性碱度和 pH 值缓冲指数最高，有较强的湿润、乳化和皂化油脂的作用，在去除、分散和悬浮油污方面具有优秀的表现，并能阻止污垢再沉积，可与上述组分配伍。偏硼酸钠易溶于水，在水中强烈水解后生成 NaOH 和 $HBO_2$，呈强碱性。NaOH 可使工件表面油污酯化，提高了清洗剂的除油能力。而 $HBO_2$ 有可能与 $Fe^{2+}$ 作用，生成 $[Fe-(BO_2)_2]$ 沉积物；也可能与三乙醇胺分子中的氨基作用生成偏硼酸三乙醇胺，该物质易在钢铁表面形成化学吸附膜，因此，偏硼酸钠不仅是洗涤剂，也是一种防腐剂。

缓蚀剂的选择及其作用原理：选用低毒的钼酸钠取代毒性大的重铬酸钾作为缓蚀剂，有利于保护人类赖以生存的环境。钼酸钠易溶于水，具有氧化性，它能把钢铁表面的 $Fe^{2+}$ 氧化成 $\gamma-Fe_2O_3$，而自身被还原为 $MoO_2$，同时由于它的分子中存在着两个杂化原子 O，可与 $Fe^{2+}$ 螯合，形成 $[Fe-MoO_4]$。这样钢铁表面就形成了由 $\gamma-Fe_2O_3$、$MoO_2$ 和 $[Fe-MoO_4]$ 组成的钝化膜，与烷基醇酰胺、油酸三乙醇胺、三乙醇胺、硅酸钠、偏硼酸钠等产生协同缓蚀作用，故本清洗剂具有很好的抗腐蚀性。

消泡剂的选择及其作用原理：从各种消泡剂中挑选甲基硅油消泡剂作为清洗剂的重要组分。这是由于甲基硅油具有消泡速度快、抑泡时间长、分散性好、稳定性极强、可在 100℃ 以下工作、使用量小等优点。其作用原理是：甲基硅油具有憎水性，且极易吸附于泡沫上，使液膜的局部表面张力降低，带走液膜下邻近的液体，导致液膜变薄而破裂。

**产品应用**　本品主要用于机械制造与修理、汽车制造与修理、机械设备维修与保养等金属零部件的清洗，以及热处理、电镀、磷化、喷漆等工序中金属零部件的除油去污。

本产品的使用方法及其处理效果：使用工作温度为 60~80℃，用清洗剂 5％ 的水溶液冲洗钢件 3~5min，其表面洁净；钢件在 55.6℃、相对湿度 100％，经 24h 不腐蚀；室内挂片，无锈期≥7 天。

**产品特性**

(1) 除油去污速度快，清洗效果好。

(2) 抗腐蚀性强，经清洗的表面无锈期≥7 天。

(3) 低泡，冲洗时溶液不会随泡沫溢出槽外。

(4) 本产品基本无毒，属绿色环保产品。

(5) 取代汽油、煤油，节约能源。

(6) 使用量小，生产成本低，经济效益高。

(7) 浸洗、喷洗或自动化清洗皆宜，有利于提高生产效益。

## 配方33　高效多功能金属清洗剂

**原料配比**

| 原料 | | 配比（质量份） | | |
| --- | --- | --- | --- | --- |
| | | 1# | 2# | 3# |
| A料 | 磷酸 | 139 | 157 | 150 |
| | 氧化锌 | 46 | 28 | 35 |
| B料 | 水 | 155 | 165 | 160 |
| | 三聚磷酸钠 | 18 | 22 | 20 |
| | 硫脲 | 12 | 18 | 15 |
| | 酒石酸 | 18 | 22 | 20 |
| | 乌洛托品 | 12 | 18 | 15 |
| | 丁酮 | 3 | 8 | 5 |
| | 硫氰酸钠 | 8 | 12 | 10 |
| | 三乙醇胺 | 12 | 18 | 15 |
| | 氟硅酸钠 | 12 | 18 | 15 |
| | 氢氟酸 | 32 | 38 | 35 |
| | 柠檬酸 | 8 | 12 | 10 |
| | 亚硝酸钠 | 12 | 18 | 15 |
| | OP-10 | 22 | 28 | 25 |
| | JFC | 22 | 28 | 25 |
| | 酒精 | 28 | 32 | 30 |

**制备方法**

（1）将 A 料中磷酸和氧化锌按配比定量称重，加入反应釜，加热至 85℃，搅拌 3h，制备成 A 料混合液。

（2）在反应釜内先加入水，再加入 A 料混合液，然后逐一加入三聚磷酸钠、硫脲、酒石酸、乌洛托品、丁酮、硫氰酸钠、三乙醇胺、氟硅酸钠、氢氟酸、柠檬酸、亚硝酸钠、OP-10、JFC、酒精，在常温下搅拌 2～3h，即制得本产品。

（3）用耐酸塑料容器称重包装。

**原料介绍**　　OP-10 的化学名称是烷基酚聚氧乙烯（10）醚，是一种亲水乳化剂，具有良好的扩散性和匀洗性。JFC 的化学名称为脂肪醇环氧乙烷缩合物，又名渗透剂 EA，具有良好的渗透性。酒精除了具有良好的渗透性和扩散性外，由于其挥发性好，可以加快被清洗金属表面的干燥，对避免被清洗金属表面再次生锈腐蚀具有积极作用。

**产品应用**　　本品是一种高效多功能金属清洗剂。

本产品的 pH 值在 1.0～3.0 的范围内，凝固点＜−10℃，是无色黏状液体。由于本产品酸性较强，因此建议所用包装容器和清洗容器，要注意防酸。

使用本产品清洗金属的方法：

（1）冷清洗：就是在常温下清洗。市场上普遍使用的金属材料，浸泡 20min 左右，表面的油污、锈蚀基本清除干净，同时达到钝化、磷化功效。如果金属表面油污、锈蚀严重，清洗时间必须延长（具体清洗时间长短视工件表面污锈程度而定）。

（2）热清洗：就是保持在 40～50℃的温度条件下清洗。热清洗可以满足流水线生产速度快的企业需求。一般在 5～15min 可彻底清洗干净，如果金属表面油污、锈蚀严重，同时为了使工件达到高质量的防腐性能，必须适当延长浸泡时间。

（3）擦洗：对体积庞大和已固定的设备，无法进行浸泡清洗，可以将擦布浸上本产品，反复多次进行擦洗，同样可以达到除油去垢、除锈防腐、钝化磷化的效果。

建议最好采用热清洗，可使产品清洗效果达到最佳。本产品不可用于含锌工件的清洗。

**产品特性**

（1）本产品集除油、去垢、除锈、防腐、钝化、缓蚀、渗透和表面磷化保护八项功能于一体，可同步一次性完成上述功能性工序。工件晾干（烘干）进行电镀、喷漆、喷塑后不会发生点蚀现象。本产品具有渗透力强、清洗彻底的特点，处理过的工件表面防腐力和附着力强，可延长产品使用寿命。各种喷涂流水线前道工序，除油、防锈、钝化、磷化的金属加工行业都可以使用本产品将工件直接浸泡刷洗干净。

（2）本产品比传统分步清洗和其他方法清洗提高工效约 50％ 以上，降低成本约 30％。每吨可清洗面积达 25000m² 左右。

（3）该产品可连续长期使用，直至用完也不影响其基本功能。

（4）本产品无三废排放，无毒、无臭味、无刺激、不易燃、不易爆、无环境污染。

## 配方34    高效低泡金属清洗剂

### 原料配比

| 原料 | 配比（质量份） | |
| --- | --- | --- |
| | 1# | 2# |
| 烷基酚聚氧乙烯(10)醚 | 3.0 | 3.0 |
| 二烷基二乙醇酰胺 | 2.0 | 2.0 |
| 聚氧乙烯脂肪醇醚 | 2.0 | 2.0 |
| 聚醚 2020 | 3.0 | 3.0 |
| 亚硝酸钠 | 8.0 | 5.7 |
| 三乙醇胺 | 9.0 | 7.0 |
| 水 | 加至 100 | 加至 100 |

**制备方法**    将配方中的各组分混合，搅拌均匀即可。

**产品应用**    本品主要用作清洗金属表面的洗涤剂。

**产品特性**    本产品具有低泡、高效（清洗率在 90％ 以上）、对金属表面无腐蚀（防锈性达到 0 级）、稳定性好、无污染（无磷和铝）的优点。

## 配方35    高效金属清洗剂

### 原料配比

| 原料 | 配比（质量份） | | |
| --- | --- | --- | --- |
| | 1# | 2# | 3# |
| 磷酸 | 8 | 10 | 9 |
| 硝酸锌 | 10 | 10 | 12 |
| 十二烷基苯磺酸钠 | 2 | 1.5 | 1.7 |
| 葡萄糖酸 | 8 | 8 | 9 |
| 酒石酸 | 1 | 0.6 | 0.8 |
| 阴离子型表面活性剂 | 1.2 | 1.6 | 1.4 |
| 非离子型表面活性剂 | 1 | 1.2 | 1.2 |
| 水 | 加至 100 | 加至 100 | 加至 100 |

**制备方法**　将各原料依次加入反应容器中搅拌均匀即可。

**产品应用**　本品是一种高效金属清洗剂。

**产品特性**　使用本清洗剂清洗金属表面时，可以除油、除锈、防锈一次完成，而且生产工艺简单，使用方便，简化了清洗工艺，缩短了工时，泡沫少，清洗成本相对较低，对人体无毒无害，防锈效果明显。

## 配方36　高效抗锈金属清洗剂

**原料配比**

| 原料 | | 配比（质量份） | | |
| --- | --- | --- | --- | --- |
| | | 1# | 2# | 3# |
| 金属缓蚀剂 | 乙基苯并三氮唑和六亚甲基四胺混合物(1：1.6) | 30 | — | — |
| | 乙基苯并三氮唑和六亚甲基四胺混合物(1.3：1.5) | — | 31 | — |
| | 乙基苯并三氮唑和六亚甲基四胺混合物(1.5：1.6) | — | — | 25 |
| 助洗剂氢氧化钠 | | 16 | 17 | 17 |
| 金属防锈剂磷酸三钠 | | 14 | 15 | 15 |
| 三乙醇胺 | | 10 | 8 | 12 |
| 无水偏硅酸钠 | | 6 | 7 | 7 |
| 葡萄糖酸钠 | | 10 | 13 | 15 |
| 烷基酚聚氧乙烯醚 | | 9 | 9 | 9 |
| 工业盐酸 | | 4 | 3 | 4 |

**制备方法**

（1）按质量份称取金属缓蚀剂、助洗剂、金属防锈剂、三乙醇胺、无水偏硅酸钠、葡萄糖酸钠、烷基酚聚氧乙烯醚和盐酸。

（2）筛选：分别将各固体原料通过振动筛进行筛选。

（3）混合：按质量份取出三乙醇胺、无水偏硅酸钠、葡萄糖酸钠和烷基酚聚氧乙烯醚，并全部倒入混合机中混合，混合时间为5～10min，得混合料A。

（4）搅拌：将混合料A与金属缓蚀剂、助洗剂、金属防锈剂和盐酸通过搅拌机搅拌，搅拌时间为25～30min，得到混合液B。

（5）蒸馏：将混合液B放入蒸发器中，回转蒸馏20min，提取上清液B。

（6）离心：将上清液B放入过滤离心机中在1800r/s转速下进行离心，时间为10min，最终得到清洗液。

**产品应用**　本品是一种高效的工业金属用清洗剂。

**产品特性**　本产品通过各组分的协同作用，使清洗和防锈效果均达到最佳，同时可在被清洗的金属表面形成憎水保护膜，保护被清洗的金属，并使被清洗的金属在一段时间内具有抗锈性质，配合抗锈剂，可提升金属的抗锈性能，清洗剂洁净无杂质，提升了清洗剂的品质，且使用安全，并能有效保证金属的光泽度。

## 配方37　高效防锈金属清洗剂

原料配比

| 原料 | 配比（质量份） | |
| --- | --- | --- |
| | 1# | 2# |
| 脂肪醇聚氧乙烯醚 | 4 | 9 |
| 椰油酰胺丙基甜菜碱 | 2 | 6 |
| 乙二胺四乙酸 | 3 | 5 |
| 三聚磷酸钠 | 1.5 | 4 |
| 三巯基三嗪三钠盐 | 2 | 5 |
| 淀粉黄原酸酯 | 2 | 7 |
| 羟甲基纤维素钠 | 2 | 6 |
| 脂肪醇聚氧乙烯醚 | 3 | 7 |
| 硼化油酰胺 | 4 | 8 |
| 二羟基乙酸醚 | 1 | 3 |
| 五水偏硅酸钠 | 2 | 7 |
| 缓蚀剂 | 1 | 3 |
| 伯醇聚氧乙烯醚 | 2 | 6 |
| 椰子油二乙醇酰胺 | 2 | 5 |

**制备方法**　将各组分原料混合均匀即可。
**产品应用**　本品是一种高效金属部件清洗剂。
**产品特性**　本产品能够很好地清洗金属部件，具有良好的防锈防污性能，同时能够形成一层保护膜，延缓再次生锈。

## 配方38　高效无腐蚀金属清洗剂

原料配比

| 原料 | 配比（质量份） | |
| --- | --- | --- |
| | 1# | 2# |
| OP-10 | 3.0 | 3.0 |
| 6501 | 2.0 | 2.0 |
| JFC | 2.0 | 2.0 |

续表

| 原料 | 配比（质量份） | |
| --- | --- | --- |
| | 1 # | 2 # |
| 聚醚 2020 | 3.0 | 3.0 |
| 亚硝酸钠 | 8.0 | 5.0 |
| 三乙醇胺 | 9.0 | 7.0 |
| 水 | 加至 100 | 加至 100 |

**制备方法**　将配方中的各组分混合，搅拌均匀即可。

**产品应用**　本品主要用作清洗金属表面的洗涤剂。

**产品特性**　本产品具有低泡、高效（清洗率在 90％以上）、对金属表面无腐蚀（防锈性达到 0 级）、稳定性好、无污染（无磷和铝）的优点。

## 配方39　高效工业用金属清洗剂

**原料配比**

| 原料 | | 配比（质量份） | | |
| --- | --- | --- | --- | --- |
| | | 1 # | 2 # | 3 # |
| 金属缓蚀剂 | 乙基苯并三氮唑和六亚甲基四胺混合物(1.4∶1.5) | 30 | — | — |
| | 乙基苯并三氮唑和六亚甲基四胺混合物(1.5∶1.4) | — | 31 | — |
| | 乙基苯并三氮唑和六亚甲基四胺混合物(1.5∶1.3) | — | — | 25 |
| 助洗剂氢氧化钠 | | 16 | 17 | 17 |
| 金属防锈剂磷酸三钠 | | 14 | 15 | 15 |
| 三乙醇胺 | | 10 | 8 | 12 |
| 无水偏硅酸钠 | | 6 | 7 | 7 |
| 葡萄糖酸钠 | | 10 | 13 | 15 |
| 烷基酚聚氧乙烯醚 | | 9 | 9 | 9 |
| 工业盐酸 | | 4 | 3 | 4 |

**制备方法**　将各组分原料混合均匀即可。

**产品应用**　本品是一种高效的工业用金属清洗剂。

**产品特性**　本产品通过各组分的协同作用，使清洗和防锈效果均达到最佳，同时可在被清洗的金属表面形成憎水保护膜，保护被清洗的金属，并使被清洗的金属在一段时间内具有抗锈性质，配合抗锈剂，可提升金属的抗锈性能，清洗剂洁净无杂质，提升了清洗剂的品质，且使用安全，并能有效地保证金属的光泽度。

## 配方40　高效无污染金属清洗剂

**原料配比**

| 原料 | 配比(质量份) | | | | | | |
|---|---|---|---|---|---|---|---|
| | 1# | 2# | 3# | 4# | 5# | 6# | 7# |
| 平平加 | 0.5 | 0.5 | 0.5 | 0.5 | 0.5 | 1.0 | 1.0 |
| 6501 | 1.5 | 2.0 | 3.0 | 4.0 | 5.0 | 5.0 | 5.0 |
| 油酸三乙醇胺 | 3.0 | 2.0 | 1.5 | 1.0 | 1.0 | 1.0 | 1.0 |
| 亚硝酸钠 | 1.5 | 2.0 | 2.5 | 3.0 | 4.0 | 4.0 | 6.0 |
| 三乙醇胺 | 4.0 | 5.0 | 5.0 | 7.0 | 7.0 | 9.0 | 8.0 |
| 碳酸钠 | 1.5 | 1.0 | 0.5 | — | — | — | 0.5 |
| 水 | 加至100 | 加至100 | 加至100 | 加至100 | 加至100 | 加至100 | 加至100 |

**制备方法**　将配方中的各组分混合并搅拌均匀即可。

**产品应用**　本品主要用作清洗金属表面的洗涤剂。

**产品特性**　本产品具有低泡、高效（清洗率在90％以上）、对金属表面无腐蚀（防锈性达到0级）、稳定性好、无污染（无磷和铝）的优点。

## 配方41　高效能金属清洗剂

**原料配比**

| 原料 | 配比(质量份) | | |
|---|---|---|---|
| | 1# | 2# | 3# |
| 乙酸钠 | 8 | 14 | 11 |
| 苯甲酸钠 | 7 | 11 | 9 |
| 磷酸二氢钾 | 5 | 10 | 8 |
| 硅藻土 | 3 | 8 | 5 |
| 高氯酸 | 2 | 4 | 3 |
| 苯磺酸 | 4 | 10 | 7 |
| 氯化钾 | 2 | 9 | 6 |
| 氢氟酸 | 5 | 10 | 7 |
| 八乙烯基笼形倍半硅氧烷 | 2 | 6 | 4 |
| 五水硫酸铜 | 1 | 5 | 3 |
| 亚硝酸钠 | 2 | 6 | 4 |
| 柠檬酸 | 3 | 8 | 5 |
| 硫代硫酸钠 | 4 | 11 | 7 |

**制备方法**　将各组分原料混合均匀即可。

**产品应用**　本品是一种高效金属清洗剂。

**产品特性**　本产品具有良好的清洗效果，同时能够形成致密的保护膜，减少金属与空气中氧气、水分的接触。

## 配方42　高效脱脂除锈金属表面处理剂

**原料配比**

| 原料 | 配比（质量份） | | | | |
|---|---|---|---|---|---|
| | 1# | 2# | 3# | 4# | 5# |
| 磷酸 | 30 | 20 | 40 | 30 | 25 |
| 葡萄糖 | 1 | 0.1 | 2 | 1.5 | 1 |
| 2,3-二羟基丁二酸 | 1 | 0.1 | 1.5 | 0.5 | 1.5 |
| 硫脲 | 0.5 | 0.1 | 1 | 0.5 | 0.5 |
| 脂肪醇聚氧乙烯醚 | 1.5 | 0.5 | 3 | 2 | 1 |
| 水 | 加至100 | 加至100 | 加至100 | 加至100 | 加至100 |

**制备方法**　首先用部分水稀释磷酸，然后按配比将其他原料依次加入磷酸溶液中，最后加入剩余的水搅拌均匀，即可制得本产品，产品为无色透明液体。

**产品应用**　本品是一种常温高效的脱脂除锈金属表面处理剂。

使用时将工件浸入金属表面处理剂中，常温条件下浸泡10min左右将工件取出即可。

**产品特性**

（1）本产品将脱脂、除锈融为一体，主要成分磷酸起除锈作用，葡萄糖起渗透作用，2,3-二羟基丁二酸起除锈和络合作用，硫脲起缓蚀作用，脂肪醇聚氧乙烯醚起脱脂作用。以上各组分合用，配伍性好，功效叠加，能产生良好的脱脂除锈作用。该处理剂除锈速度快，操作简单，投资省，成本低，能增加工件的使用寿命。

（2）本产品中原料脂肪醇聚氧乙烯醚是优良的渗透剂、乳化剂、润湿剂，净洗去污和渗透乳化能力较好，不含APEO，生物降解性好，与葡萄糖合用，二者的渗透作用加强，使脱脂、除锈速度加快。

（3）本产品可在常温条件下使用，不需另外加热，能耗低；成分中不含强碱，不含有机溶剂和亚硝酸钠等有毒物质，无毒、环保，对基体不产生过腐蚀作用；能快速有效地清除金属材料和金属制品表面附着的各种油脂、锈蚀；简化了清洗工序，缩短了清洗时间，提高了清洗效率。

（4）本产品可直接使用，操作方便，可在常温条件下以浸泡、喷淋、涂刷等多种方式进行；处理后可直接用清水冲洗。

## 配方43　含凹凸棒土的金属表面清洗剂

**原料配比**

| 原料 | 配比（质量份） | 原料 | 配比（质量份） |
|---|---|---|---|
| 凹凸棒土 | 9 | 聚氧乙烯氢化蓖麻油 | 1.5 |
| 冰片 | 1.5 | 对羟基苯甲酸甲酯 | 0.08 |
| 椰油酰二乙醇胺 | 4 | 羟乙基脲 | 1.5 |
| 薄荷醇 | 0.4 | 鼠尾草酸 | 0.15 |
| 十二烷基苯磺酸钠 | 1.5 | 助剂 | 4 |
| 葡萄糖酸钠 | 3 | 水 | 45 |
| 乙醇 | 适量 | | |

**助剂**

| 原料 | 配比（质量份） | 原料 | 配比（质量份） |
|---|---|---|---|
| 葡萄皮渣 | 18 | 丙二醇 | 4 |
| 草酸 | 3 | 壬基酚聚氧乙烯醚 | 1.5 |
| 柠檬酸 | 3 | 石英粉 | 1.5 |
| 三聚磷酸钠 | 1.5 | 水 | 25 |

**制备方法**

（1）将凹凸棒土、冰片、薄荷醇和鼠尾草酸加入适量乙醇中，以200～400r/min转速搅拌1～2h后过滤并干燥，研磨均匀后过200～300目筛，得组分A；

（2）将椰油酰二乙醇胺、十二烷基苯磺酸钠和羟乙基脲加入水中以800～1000r/min转速搅拌5～10min，再加入对羟基苯甲酸甲酯和聚氧乙烯氢化蓖麻油在60～80℃、同样转速下搅拌20～30min，得B组分；

（3）将组分A、组分B与其余原料混合后先超声分散5～10min，再以400～600r/min转速搅拌15～30min，分装后即得。

**原料介绍**　助剂的制备方法是：将葡萄皮渣与1/3～1/2量的水混合后搅拌均匀，超声处理0.5～1h，再加入草酸、柠檬酸、三聚磷酸钠和丙二醇，在200～400r/min、60～80℃条件下处理12～24h，过滤后将滤渣与余量的水混合，加入壬基酚聚氧乙烯醚和石英粉在1000～1200r/min、60～80℃条件下处理6～8h，再次过滤并将两次得到的滤液合并，将pH调至中性，即得。

**产品应用**　本品是一种含凹凸棒土的金属表面清洗剂。

**产品特性**

（1）通过配方与工艺的改进，使金属表面清洗剂具有低腐蚀、低泡、低污染和高效去污的特点，且产品稳定性高，保质期长。

（2）通过添加凹凸棒土有效吸附附着在金属表面的油污，既缩短了清洗时间，又使清洗更加彻底，有助于下一步处理工序的进行；且在金属清洗剂废水排放时能通过离心、过滤等方式分离大部分污染物，有利于减轻污水处理负担，更易达到排放标准。

## 配方44　含贝壳粉的金属表面清洗剂

**原料配比**

| 原料 | 配比（质量份） |
| --- | --- |
| 贝壳粉 | 8 |
| 椰油酰胺丙基甜菜碱 | 4 |
| 肉豆蔻酸异丙酯 | 1.5 |
| 聚乙烯吡咯烷酮 | 3 |
| 石油磺酸钠 | 1.5 |
| 水杨酸甲酯 | 0.8 |
| 羧甲基壳聚糖 | 1.5 |
| 对羟基苯甲酸甲酯 | 0.015 |
| 三乙醇胺 | 3 |
| 柠檬酸钠 | 1.5 |
| 木质素磺酸钠 | 0.8 |
| 助剂 | 4 |
| 水 | 45 |

**制备方法**

（1）将三乙醇胺和贝壳粉混合后以200～400r/min转速搅拌1～2h，再加入聚乙烯吡咯烷酮和1/4～1/3量的水，先超声分散10～15min，再以8000～10000r/min转速高速匀浆15～30min，得A组分；

（2）将椰油酰胺丙基甜菜碱、木质素磺酸钠和羧甲基壳聚糖加入余量的水中以800～1000r/min转速搅拌5～10min，再加入柠檬酸钠、对羟基苯甲酸甲酯、石油磺酸钠和肉豆蔻酸异丙酯，在40～60℃、同样转速下搅拌20～30min，得B组分；

（3）将 A 组分、B 组分和其余原料混合后以 800～1000r/min 转速搅拌 5～10min，分装后即得。

**原料介绍**　助剂原料配比及制备方法参见配方 43　含凹凸棒土的金属表面清洗剂。

**产品应用**　本品是一种含贝壳粉的金属表面清洗剂。

**产品特性**

（1）通过配方与工艺的改进，使金属表面清洗剂具有去污快、稳定性好的特点，能强力清除金属表面油污，去污效果好，安全环保，还有防锈的功效。

（2）通过贝壳粉的添加，达到净化空气、吸附油污的功效，且在金属清洗剂废水排放时能通过离心、过滤等方式分离大部分污染物，有利于减轻污水处理负担，更易达到排放标准。

## 配方45　含茶皂素的金属表面清洗剂

**原料配比**

| 原料 | 配比（质量份） | 原料 | 配比（质量份） |
|---|---|---|---|
| 茶皂素 | 3 | 瓜尔胶 | 1.5 |
| 十二烷基葡糖苷 | 1.5 | 水溶性羊毛脂 | 1.5 |
| 酒石酸 | 0.15 | 蔗糖脂肪酸酯 | 0.8 |
| 甘油 | 3 | 麦芽糖醇 | 0.8 |
| 桉叶油 | 0.3 | 助剂 | 4 |
| 柠檬酸钠 | 4 | 水 | 45 |
| 黄原胶 | 1.5 | | |

**制备方法**

（1）将黄原胶、瓜尔胶和酒石酸加入 1/3～1/2 量的水中，在 60～80℃、200～400r/min 条件下搅拌 1～2h，再加入十二烷基葡糖苷和蔗糖脂肪酸酯，在同样温度下以 800～1000r/min 转速搅拌 15～30min，得组分 A。

（2）将茶皂素和麦芽糖醇加入余量的水中，以 800～1000r/min 转速搅拌 5～10min 后加入桉叶油和甘油，同样转速搅拌 15～30min，得组分 B。

（3）将组分 A、组分 B 和其余原料混合后以 200～400r/min 转速搅拌 1～2h，分装后即得。

**原料介绍**　助剂原料配比及制备方法参见配方 43　含凹凸棒土的金属表面清洗剂。

**产品应用**　本品是一种含茶皂素的金属表面清洗剂。

**产品特性**　本品采用天然表面活性剂茶皂素作为主要清洁成分与其他成分复配，具有清洁去污力强、能清除多种油污、不腐蚀金属、无二次污染、绿色环保、安全无害的特点，产品贮存稳定性好，保质期长。本清洗剂清洗率≥95％。

## 配方46　含稻壳灰的金属表面清洗剂

**原料配比**

| 原料 | 配比（质量份） | 原料 | 配比（质量份） |
|---|---|---|---|
| 稻壳灰 | 8 | 羟丙基瓜尔胶 | 1.5 |
| 椰油酸聚氧乙烯酯 | 1.5 | 乙二胺四乙酸二钠 | 3 |
| 椰子油脂肪酸二乙醇酰胺 | 1.5 | 苯甲酸钠 | 0.08 |
| 十二烷基甜菜碱 | 4 | 丁香油 | 0.3 |
| 硼砂 | 1.5 | 助剂 | 4 |
| 聚山梨酯-80 | 0.3 | 水 | 45 |
| 甘氨酸 | 0.8 | | |

**制备方法**

（1）将稻壳灰和羟丙基瓜尔胶混合后共同研磨 5～10min，过 100～200 目筛，加入椰子油脂肪酸二乙醇酰胺和丁香油以 200～400r/min 转速搅拌 10～20min，再加入 1/3～1/2 量的水，先超声分散 5～10min，再以 400～600r/min 转速搅拌 15～30min，得 A 组分；

（2）将椰油酸聚氧乙烯酯和十二烷基甜菜碱加入余量的水中以 800～1000r/min 转速搅拌 5～10min，再加入乙二胺四乙酸二钠、苯甲酸钠和聚山梨酯-80，在 40～60℃、同样转速下搅拌 20～30min，得 B 组分；

（3）将 A 组分、B 组分和其余原料混合后以 800～1000r/min 转速搅拌 15～30min，分装后即得。

**原料介绍**　助剂原料配比及制备方法参见配方 43　含凹凸棒土的金属表面清洗剂。

**产品应用**　本品是一种含稻壳灰的金属表面清洗剂。

**产品特性**

（1）能高效快速去除金属表面的油脂、污垢，防止二次污染且不损伤金属表面，不影响后续处理工艺。

（2）通过回收利用稻壳灰，达到节能环保的要求，同时有效吸附油污，有助于金属表面油脂类杂质的脱附，清洗更加彻底；且在金属清洗剂废水排放时能通过离心、过滤等方式分离大部分污染物，有利于减轻污水处理负担，更易达到排放标准。

## 配方47    含核桃壳粉的金属表面清洗剂

**原料配比**

| 原料 | 配比（质量份） | 原料 | 配比（质量份） |
|---|---|---|---|
| 核桃壳粉 | 9 | 植酸钠 | 0.4 |
| 椰油酰基甲基牛磺酸钠 | 3 | 氯化亚锡 | 0.3 |
| 月桂醇硫酸钠 | 3 | 甜橙油 | 0.3 |
| 硅酸钠 | 3 | 没食子酸丙酯 | 0.15 |
| 乙酰磺胺酸钾 | 1.5 | 助剂 | 4 |
| 聚丙烯酸钠 | 3 | 水 | 45 |
| 甘油 | 3 | | |

**制备方法**

（1）将甘油、甜橙油和核桃壳粉混合后研磨1～2h，再加入椰油酰基甲基牛磺酸钠和1/4～1/3量的水，先超声分散10～15min，再以8000～10000r/min转速高速匀浆15～30min，得A组分；

（2）将月桂醇硫酸钠和乙酰磺胺酸钾加入余量的水中以800～1000r/min转速搅拌5～10min，再加入聚丙烯酸钠和没食子酸丙酯，在60～80℃、同样转速下搅拌20～30min，得B组分；

（3）将A组分、B组分和其余原料混合后以800～1000r/min转速搅拌15～30min，分装后即得。

**原料介绍**    助剂原料配比及制备方法参见配方43  含凹凸棒土的金属表面清洗剂。

**产品应用**    本品是一种含核桃壳粉的金属表面清洗剂。

**产品特性**

（1）通过配方与工艺的改进，使产品具有去油污能力强、清洗效果良好、性质温和、使用安全、环保无害的特点，不造成二次污染，还有清新空气、净化工作环境的辅助功效。

（2）通过添加核桃壳粉有效吸附附着在金属表面的油污，既缩短了清洗时间，又使清洗更加彻底，有助于下一步处理工序的进行；且在金属清洗剂废水排放时能通过离心、过滤等方式分离大部分污染物，有利于减轻污水处理负担，更易达到排放标准。

## 配方48　含锂的黑色金属清洗剂

**原料配比**

| 原料 | | 配比（质量份） | | |
| --- | --- | --- | --- | --- |
| | | 1# | 2# | 3# |
| 清洗剂 | 阴离子表面活性剂烷基苯磺酸锂 | 1 | 2 | 3 |
| | 阴离子表面活性剂油酸三乙醇胺盐 | 1 | 2 | 3 |
| | 碳酸钠 | 6 | 7 | 8 |
| | 氢氧化钾 | 2 | 3 | 4 |
| 水软化剂 | 硅酸钠 | 1 | 2 | 3 |
| | 乙二胺四乙酸二钠 | 1 | 2 | 3 |
| 缓蚀剂亚硝酸钠 | | 0.5 | 1 | 1.5 |
| 消泡剂聚醚 | | 0.5 | 1 | 1.5 |
| 纯净水 | | 87 | 80 | 73 |

**制备方法**　在反应罐中加入纯净水，再依次加入清洗剂阴离子表面活性剂烷基苯磺酸锂、清洗剂阴离子表面活性剂油酸三乙醇胺盐、清洗剂碳酸钠、清洗剂氢氧化钾、水软化剂硅酸钠、水软化剂乙二胺四乙酸二钠、缓蚀剂亚硝酸钠、消泡剂聚醚，搅拌30～40min后，过滤包装即得。

**产品应用**　本品主要用于黑色金属加工前的清洗，尤其是对黑色金属表面所含的油迹、灰尘清洁非常有效。

**产品特性**

（1）本产品是无色或是淡黄色透明液体，pH＞12，对人体皮肤有刺激性，使用时需戴防护手套。

（2）本产品不含磷，对水环境不会产生过肥效应。

## 配方49　黑色金属粉末油污清洗剂

**原料配比**

| 原料 | 配比（质量份） | | |
| --- | --- | --- | --- |
| | 1# | 2# | 3# |
| $Na_2CO_3$ | 8 | 10 | 3 |
| $Na_2SiO_3$ | 3 | 1 | 5 |
| 净洗剂 TX-10 | 2 | 1 | 0.3 |
| 正丁醇 | 0.3 | 2 | 1 |
| 水 | 100 | 95 | 90 |

**制备方法**　将本产品的各组分按比例混合，搅拌均匀即可。

**产品应用**　本品主要用作清洗黑色金属粉末表面油污的清洗剂。

**产品特性**　原料取自冷轧薄板厂磁过滤后的产物，先经过离心分离预处理，去掉大部分油污。用配好的清洗剂洗涤，经过离心分离预处理后的原料，在75℃洗涤3次，机械搅拌，每次洗涤时间依次为125min、35min、35min。之后再用清水漂洗4次，每次机械搅拌10min。每次洗涤和漂洗过后都用离心沉降的方法将铁粉和液体分离。最后将得到的铁粉低温烘干，检测铁粉的洁净率达96%。采用本产品清洗剂可洗净纳米级粉末表面的油污，且清洗效果好。

## 配方50　黑色金属碱性清洗剂

**原料配比**

| 原料 | 配比（质量份） | | |
|---|---|---|---|
| | 1# | 2# | 3# |
| EDTA四钠 | 2 | 1.2 | 2 |
| 葡萄糖酸钠 | 1 | 1.3 | 1.5 |
| 三乙醇胺 | 6 | 5.5 | 8 |
| 油酸钠 | 1.5 | 1.1 | 2 |
| 硝酸钠 | 0.1 | 0.3 | 0.6 |
| 表面活性剂 | 0.05 | 0.06 | 0.06 |
| 水 | 加至100 | 加至100 | 加至100 |

**制备方法**　将上述比例的EDTA四钠、葡萄糖酸钠、三乙醇胺、油酸钠、硝酸钠和表面活性剂加入一定量的水中，搅拌均匀即可得到本黑色金属碱性清洗剂。

**产品应用**　本品是一种黑色金属碱性清洗剂。

**产品特性**

（1）本产品应用了合理的配比，使得到的产品具有很好的安全性，可以高效地去除黑色金属表面的污垢。

（2）本产品具有良好的乳化性，可以快速安全地除去污垢，并且不对金属表面造成损伤。

## 配方51　黑色金属零件用水基清洗剂

**原料配比**

| 原料 | 配比（质量份） | | | | |
|---|---|---|---|---|---|
| | 1# | 2# | 3# | 4# | 5# |
| 醇醚羧酸盐 | 6 | 2 | 10 | 6 | 10 |

续表

| 原料 | | 配比（质量份） | | | | |
|---|---|---|---|---|---|---|
| | | 1# | 2# | 3# | 4# | 5# |
| 多元羧酸盐 | 己二酸 | 6 | — | — | — | — |
| | 癸二酸 | — | 2 | — | — | — |
| | 十一碳二酸 | — | — | 10 | — | — |
| | 柠檬酸钠 | — | — | — | 6 | — |
| | 葡萄糖酸钠 | — | — | — | — | 6 |
| 醇醚表面活性剂 | 脂肪醇聚氧乙烯醚 | 12 | — | — | — | — |
| | 烷基酚聚氧乙烯醚 | — | 5 | — | — | — |
| | 山梨糖醇单油酸酯 | — | — | 20 | — | — |
| | 聚氧乙烯脱水山梨糖醇单油酸酯 | — | — | — | 20 | — |
| | 壬基酚醚磷酸甲酯乙醇胺盐 | — | — | — | — | 20 |
| 油酰胺 | 三乙醇胺 | 7.5 | — | — | — | — |
| | 油酰肌氨酸十八胺 | — | 5 | — | — | — |
| | 椰油酸乙二醇酰胺 | — | — | 10 | — | — |
| | 硼化油酰胺 | — | — | — | 10 | — |
| | 油酸乙二醇酰胺 | — | — | — | — | 7.5 |
| 二乙醇胺 | | 1.75 | 1 | 2.5 | 2.5 | 2.5 |
| 苯并三氮唑 | | 1 | 0.1 | 2 | 0.1 | 0.1 |
| 苯甲酸盐 | | 1.2 | 0.5 | 2 | 0.5 | 0.5 |
| 乙二胺四乙酸盐 | | 1.2 | 0.5 | 2 | 0.5 | 0.5 |
| 醇类 | 乙醇 | 6 | — | — | — | — |
| | 异丙醇 | — | 2 | — | — | — |
| | 正丁醇 | — | — | 10 | — | — |
| | 十二醇 | — | — | — | 6 | — |
| | 丙三醇 | — | — | — | — | 10 |
| 着色剂 | 酞菁 | 0.005 | — | 0.01 | 0.001 | 0.001 |
| | 靛蓝 | — | 0.001 | — | — | — |
| 去离子水 | | 加至100 | 加至100 | 加至100 | 加至100 | 加至100 |

**制备方法** 将各组分原料混合均匀即可。

**产品应用** 本品是一种黑色金属零件用水基清洗剂。

**产品特性** 本产品以多元羧酸盐、醇醚表面活性剂为主要活性剂，以油酰胺、苯并三氮唑为润滑保护增效剂，以苯甲酸盐、乙二胺四乙酸盐等为助洗剂，以醇类和去离了水为溶剂，得到弱碱性水基清洗液。本品具有强力渗透能力，能渗透到清洗物底层，能迅速溶解、清除附着于金属表面的各种污垢和杂质，清洗时无再沉积现象，清洗速度快，清洗后金属表面洁净、光亮，金属表面质量好，能有效保障黑色金属的加工精度，使用时不具有易燃易爆的特性，安全系数高，对工作环境也不会造成较大的不良影响，不含亚硝酸盐、苯酚、甲醛等危害环境的物质，使用时借助清洗时的加热、刷洗、喷淋、振动或超声波等方式使得油污尽快脱离工件表面，从而分散到清洗液中，对操作人员无毒害，具有较好的安全环保性，废液处理容易，清洗成本低且经济效益高；同时能够有效改善加工环境和车间卫生状况，利于提高工作效率。该清洗剂对清洗过的黑色金属零部件有短期防锈蚀作用，防锈期超过 10 天。

## 配方52　黑色金属清洗剂

**原料配比**

| 原料 | 配比（质量份） | | |
|---|---|---|---|
| | 1# | 2# | 3# |
| 三氟乙醇 | 30 | 35 | 40 |
| 醇醚 | 10 | 15 | 20 |
| 三氯乙烯和四氯乙烯的混合物 | 10 | 15 | 20 |
| 环烷烃 | 10 | 20 | 30 |
| 直链烷烃 | 10 | 20 | 30 |

**制备方法**　将各组分原料混合均匀即可。

**产品应用**　本品是一种黑色金属清洗剂。

**产品特性**

（1）成品内不含磷、不含有机溶剂，清洗后的残液不会对生态环境造成污染。

（2）去污能力强、清洗效果好，对于螨虫、军团菌等具有杀灭作用。

（3）润湿性好，可将各种油类很容易地从各种吸附物体上洗脱出来。

（4）使用时产生泡沫量少，并且使用量少，可节约成本。

## 配方53　环保金属清洗剂

**原料配比**

| 原料 | | 配比（质量份） | | | | | | | |
|---|---|---|---|---|---|---|---|---|---|
| | | 1# | 2# | 3# | 4# | 5# | 6# | 7# | 8# |
| 醇醚磷酸酯 | 月桂醇 | 186.38 | — | — | — | — | — | — | — |
| | 油醇 | — | 268.49 | — | — | — | — | — | — |

续表

| 原料 | | 配比(质量份) | | | | | | | |
|---|---|---|---|---|---|---|---|---|---|
| | | 1# | 2# | 3# | 4# | 5# | 6# | 7# | 8# |
| 醇醚磷酸酯 | 花生醇 | — | — | 298.55 | — | — | — | — | — |
| | 硬脂醇 | — | — | — | 270.56 | — | — | — | — |
| | 十六醇 | — | — | — | — | 242.5 | — | — | — |
| | 正癸醇 | — | — | — | — | — | 158.28 | — | — |
| | 十四碳醇 | — | — | — | — | — | — | 214.39 | — |
| | 异十三醇 | — | — | — | — | — | — | — | 200.36 |
| | 氢氧化钾(50%)溶液 | 8 | — | 12 | — | — | — | — | — |
| | 氢氧化钠(30%)溶液 | — | 21 | — | — | — | — | — | 11 |
| | 氢氧化钠(40%)溶液 | — | — | — | 12 | — | 8 | — | — |
| | 氢氧化钠(30%)溶液 | — | — | — | — | 14 | — | 12 | — |
| | 环氧乙烷 | 660.75 | 792.9 | 881 | 704.8 | 660.75 | 440.5 | 528 | 572.65 |
| | 环氧丙烷 | 174.24 | 232.32 | 290.4 | 232.32 | 174.24 | 116.16 | 145.2 | 203.28 |
| | 磷酸 | 68.6 | 78.4 | 98 | 88.2 | 58.8 | 49 | 60 | 65 |
| 油醇聚氧乙烯(18)聚氧丙烯(4)醚 | | — | 35 | — | — | — | — | | |
| 花生醇聚氧乙烯(20)聚氧丙烯(5)醚 | | — | — | 40 | — | — | — | | |
| 硬脂醇聚氧乙烯(16)聚氧丙烯(4)醚 | | — | — | — | 30 | — | — | | |
| 十六醇聚氧乙烯(15)聚氧丙烯(3)醚磷酸酯 | | — | — | — | — | 32 | — | | |
| 正癸醇聚氧乙烯(10)聚氧丙烯(2) | | — | — | — | — | — | 36 | | |
| 三乙醇胺 | | — | 12 | 10 | 15 | 14 | 14 | | |
| 月桂酰肌氨酸钠 | | — | 8 | 10 | 5 | 7 | 6 | | |
| 水 | | — | 41 | 36 | 46 | 43 | 40 | | |
| 异抗坏血酸钠 | | — | 1 | 3 | 24 | 1.5 | 2.5 | | |
| 苯甲酸钠 | | — | 3 | 1 | 2 | 2.5 | 1.5 | | |

**制备方法**　醇醚磷酸酯的制备方法：

（1）将脂肪醇和催化剂加入反应釜内，充入保护气（如氮气、氩气、氦气等惰性气体）转换出反应釜内空气；催化剂为氢氧化钠或氢氧化钾。氢氧化钠或氢氧化钾有效成分的质量分数为上述反应物总质量的 0.3%～0.5%。

（2）当反应釜中保护气保持正压时，将环氧乙烷、环氧丙烷的混合物推进反应釜（如用氮气等进料罐将环氧乙烷、环氧丙烷混合物推进反应釜），同时搅拌升温至 100～120℃，保持反应温度不超过 120℃的情况下，反应 5～8h，即为脂肪醇聚氧乙烯聚氧丙烯醚；由于该步骤的反应是放热反应，为了防止放热过快的不良影响，环氧乙烷和环氧丙烷的加入速度有必要加以控制，使反应在平和的状态下进行。

(3) 等上述反应釜内脂肪醇聚氧乙烯聚氧丙烯醚反应完成后,加入磷酸,保持反应温度不超过150℃的情况下,搅拌反应2～4h;磷酸应当缓慢加入以控制反应不会产生过沸的现象。

(4) 减压排出水分,即为醇醚磷酸酯。

环保金属清洗剂的制造方法:在制备时,将异抗坏血酸钠和苯甲酸钠加入水中搅拌溶解后再加入其他组分在40～60℃温度下混合搅拌至透明即可。

**产品应用**　本品是一种环保金属清洗剂。

使用时,将环保金属清洗剂加20～100倍的水搅拌均匀。

**产品特性**

(1) 采用本产品制备的醇醚磷酸酯,往往以一种多组分磷酸酯混合物的形态出现,由于其独特的结构特点,不但是一种优良的表面活性剂,同时还是一种优良的金属缓蚀剂,此外,该物质还具有在自然界中可生物降解的特性。

(2) 在本产品中,特别加入了环氧丙烷,其共聚后的产物,除具备上述特性外,还可以在产品体系中抑制泡沫的产生。

(3) 制备环保金属清洗剂时,还加入三乙醇胺,可以用于中和醇醚磷酸酯的酸值,增加pH值,同时提供良好的防锈性能,使本产品对钢铁防锈性能更佳。

(4) 月桂酰肌氨酸钠在本产品的体系中作为一种优良的金属防锈防蚀剂,而且是一种良好的阴离子表面活性剂。

(5) 异抗坏血酸钠可以有效阻止金属表面的氧化,同时又是良好的阴离子表面活性剂。

(6) 苯甲酸钠可以有效防止金属表面的氧化,还可以防腐防锈、防止清洗液久放而滋生细菌,同时又是良好的阴离子表面活性剂。

(7) 当以上几种物质与其他组分一同用于制造环保金属清洗剂时,除上述功能外,还能与醇醚磷酸酯的表面活性性能相配合,实现复配的效果,使本产品具备良好的表面张力,使各组分更为均匀和分散。

## 配方54　可降解金属清洗剂

**原料配比**

| 原料 | | 配比(质量份) | | | | | |
|---|---|---|---|---|---|---|---|
| | | 1# | 2# | 3# | 4# | 5# | 6# |
| 清洗剂组合物 | | — | 35 | 40 | 30 | 33 | 32 |
| 脂肪醇聚氧乙烯醚 | AEO-9 | — | 8 | — | — | — | — |
| | AEO-7 | — | — | — | — | — | 8 |
| | 平平加O-10 | — | — | 5 | — | — | — |

续表

| 原料 | | 配比（质量份） | | | | | |
|---|---|---|---|---|---|---|---|
| | | 1# | 2# | 3# | 4# | 5# | 6# |
| 脂肪醇聚氧乙烯醚 | 平平加 O-15 | — | — | — | 10 | — | — |
| | 平平加 O-9 | — | — | — | — | 7 | — |
| 水 | | — | 33 | 36 | 35 | 36 | 35 |
| 磷酸脲 | | — | 8 | 5 | 10 | 7 | 8 |
| 植酸 | | — | 8 | 10 | 5 | 6 | 7.95 |
| 氨基磺酸 | | — | 4 | 3 | 5 | 5.95 | 3.5 |
| 无机碱 | 氢氧化钾 | — | 3.9 | — | — | — | — |
| | 氢氧化钠 | — | — | 3 | 4.95 | 5 | 3.5 |
| 消泡剂 | 聚醚类 | — | — | — | 0.05 | — | — |
| | 聚醚改性硅油 | — | 0.1 | — | — | 0.05 | — |
| | 二甲基硅油 | — | — | — | — | — | 0.05 |

## 清洗剂组合物

| 原料 | 配比（质量份） | | | | | |
|---|---|---|---|---|---|---|
| | 1# | 2# | 3# | 4# | 5# | 6# |
| 聚乙二醇 PEG500 | 100 | — | — | — | — | 100 |
| 聚乙二醇 PEG400 | — | 100 | — | 100 | 100 | — |
| 聚乙二醇 PEG600 | — | — | 100 | — | — | — |
| 油酸 | 75 | — | — | — | — | — |
| 月桂酸 | — | 100 | — | — | — | — |
| 亚油酸 | — | — | 50 | — | — | — |
| 硬脂酸 | — | — | — | 60 | 60 | — |
| 癸酸 | — | — | — | — | — | 80 |
| 稀硫酸（5%） | 17.5 | — | 12 | 13 | 13 | 14 |
| 稀硫酸（10%） | — | 6 | — | — | — | — |
| 磷酸 | 15 | 20 | 10 | 16 | 16 | 16 |
| 氢氧化钠 | 15 | — | — | — | — | — |
| 氢氧化钾 | — | 20 | — | — | — | — |
| 三乙醇胺 | — | — | 30 | — | — | — |
| 乙醇钠 | — | — | — | 20 | — | — |
| 一乙醇胺 | — | — | — | — | 24 | — |
| 二乙醇胺 | — | — | — | — | — | 25 |

**制备方法**　清洗剂组合物的制备方法：

（1）称取聚乙二醇和脂肪酸加入反应釜内，加入催化剂，在保护气（一般为氮气、氩气、氦气等惰性气体）保护的情况下，于180～220℃的反应温度下，反应3～5h，反应结束后减压排出水分，该阶段的产物即为聚乙二醇脂肪酸酯。

（2）等上述反应釜内反应物的温度降到150℃以下时，加入磷酸搅拌，保持反应温度在不超过150℃的情况下，反应2～4h后，减压排出水分，该阶段的产物即为聚乙二醇脂肪酸磷酸酯；此步反应的产物聚乙二醇脂肪酸酯磷酸酯是一种多组分磷酸酯的混合物。当然该反应过程也不排除未能反应的聚乙二醇与磷酸之间的多取代的酯化反应的发生。

（3）等上述反应釜内反应物的温度降到60℃以下时，加入无机碱或有机碱搅拌中和，控制最终产物的pH值为7.5～9。该阶段的产物即为目标清洗剂组合物。

所述环保金属清洗剂的制备方法为：将磷酸脲和氨基磺酸加入水中搅拌溶解后再加入其他各组分在40～60℃温度下混合搅拌至透明即可。

**产品应用**　本品是一种环保金属清洗剂。

使用方法：将上述环保金属清洗剂加20～100倍的水搅拌均匀后使用。

**产品特性**

（1）采用本产品方法制备的清洗剂组合物包含未能完全反应的聚乙二醇脂肪酸单酯或聚乙二醇脂肪酸双酯、聚乙二醇脂肪酸磷酸单酯或聚乙二醇脂肪酸磷酸双酯或聚乙二醇脂肪酸磷酸三酯及少量的盐类等物质，由于其组成成分本身具备的结构等特点，该组合物不仅仅是一种优良的表面活性剂，同时也是一种优良的金属缓蚀剂，还具有在自然界中可生物降解的特性。

（2）当将其作为基液应用于金属清洗剂的制造时，可获得一种寿命长、排放少、可常温清洗、环境友好、清洁效果好的环保型金属清洗剂。

（3）在本产品中，为进一步提高该金属清洗剂的性能，还加入了磷酸脲、植酸、脂肪醇聚氧乙烯醚、氨基磺酸、氢氧化钠或氢氧化钾、消泡剂等组分。

（4）将磷酸脲加入本产品的体系中，可以提供金属表面的除锈和防锈防腐的效果。

（5）植酸稳定性好，具有很强的螯合能力，其6个带负电的磷酸根基团，可与钙、铁、镁、锌等金属离子产生不溶性化合物或配合物，使金属离子的有效性降低，使金属离子更加不被利用。所以将其应用于本产品中时，可以显著地减少或抑制金属表面的腐蚀。

（6）氨基磺酸不挥发、无臭味和对人体毒性极小，当应用于本产品中时，能高效地除去铁、钢、铜、不锈钢等材料制造的设备表面的污垢和腐蚀产物，可快速溶解金属表面氧化物，促进清洗。

（7）脂肪醇聚氧乙烯醚是优良非离子型表面活性剂，配合主成分清洗剂组合物的表面活性剂的性能，可增强金属油污的清洗效果，能使上述各个组分发挥其应有的效能，互补互利，将上述其他各个组分有机地融合形成一个更为稳定、均匀的清洗剂体系。加入脂肪醇聚氧乙烯醚获得的金属清洗剂具备良好的金属清洗功能。

## 配方55　环保强力金属清洗剂

**原料配比**

| 原料 | | 配比（质量份） | | | |
|---|---|---|---|---|---|
| | | 1# | 2# | 3# | 4# |
| 表面活性剂 | 烷基多糖苷（APG） | 20 | 15 | 15 | 10 |
| | 椰油酰氨基丙基甜菜碱-30 | — | 15 | — | 10 |
| | 椰油酰氨基丙基甜菜碱-35 | — | — | 15 | — |
| | 脂肪醇聚氧乙烯醚 | — | — | — | 10 |
| 水性防锈剂 | 有机羧酸盐 | 2 | 2 | — | — |
| | 多元酸胺盐 | — | — | 2 | 4 |
| 助洗剂 | 碳酸钠 | 20 | 25 | 25 | 2 |
| | 偏硅酸钠 | — | 5 | 5 | — |
| | 硅酸钠 | — | — | — | 10 |
| 添加剂 | | 5 | 8 | 10 | 15 |
| 水 | | 加至100 | 加至100 | 加至100 | 加至100 |

**制备方法**　将各组分原料加入容器中搅拌30min即可。

**产品应用**　本品主要用于以喷淋方式清洗机械制造和维修过程中的各种金属零部件表面的矿物油和氧化物杂质。

**产品特性**

（1）采用的醇醚表面活性剂不含苯环，能显著降低水的表面张力，使工件表面容易润湿、渗透力增强；多碳醇表面活性剂最大的特点在于它的乳化作用，两者复配后能更有效地改变油污和工件之间的界面状况，使油污乳化、分散、卷离、增溶，形成水包油型的微粒而被清洗掉。

（2）本产品配方科学合理，酸碱度适中，清洗过程中泡沫少，清洗能力强、连续性好、速度快、使用寿命长，随着清洗次数增加，清洗液pH值降低（由一开始的pH=8~9降到pH=7左右），所以在清洗过程中可以通过测定pH值检测溶液的浓度，根据pH值控制加料时间。本金属清洗剂对各种金属零部件表面矿物油、氧化物杂质等具有高效清洗功效。

（3）本清洗剂不含ODS类物质、磷酸盐、亚硝酸盐，可直接在自然界完全生物降解为无害物质。

## 配方56　环保浓缩多功能金属清洗剂

**原料配比**

| 原料 | 配比(质量份) | | |
|---|---|---|---|
| | 1# | 2# | 3# |
| 丙烯酸均聚物 | 5 | 3 | 2 |
| 氨基三乙酸三钠 | 5 | 4 | 3 |
| 酰胺乙酸三乙醇胺盐 | 8 | 5 | 6 |
| 中等碳链($C_5 \sim C_{10}$)异构脂肪醇醚 | 5 | 6 | 6 |
| 端基封闭脂肪醇烷氧基物 | 8 | 6 | 6 |
| 烷基磷酸酯 | 8 | 7 | 6 |
| 水 | 加至100 | 加至100 | 加至100 |

**制备方法**

（1）常温下，在反应锅中加入丙烯酸均聚物、氨基三乙酸三钠、酰胺乙酸三乙醇胺盐、烷基磷酸酯、水，搅拌5~10min得到均匀Ⅰ溶液；

（2）常温下，再将中等碳链（$C_5 \sim C_{10}$）异构脂肪醇醚、端基封闭脂肪醇烷氧基物混合，搅拌5~10min得到分散均匀的Ⅱ溶液；

（3）将Ⅰ溶液与Ⅱ溶液混合搅拌5~10min即可。

**产品应用**　本品主要用作超声波或喷淋清洗的金属清洗剂。

**产品特性**

（1）对于低泡表面活性剂本品选用支链化改进的表面活性剂端基封闭脂肪醇烷氧基物的非离子表面活性剂，这种非离子表面活性剂耐酸碱性好，不怕酸、不怕碱、不怕氧化剂，所以化学稳定性最好，具有优异的抑制泡沫和消泡功能，中等碳链（$C_5 \sim C_{10}$）异构脂肪醇醚是新一代可生物降解的非离子表面活性剂，既能满足可循环清洗与安全标准的要求，又具备优异的动态性能，卓越的润湿性能，低凝胶倾向性，在中、高温呈现低泡的特性且不影响清洗性能的稳定。通过正交试验，端基封闭脂肪醇烷氧基物与中等碳链（$C_5 \sim C_{10}$）异构脂肪醇醚复配，不但能使清洗液处于低泡状态，而且能取得较好的润湿性能和乳化性能。

（2）在助洗剂选择方面，采用无磷助洗剂和氮川三乙酸三钠复配；丙烯酸均聚物能有效抑制硫酸钙、碳酸钙和硅酸钙等引起的污垢的形成，阻垢效能高且不与残留有机凝聚剂形成不溶性聚合物。丙烯酸均聚物与氮川三乙酸三钠复配使用性能超过传统的STPP（三聚磷酸钠），是能够完全生物降解的螯合剂，螯合钙、镁离子效果特别好，并可以延长清洗剂工作液寿命。

（3）缓蚀剂采用低泡且有优良缓蚀性能的酰胺乙酸三乙醇胺盐，它具有低泡性和稳定性。该清洗剂表现出绿色、环保、可循环清洗方面的独到优势，并可实现油水分离、重复使用，节约能源。该绿色非 ODS（破坏大气层臭氧层的物质）清洗剂以其具有传统清洗剂所不具备的独特优势广泛应用于不同的清洗领域。

（4）本产品清洗效果好，添加量为 3%～8% 即可快速除去金属加工过程中表面的各种油污，无挂花现象，金属工件暴露于空气中防锈期可达 7～15 天，对钢铁、铝材质均有效。

## 配方57　环保水基金属清洗剂（一）

**原料配比**

| 原料 | | 配比（质量份） | | |
|---|---|---|---|---|
| | | 1# | 2# | 3# |
| 苯并三氮唑 | | 10 | 15 | 10 |
| 乙二胺四乙酸二钠 | | 80 | 60 | 80 |
| 碳酸钠 | | 40 | 20 | 20 |
| 氢氧化钠 | | 10 | 7 | 10 |
| 三乙醇胺油酸皂 | | 10 | 10 | 5 |
| 低泡低浊点非离子表面活性剂商品 | DF-12 | 2.5 | 2.5 | 2.5 |
| | FK-86 | 2.5 | 2.5 | 5 |
| 低泡阴离子表面活性剂商品 | NF-10 | 12.5 | 2.5 | 10 |
| | H66 | 15 | 20 | 20 |
| 防锈剂三乙醇胺 | | 150 | 120 | 100 |
| 消泡剂聚醚商品 L61 | | 7.5 | 7.5 | 7.5 |
| 有机硅消泡剂商品 221 | | 3.5 | 3.5 | 3.5 |
| 水 | | 656.5 | 729.5 | 726.5 |

**制备方法**

（1）分别称取固相原料缓蚀剂苯并三氮唑、螯合剂乙二胺四乙酸二钠和碳酸钠、无机碱氢氧化钠，并依次加入反应容器中；

（2）分别称取液相原料非离子表面活性剂、阴离子表面活性剂、防锈剂三乙醇胺、浊点提高剂三乙醇胺油酸皂、消泡剂聚醚，依次加入至上述反应容器中；

（3）最后称取有机硅消泡剂和水加入至上述容器中；

（4）启动反应容器的搅拌器，于室温条件下，搅拌 10～20min，获得本产品淡黄色透明的金属清洗剂产品。

**产品应用**　本品是一种低泡中浊点环保水基金属清洗剂。

**产品特性**

（1）本产品在保持清洗剂低泡前提下，通过提升清洗剂使用温度至 45℃，提高清洗剂的清洗效率，并获得一种特别适用于高压喷淋清洗的低泡中浊点水基金属清洗剂，达到全面提高金属清洗效率的目的；同时，本产品是不含磷酸盐、硅酸盐、亚硝酸盐等物质的环境友好型清洗剂。

（2）本产品所用非离子表面活性剂商品 DF-12、FK-86 均属于低泡低浊点的表面活性剂，且均有一定的抑泡作用，但其固有问题是浊点低，即使在常温使用，也因高于其浊点温度而使其水溶液出现浑浊，本产品创造性采用三乙醇胺油酸皂和三乙醇胺，以二者优选的复配比例添加，使三乙醇胺辅助三乙醇胺油酸皂提高整个溶液体系的浊点。由于三乙醇胺油酸皂和三乙醇胺复配后具有很好的水溶性和对 DF-12、FK-86 的增溶能力，所以显著提高非离子表面活性剂 DF-12、FK-86 的浊点，使清洗剂溶液浊点温度提高至 45℃；并且商品 NF-10、H66 均为低泡的阴离子表面活性剂，具有优异的清洗能力和增溶效果，EDTA 二钠、碳酸钠作为螯合剂且具有良好的缓蚀作用，聚醚商品 L61 和有机硅消泡剂商品221 作为消泡剂，进一步降低清洗剂的起泡性能。低泡水基金属清洗剂的 pH 值范围为 9～10，其碱性适中。此外，本产品提供的清洗剂具有原料易得、操作简单、成本较低、环境友好等特点。

## 配方58　环保型低温高效金属清洗剂

**原料配比**

| 原料 | | 配比（质量份） | | | | |
|---|---|---|---|---|---|---|
| | | 1# | 2# | 3# | 4# | 5# |
| 非离子表面活性剂 I | 十二烷基胺聚氧乙烯(5)醚 | 6 | — | 6 | — | — |
| | 十二烷基胺聚氧乙烯(15)醚 | — | 5 | — | — | — |
| | 十二烷基胺聚氧乙烯(10)醚 | — | — | — | 7 | 3 |
| | 十二烷基胺聚氧丙烯(7)醚 | — | — | — | 7 | 9 |
| | 十八烷基胺聚氧乙烯(8)醚 | 4 | — | — | — | 4 |
| | 十八烷基胺聚氧乙烯(5)醚 | — | 6 | 6 | — | |
| | 十八烷基胺聚氧丙烯(10)醚 | — | 4 | — | — | |
| 脂肪酸 | 月桂酸 | 2 | 3 | 3.5 | — | — |
| | 油酸 | — | — | — | 3 | 4.5 |
| 非离子表面活性剂 II | JFC-2 | 10 | 8 | 5 | 5 | 3 |
| | JFC-6 | — | — | 4 | 4 | 2 |
| 阴离子表面活性剂 | 十二烷基硫酸钠 | 8 | 8 | 11 | 7 | 10 |

续表

| 原料 | 配比(质量份) | | | | |
|---|---|---|---|---|---|
| | 1# | 2# | 3# | 4# | 5# |
| 消泡剂羟基硅油 | 0.4 | 0.6 | 0.5 | 0.5 | 0.5 |
| 低碳醇异丙醇 | 3 | 4 | 3 | 3 | 3 |
| 水 | 76.6 | 61.4 | 60 | 64.5 | 64 |

**制备方法**

(1) 在 50℃条件下，往容器中加入非离子表面活性剂Ⅰ，后缓慢加入脂肪酸以 350r/min 的速度搅拌 1h。

(2) 往 (1) 中加入非离子表面活性剂Ⅱ和阴离子表面活性剂，搅拌 10min。

(3) 往 (2) 中加入消泡剂，搅拌 10min。

(4) 往 (3) 中加入低碳醇、水，搅拌 1h 得清洗剂产品。

**产品应用**　本品主要用于清洗各种金属材质表面油污，是一种环保型低温高效水基清洗剂，同时也能用于部分非金属材料的表面清洗。

**产品特性**　本产品具有极强的去油污能力，即使在较低温度的条件下，仍有较高的去油率。本产品酸碱度适中，起泡少，易漂洗，并且具有良好的防锈性能。

## 配方59　环保型多功能金属表面清洗剂

**原料配比**

| 原料 | 配比(质量份) | 原料 | 配比(质量份) |
|---|---|---|---|
| 磷酸 | 5～50 | OP-10 | 3～30 |
| 磷酸氢二钠 | 2～20 | 净洗剂 | 2～20 |
| 柠檬酸 | 3～60 | 添加剂 KJQ-1 | 1～8 |
| 十二烷基苯磺酸钠 | 2～6 | | |

**制备方法**　将各组分分别溶解、混合、搅拌、稀释后即制得本清洗剂。

**产品应用**　本品是一种替代有机溶剂的环保型多功能金属表面清洗剂。

**产品特性**

(1) 产品溶水性强，泡沫少且消泡快。

(2) 去污能力强，能迅速清除金属表面的污垢。

(3) 不腐蚀金属且防锈作用好。

(4) 功能强大，可以对金属进行除油、除锈、磷化、钝化、防锈等。

(5) 无毒，无刺激性气味，环保。

(6) 本产品是一种集除油、除垢、除锈、磷化、环保等功能为一体且同步实施的环保型多功能金属表面清洗剂，替代汽油、煤油、三氯乙烯、四氯化碳、天那水等传统有机溶剂，以满足现代工业简化处理工艺、无毒环保的要求。

## 配方60 环保型多功能金属清洗剂

**原料配比**

| 原料 | 配比（质量份） | |
|---|---|---|
| | 1# | 2# |
| 平平加 | 0.5 | 1.5 |
| 6501 | 2 | 5 |
| 油酸三乙醇胺 | 2 | 3 |
| 亚硝酸钠 | 2 | 5 |
| 三乙醇胺 | 3 | 5 |
| 三羟乙基胺 | 6 | 6 |
| $C_8 \sim C_9$ 烷基酚聚氧乙烯醚 | 10 | 11 |
| $C_{12}$ 脂肪醇聚氧乙烯醚 | 16 | 17 |
| 聚醚 | 8.5 | 8.5 |
| 水 | 65 | 68 |

**制备方法** 将各组分原料混合均匀即可。

**产品应用** 本品主要用于拖拉机、汽车的清洗，还可用于建筑工程机械、航空机械、纺织机械、化工机械等金属制件的清洗。

**产品特性** 本产品因其极强的渗透性和优良的除油性，使用添加量少，清洗成本低，清洗能力强、速度快，易漂洗，可重复使用，无污染，具有防锈能力好、清洗后工件表面质量好、工件表面处理工艺简便和处理成本较低等特点和功效。本品配制工艺简单，使用简便，具有低泡、高效、对金属表面无腐蚀、稳定性好等特点，可以降低钢板粗糙度、降低 pH 值、减少铁粉量、增强清洁度，故具有推广价值。

## 配方61 环保型复合金属脱脂剂

**原料配比**

| 原料 | | 配比（质量份） | | |
|---|---|---|---|---|
| | | 1# | 2# | 3# |
| 主剂 A | 氢氧化钾 | 0.01 | 0.04 | 0.02 |
| | 碳酸钾 | 3 | 1 | 2 |

续表

| 原料 | | 配比（质量份） | | |
|---|---|---|---|---|
| | | 1# | 2# | 3# |
| 主剂 A | 五水偏硅酸钾 | 0.5 | 4 | 2.5 |
| | 葡萄糖酸钠 | 2 | 0.5 | 1.5 |
| | 十水硼砂 | 0.5 | 2 | 1 |
| | EDTA-2Na(乙二胺四乙酸二钠) | 1.5 | 0.5 | 1 |
| | 异丙醇 | 1 | 3 | 2 |
| | 水 | 加至100 | 加至100 | 加至100 |
| 助剂 B | 氢氧化钾 | 0.1 | 0.5 | 0.3 |
| | 喷淋脱脂专用低泡表面活性剂 | 2.5 | 1 | 1.75 |
| | 除重油浸泡脱脂专用表面活性剂 | 1 | 2.5 | 1.75 |
| | 耐强碱喷淋脱脂专用低泡表面活性剂 | 2.5 | 1 | 1.75 |
| | 耐强碱超声波清洗专用低泡表面活性剂 | 1 | 2.5 | 1.75 |
| | JFC | 1.5 | 0.5 | 1 |
| | 消泡剂 | 0.5 | 1.5 | 1 |
| | 水 | 加至100 | 加至100 | 加至100 |
| 助剂 C | 氢氧化钾 | 0.1 | 0.5 | 0.3 |
| | 除油除蜡专用表面活性剂 | 4 | 1 | 2 |
| | 除积炭专用表面活性剂 | 1 | 4 | 2 |
| | 活性剂 AEO-9 | 4 | 1 | 3 |
| | JFC | 0.5 | 1.5 | 1 |
| | 消泡剂 | 1.5 | 0.5 | 1 |
| | 水 | 加至100 | 加至100 | 加至100 |

**制备方法**

（1）主剂 A 按如下步骤制备：将计算称量的水加入到反应釜中，开启搅拌器，设定转速为 80r/min；再将计算称量的氢氧化钾、碳酸钾、五水偏硅酸钾、葡萄糖酸钠、十水硼砂、EDTA-2Na、异丙醇依次徐徐地加入到反应釜中，每加一种原料搅拌 15～20min；当全部原料加完继续搅拌 30～60min。

（2）助剂 B 按如下步骤制备：将计算称量的水加入到反应釜中，开启搅拌器，设定转速为 60r/min；再将计算称量的氢氧化钾、喷淋脱脂专用低泡表面活性剂、除重油浸泡脱脂专用表面活性剂、耐强碱喷淋脱脂专用低泡表面活性剂、耐强碱超声波清洗专用低泡表面活性剂、JFC、消泡剂依次徐徐地加入到反应釜中，每加一种原料搅拌 15～20min；当全部原料加完继续搅拌 1～2h。

（3）助剂 C 按如下步骤制备：将计算称量的水加入到反应釜中，并开启搅拌器，设定转速为 60r/min；再将计算称量的氢氧化钾、除油除蜡专用表面活性剂、除积炭专用表面活性剂、活性剂 AEO-9、JFC、消泡剂依次徐徐地加入到反应釜中，每加一种原料搅拌 15～20min；当全部原料加完继续搅拌 1～2h。

**原料介绍**　所用原料均为市售商品，其中喷淋脱脂专用低泡表面活性剂、除重油浸泡脱脂专用表面活性剂、耐强碱喷淋脱脂专用低泡表面活性剂、耐强碱超声波清洗专用低泡表面活性剂、除油除蜡专用表面活性剂及除积炭专用表面活性剂是深圳市启扬龙科技有限公司公开销售的产品，产品型号分别为 QYL-23F、Y-02、Y-40、Y-71、QYL-252C、QYL-290。

**产品应用**　本品是一种脱脂效果好、易清洗、可满足后道工艺要求且可多种金属（碳钢、不锈钢、铝及铝合金、锌及锌合金、铜及铜合金、钛及钛合金、镁合金等）通用的环保型复合金属脱脂剂。

　　使用时，将主剂 A、助剂 B 及助剂 C 分别加水配制成质量浓度为 1%～3% 的工作液，根据金属材质工件表面的油脂状态，采用喷淋或槽浸等工艺方法，按主剂 A 与助剂 B 或助剂 C 组合，进行清洗。如金属工件表面存在单纯油脂采用 A 剂＋B 剂；金属工件表面存在蜡和积炭采用 A 剂＋C 剂；金属工件表面存在油脂、蜡和积炭采用 A 剂＋B 剂＋C 剂。

　　将本产品用于金属工件（碳钢、不锈钢、铝及铝合金、锌及锌合金、铜及铜合金、钛及钛合金、镁合金等）的脱脂处理，处理温度为 25～50℃，喷淋压力为 0.12～0.15MPa，时间为 1～3min 或浸泡 5～15min，均达到预期的脱脂效果。

**产品特性**　本产品是选择可取代磷酸盐并具有较强螯合作用的碱性盐及与其匹配的活性剂组合而设计的无磷环保型脱脂剂。用本产品处理金属工件，可充分发挥其乳化功能，达到彻底脱脂的目的，满足了后道工序（纳米皮膜处理以及静电粉末喷涂涂装等）的前处理质量要求。在优选碱和碱性盐作为皂化剂同时，保证强碱不会对钢、锌、铝等各种材质表面发生氧化和腐蚀作用，同时皂化反应后黏附在工件表面的生成物易溶解、易清洗。更主要的是本产品可通用于碳钢、不锈钢、铝及铝合金、锌及锌合金、铜及铜合金、钛及钛合金、镁合金等，避免通用性差所存在的各种麻烦。

## 配方62　环保型高浓缩低泡防锈金属清洗剂

**原料配比**

| 原料 | 配比（质量份） | | |
| --- | --- | --- | --- |
| | 1# | 2# | 3# |
| 乙二胺四乙酸 | 0.5 | 0.2 | 0.3 |
| 2-甲基-4-异噻唑啉-3-酮 | 0.07 | 0.07 | 0.07 |
| 三乙醇胺 | 5 | 5 | 6 |

续表

| 原料 | | 配比(质量份) | | |
|---|---|---|---|---|
| | | 1# | 2# | 3# |
| $C_8 \sim C_9$ 烷基酚聚氧乙烯(9)醚 | | 10 | 10 | 11 |
| $C_{12}$ 脂肪醇聚氧乙烯(7)醚 | | 17.5 | 14 | 17 |
| 聚醚 | | 10 | 8 | 9 |
| 油酸 | | 9 | 6 | 8 |
| 聚醚 | 丙二醇聚氧丙烯聚氧乙烯嵌段聚醚 44(L44) | 15 | 18 | 16.5 |
| | 丙二醇聚氧丙烯聚氧乙烯嵌段聚醚 64(L64) | 23 | 20 | 21.5 |
| | 丙二醇聚氧丙烯聚氧乙烯嵌段聚醚 75(CL75) | 10 | 13 | 11.5 |
| | 丙二醇聚氧丙烯聚氧乙烯嵌段聚醚 62(L62) | 15 | 10 | 12.5 |
| | 石油磺酸钠 | 8 | 10 | 9 |
| | 三乙醇胺 | 8 | 5 | 6.5 |
| | 苯并三唑 | 3 | 5 | 4 |
| | 水 | 加至100 | 加至100 | 加至100 |
| 羟基硅油(有机硅 X-20G) | | 0.5 | 0.5 | 0.5 |

**制备方法**

（1）将丙二醇聚氧丙烯聚氧乙烯嵌段聚醚 44（L44）、丙二醇聚氧丙烯聚氧乙烯嵌段聚醚 64（L64）、丙二醇聚氧丙烯聚氧乙烯嵌段聚醚 75（CL75）、丙二醇聚氧丙烯聚氧乙烯嵌段聚醚 62（L62）按上述比例依次加入到 40℃±3℃ 的水中，边搅拌边继续加热至 60℃±3℃，再依次按上述的比例加入三乙醇胺、石油磺酸钠、苯并三唑，再继续搅拌，充分混合均匀后冷却，制得以聚醚为主的聚醚型非离子表面活性剂；

（2）将成分中的 $C_8 \sim C_9$ 烷基酚聚氧乙烯（9）醚、$C_{12}$ 脂肪醇聚氧乙烯（7）醚进行混合，搅拌同时加热到 60℃±3℃，得到溶液Ⅰ待用；

（3）将成分中的油酸与三乙醇胺进行混合，反应制得油酸三乙醇胺，再加入复合的表面活性剂聚醚，进行充分搅拌，得到溶液Ⅱ待用；

（4）将乙二胺四乙酸加入水中溶解后，再加入 2-甲基-4-异噻唑啉-3-酮，搅拌后得到澄清的溶液Ⅲ待用；

（5）将溶液Ⅰ和溶液Ⅱ进行混合搅拌，再加入溶液Ⅲ同时加热，最后加入羟基硅油（有机硅 X-20G），边搅拌边加热至（60±3）℃，充分混合均匀后冷却。

**产品应用**　本品主要用于各种机床、车辆及发动机的油污清洗以及机械加工行业各种金属部件的清洗，特别适合于现代大流量高压自动清洗设备。

**产品特性**

(1) 本产品所用的表面活性剂综合作用，是借助于这几种表面活性剂协同作用，是通过润湿、渗透、乳化、分散、增溶等性质实现的。其去污机理是：表面活性剂在油污金属表面上发生润湿、渗透作用，使油污在金属表面的附着力减弱或抵消，再通过机械作用、振动、喷刷、超声波、加热等机械和物理方法，加速油污脱离金属表面而进入洗液中被乳化、分散，从而完成清洗过程。所以对表面活性剂不仅仅是一个合理选用，更重要的是这几种表面活性剂的复配协同作用。

(2) 产品水溶性强，泡沫少且消泡快，便于高压喷射清洗。

(3) 去污能力强，抗硬水，使用时不受温度限制，能迅速清除金属表面的污垢。

(4) 对金属不腐蚀且缓蚀防锈作用好，能保证清洗后的金属表面清洁光亮。

(5) 防腐效果好，使用时间长，不含有毒物质，安全无害，对环境无污染。

(6) 该清洗剂弥补了同类产品的不足，性能稳定、去污率高，具有环保、防锈、防腐等多重效能，真正体现了水基金属清洗剂的一系列优越性。

(7) 本产品精选多种阴离子和非离子表面活性剂，将其性能综合考虑，取之优点，合理复配，综合平衡达到满意效果；生产过程无任何废渣及废液排放，不存在环境污染源，不产生任何有毒、腐蚀、有害气体，对操作者无危害；所生产的产品具有无刺激性气味，无毒无害、不损伤皮肤、对金属不腐蚀、长时间防锈防腐等特点；产品在使用中不受温度和水的限制，无论常温清洗和加热使用都能高效率除去各种机油、煤油、柴油、油脂、切削液及粉尘等污垢，并可多次循环使用；产品在 0.5%～20% 浓度下使用，就可以达到满意的清洗效果，是普通产品的 2～4 倍；特别适用于工业用高压、大流量清洗机；不含任何毒害物质，无磷、不含亚硝酸钠及苛性钠；在正常情况下（2%水溶液），可保持 2～6 个月不变质。

## 配方63　环保型金属表面清洗剂

**原料配比**

| 原料 | 配比(质量份) | 原料 | 配比(质量份) |
|------|------|------|------|
| 月桂酰谷氨酸钠 | 4 | 海藻酸丙二醇酯 | 3 |
| 玉米棒芯 | 5 | 海藻酸钠 | 1.5 |
| 玉米秸秆 | 4 | 聚乙二醇 | 3 |
| 玉米淀粉 | 1.5 | 天冬氨酸 | 1.5 |
| 明矾 | 1.5 | 助剂 | 4 |
| 茶树油 | 1.5 | 山梨酸钾 | 0.3 |
| 羧甲基淀粉钠 | 0.8 | 水 | 45 |

助剂

| 原料 | 配比（质量份） | 原料 | 配比（质量份） |
|---|---|---|---|
| 葡萄皮渣 | 18 | 丙二醇 | 4 |
| 草酸 | 3 | 壬基酚聚氧乙烯醚 | 1.5 |
| 柠檬酸 | 3 | 石英粉 | 1.5 |
| 三聚磷酸钠 | 1.5 | 水 | 25 |

**制备方法**

（1）将玉米秸秆和玉米棒芯烘干后于200～300℃处理12～24h，冷却后加入玉米淀粉共同研磨至200～300目，再加入海藻酸丙二醇酯、聚乙二醇和1/5～1/4量的水，超声分散5～10min后以400～600r/min转速搅拌15～30min，得A组分；

（2）将月桂酰谷氨酸钠和羧甲基淀粉钠加入余量的水中以800～1000r/min转速搅拌5～10min，再加入茶树油在30～40℃、同样转速下搅拌10～20min，得B组分；

（3）将A组分、B组分和其余原料混合后以800～1000r/min转速搅拌15～30min，分装后即得。

**原料介绍**　助剂的制备方法：将葡萄皮渣与1/3～1/2量的水混合后搅拌均匀，超声处理0.5～1h，再加入草酸、柠檬酸、三聚磷酸钠和丙二醇，在200～400r/min、60～80℃条件下处理12～24h，过滤后将滤渣与余量的水混合，加入壬基酚聚氧乙烯醚和石英粉，在1000～1200r/min、60～80℃条件下处理6～8h，再次过滤并将两次得到的滤液合并，将pH值调至中性，即得。

**产品应用**　本品是一种环保型金属表面清洗剂。

**产品特性**　本产品回收利用农业废物玉米秸秆、玉米棒芯等，原料来源丰富，有利于节省成本，且能有效吸附油污，既缩短了清洗时间，又使清洗更加彻底，有助于下一步处理工序的进行；且在金属清洗剂废水排放时能通过离心、过滤等方式分离大部分污染物，有利于减轻污水处理负担，更易达到排放标准。本清洗剂清洗率≥95％。

## 配方64　环保型金属表面脱脂剂

**原料配比**

| 原料 | 配比（质量份） | | | |
|---|---|---|---|---|
| | 1# | 2# | 3# | 4# |
| 皂素 | 20 | 25 | 30 | 10 |
| 脂肪酸酰胺 | 10 | 15 | 8 | 10 |
| 氢氧化钠 | 15 | 10 | 10 | 5 |
| 植酸钠 | 2 | 5 | 10 | 10 |
| 水 | 加至100 | 加至100 | 加至100 | 加至100 |

**制备方法**　按配比准备原料，将皂素、脂肪酸酰胺、氢氧化钠、植酸钠和水混合后，在 50～75℃下搅拌 40～60min，放置冷却。

**产品应用**　本品主要用于大型设备的擦洗、冲洗，小型工件的超声波清洗，对金属表面各种油脂都有快速脱除功效。

使用时，将环保型金属表面脱脂剂按体积比用水稀释 5～20 倍，用于金属表面的脱脂处理，脱脂剂温度范围为室温至 65℃，超声波处理 3～5min，取出，清水冲洗干净即可。经过脱脂的铸钢工件洁净，无油迹，无油腻感，工件表面加工纹路清晰。本脱脂剂洗净率达到 95％以上。

**产品特性**

（1）本产品脱脂原理有别于传统的乳化脱脂，而是利用产品的渗透性、螯合性来达到油脂与金属表面的结合力消失并分离油脂，达到脱脂目的。植酸钠在该环境下优先螯合多价金属，并与金属表面结合，使油脂失去与金属之间的结合力，皂素的乳化性能和脂肪酸酰胺的渗透乳化性结合，使得金属表面的油脂快速脱离，以达到脱脂的目的。

（2）本产品选用"植物提取物"及其衍生物的产品复合配制而成，不含有磷酸系、OP 系、TX 系等难于降解类产品，是一种高效、经济、环保的脱脂剂。本产品适用于黑色或有色金属材料及其制品脱脂、除油；采用本产品不仅可以快速脱脂，并可对金属表面产生短期工序间防腐。本品具有使用简单、安全高效、无异味、泡沫少、废液处理简单等特性，是绿色和清洁生产的理想产品。

（3）本产品生产工艺简单，成本低廉。

## 配方65　环保型金属清洗剂

**原料配比**

| 原料 | 配比（质量份） | | | | |
| --- | --- | --- | --- | --- | --- |
| | 1# | 2# | 3# | 4# | 5# |
| 表面活性剂脂肪酸甲酯磺酸钠 | 58 | 59 | 60 | 61 | 62 |
| 碳酸钠 | 3 | 3.5 | 4 | 5 | 4.5 |
| 助洗剂 EDTA 二钠 | 4 | 4.5 | 5 | 6 | 5.5 |
| 缓蚀剂十六烷胺 | 0.5 | 0.5 | 0.8 | 1.0 | 0.8 |
| 乙醇 | 25 | 22 | 20 | 18 | 15 |
| 水 | 加至 100 | 加至 100 | 加至 100 | 加至 100 | 加至 100 |

**制备方法**　按所述配方进行配料，先将乙醇和水均匀混合，然后室温下将无机碱

加入乙醇和水的混合液中，无机碱完全溶解后，室温下依次加入表面活性剂、助洗剂及缓蚀剂，搅拌均匀即得到环保型金属清洗剂。

**产品应用**　本品是一种环保型金属清洗剂，使用时需用水稀释 10～20 倍，然后将要清洗的金属零部件浸入到洗液中室温浸泡 30～60min，然后清洗，清洗后再水洗一次，最后烘干即可。

**产品特性**

（1）本产品不含磷，也不含 APEO 类表面活性剂，采用环保型的表面活性剂使得清洗剂整体而言绿色、环保无害。本品在低温、常温下具有较强的去污能力，是一种很好的环保型金属清洗剂。

（2）本产品用环保型的表面活性剂取代以往的 APEO 类表面活性剂，使用的助洗剂也是无磷助剂，这样本产品的金属清洗剂环保、无污染并且清洗能力强。

## 配方66　环保型金属设备用清洗剂

**原料配比**

| 原料 | 配比（质量份） | | |
| --- | --- | --- | --- |
| | 1# | 2# | 3# |
| 六羟基丙基丙二胺 | 2.2 | 1.5 | 3.2 |
| 三氟甲基环氧乙烷 | 4.4 | 3.1 | 5.4 |
| 亚硝酸钠 | 6.8 | 4.5 | 7.8 |
| 乙二醇单丁醚 | 2.7 | 2.4 | 3.5 |
| 油酸乙二醇酯 | 11.2 | 10.5 | 12.2 |
| 精氨酸 | 7.9 | 7.6 | 8.8 |

**制备方法**　将各组分原料混合均匀即可。

**产品应用**　本品是一种环保型金属设备用清洗剂。

**产品特性**　清洗剂中选用六羟基丙基丙二胺，能够提高对油污等有机污染物的溶解度，可溶解金属材料表面的有机污染物。清洗剂中加入了油酸乙二醇酯，能够降低清洗剂的表面张力，增强清洗剂的渗透性，提高对金属材料表面的清洗效果，能够增强质量传递，保证清洗的均匀性，降低对金属材料表面的损伤。本品具有水溶性好、渗透力强、无污染等优点。清洗剂中选用的化学试剂，不污染环境，不易燃烧，属于非破坏臭氧层物质，清洗后的废液便于处理排放，能够满足环保三废排放要求。清洗剂呈碱性，不腐蚀金属设备，使用安全可靠。本品制备工艺简单，操作方便，使用安全可靠。

## 配方 67　环保水基金属清洗剂（二）

**原料配比**

| 原料 | 配比（质量份） | | |
|---|---|---|---|
| | 1# | 2# | 3# |
| 十二碳二元脂肪酸与三乙醇胺混合物（1∶3） | 5 | 10 | 7.5 |
| 碳酸钠 | 1 | 3 | 2 |
| 苯并三氮唑 | 0.5 | 2 | 1 |
| 三乙醇胺 | 5 | 10 | 7.5 |
| 烷基酚聚氧乙烯醚 OP-10 | 4 | 8 | 6 |
| 烷基醇酰胺 6501 | 3 | 6 | 4.5 |
| 烷基醇酰胺磷酸酯 6503 | 2 | 4 | 3 |
| 有机改性磷酸酯 EAK8190 | 2 | 4 | 3 |
| 聚乙二醇 | 2 | 4 | 3 |
| 聚醚消泡剂 SPG-10 | 2 | 4 | 3 |
| 防霉杀菌剂 NEUF652 | 0.5 | 2 | 1 |
| 水 | 43 | 43 | 58.5 |

**制备方法**

（1）先将十二碳二元脂肪酸与三乙醇胺按质量比 1∶3 的比例在反应容器中混合搅拌加热，温度控制在（85±2）℃，在该温度下恒温时间 2h，合成水溶性胺皂作为防锈剂单体，十二碳二元脂肪酸与三乙醇胺在制剂总含量中的质量分数为 5%～10%。

（2）在容器中加入水，水在制剂总含量的质量分数为 43%～73%，加热到 50℃并保持在此温度，在搅拌下缓慢加入碳酸钠、苯并三氮唑，充分溶解均匀；碳酸钠在总含量中的质量分数为 1%～3%，苯并三氮唑在总含量中的质量分数为 0.5%～2%。

（3）在上述溶液中缓慢加入三乙醇胺、防锈剂单体，同时搅拌溶解均匀，三乙醇胺在总含量中的质量分数为 5%～10%。

（4）然后再缓慢加入烷基酚聚氧乙烯醚 OP-10、烷基醇酰胺 6501、烷基醇酰胺磷酸酯 6503，同时搅拌溶解均匀；再缓慢加入有机改性磷酸酯 EAK8190、聚乙二醇，同时搅拌溶解均匀；烷基酚聚氧乙烯醚 OP-10 在总含量中的质量分数为 4%～8%，烷基醇酰胺 6501 在总含量中的质量分数为 3%～6%，烷基醇酰胺磷酸酯 6503 在总含量中的质量分数为 2%～4%，有机改性磷酸酯 EAK8190 在总含量中的质量分数为 2%～4%，聚乙二醇总含量中的质量分数为 2%～4%。

（5）最后在上述溶液中缓慢加入定量的聚醚消泡剂 SPG-10、防霉杀菌剂 NEUF652，聚醚消泡剂 SPG-10 在总含量中的质量分数为 2%～4%，防霉杀菌剂 NEUF652 在总含量中的质量分数为 0.5%～2%，同时搅拌溶解均匀，即为最终的水基金属清洗剂。

**产品应用**　本品主要用于铸铁、钢件机械加工工序间清洗和防锈封存前清洗，也适用于铝、铜等有色金属机械加工工序间清洗，具有短期防锈、防腐蚀作用，可与电镀、喷漆、烤漆、刷漆等工艺配套，可常温清洗，加热清洗效果更好。

**产品特性**　本产品的积极效果是可同时用于黑色金属、有色金属清洗，对铸铁、钢、铝、铜等金属清洗后的防锈性、防腐性均完全符合标准要求，能满足使用要求，产品无毒、无害，为绿色环保产品。

## 配方68　环保型水基金属清洗剂

**原料配比**

| 原料 | 配比（质量份） | | |
|---|---|---|---|
| | 1# | 2# | 3# |
| 硅酸脂类化合物与三乙醇胺混合物（4∶3） | 5 | 4 | 8 |
| 水 | 55 | 58 | 45 |
| 碳酸钠 | 5 | 8 | 8 |
| 1,4-丁二醇共聚物 | 2 | 2 | 1 |
| 三乙醇胺 | 15 | 17 | 17 |
| 烷基酚聚氧乙烯醚 RF-10 | 7 | 3 | 5 |
| 烷基醇酰胺磷酸酯 | 4 | 3 | 3 |
| 壬二酸 | 4 | 2 | 6 |
| 聚乙二醇 | 2 | 1 | 4 |
| 聚醚消泡剂 SPG-70 | 0.5 | 0.5 | 1.5 |
| 防霉杀菌剂 KF88 | 0.5 | 1.5 | 1.5 |

**制备方法**

（1）先将硅酸脂类化合物与三乙醇胺按质量比 4∶3 的比例在反应器中混合搅拌加热，温度控制在 50℃，在该温度下恒温 2h，合成水溶性硅化合物作为防锈剂单体；

（2）在容器中加入水，加热到 50℃ 并保持在此温度，在搅拌下缓慢加入碳酸钠、1,4-丁二醇共聚物，充分溶解均匀；

（3）在上述溶液中缓慢加入三乙醇胺，同时搅拌溶解均匀；

（4）然后再缓慢加入烷基酚聚氧乙烯醚 RF-10 和烷基醇酰胺磷酸酯，同时搅拌溶解均匀，再加入壬二酸和聚乙二醇，搅拌均匀；

（5）最后在上述溶液中缓慢加入定量的聚醚消泡剂 SPG-70 和防霉杀菌剂 KF88，同时搅拌溶解均匀，即为最终的水基金属清洗剂。

**产品应用**　本品主要用于机械加工制造行业金属零件工序间清洗与防锈。

**产品特性**

(1) 本产品由表面活性剂、助洗剂、防锈剂、增溶剂、消泡剂、防霉剂和水复配而成，为均匀透明、无分层、无沉淀液体，对铸铁、钢、铝、铜等金属清洗后的防锈性、防腐性均完全符合标准要求，能满足使用要求，且产品无毒、无害，为绿色环保产品。

(2) 本产品适用于铸铁、钢件机械加工工序间清洗和防锈封存前清洗，也适用于铝、铜等有色金属机械加工工序间清洗，同时可对多种金属材质零件、组合总成进行清洗，具有短期防锈、防腐蚀作用；可与电镀、喷洒、刷漆等工艺配套，可常温清洗，加热清洗效果更好。

## 配方69　环保型水基金属制品清洗剂

**原料配比**

| 原料 | 配比（质量份） | | |
|---|---|---|---|
| | 1# | 2# | 3# |
| 脂肪酸甲酯乙氧基化物磺酸盐 | 35 | 40 | 45 |
| 焦磷酸钾 | 5 | 4 | 3 |
| EDTA 二钠 | 4 | 3 | 2 |
| 氢氧化钾 | 2 | 2 | 2 |
| 硅酸钠 | 6 | 6 | 6 |
| 水 | 加至100 | 加至100 | 加至100 |

**制备方法**　搅拌下将表面活性剂脂肪酸甲酯乙氧基化物磺酸盐加到水中，加热至30~50℃，再加氢氧化钾，搅拌10~30min，依次加入焦磷酸钾、EDTA 二钠、硅酸钠、充分搅拌混匀，降温至30℃以下，得到环保型水基金属清洗剂。

**产品应用**　本品是一种环保型水基金属制品清洗剂。

**产品特性**　本产品操作简便，安全环保；所制产品泡沫少、分散力强、防沾污能力强，易冲洗，安全环保，不危害操作者身体健康。

## 配方70　环保型水基金属油污清洗剂

**原料配比**

| 原料 | | 配比（质量份） | | |
|---|---|---|---|---|
| | | 1# | 2# | 3# |
| 表面活性剂 | 壬基酚聚氧乙烯醚（TX-4） | 4 | 2 | 3 |
| | 十二烷基二甲基苄基氯化铵（1227） | 4 | 2 | 3 |

续表

| 原料 | | 配比（质量份） | | |
|---|---|---|---|---|
| | | 1# | 2# | 3# |
| 碱性化合物 | 氢氧化钠水溶液 | 3 | — | 5 |
| | 氨水 | — | 6 | — |
| 硝酸盐 | 硝酸钾 | 1 | — | — |
| | 硝酸铵 | — | 2 | — |
| | 硝酸钠 | — | — | 5 |
| 磷酸盐 | 偏磷酸钠 | 3 | — | 5 |
| | 焦磷酸钾 | — | 3 | — |
| 胺盐三乙醇胺 | | 2 | 1 | 3 |
| 水 | | 加至1000 | 加至1000 | 加至1000 |

**制备方法**　将各组分原料混合均匀即可。

**产品应用**　本品是一种环保型水基金属清洗剂。

使用方法为：按照本产品中所述的清洗剂各组分的含量配制溶液，水和清洗剂的比例为7∶3，利用超声清洗器在40～70℃条件下清洗5～10min，结束后用清水将处理工件清洗干净、烘干。

**产品特性**

（1）本产品中添加的表面活性剂具优良的除油效果；

（2）通过在溶液中加入具有缓蚀作用的盐类起到缓蚀作用，防止工件表面出现过腐蚀现象；

（3）清洗液中使用的原料都为环境友好型试剂，处理后的废液对环境危害小；

（4）本产品具有操作简便，除油、缓蚀效果好等特点；

（5）在工件表面进行处理后不伤基体，清洗效果要优于现有清洗剂的清洗效果。

## 配方71　环保型水基无磷金属清洗剂

**原料配比**

| 原料 | 配比（质量份） | | | | |
|---|---|---|---|---|---|
| | 1# | 2# | 3# | 4# | 5# |
| 阴离子表面活性剂醇醚羧酸盐 | 21 | 22 | 23 | 24 | 22 |
| 非离子表面活性剂失水山梨醇酯聚氧乙烯醚 | 34 | 35 | 34 | 36 | 36 |
| 草酸钠 | 3 | 4 | 5 | 5 | 5 |
| 助洗剂聚天冬氨酸钠 | 4 | 5 | 5 | 5 | 5 |

续表

| 原料 | 配比（质量份） | | | | |
|---|---|---|---|---|---|
| | 1# | 2# | 3# | 4# | 5# |
| 缓蚀剂十六烷胺 | 0.5 | 0.8 | 1 | 1 | 1 |
| 乙二醇 | 20 | 18 | 15 | 15 | 18 |
| 水 | 加至100 | 加至100 | 加至100 | 加至100 | 加至100 |

**制备方法**　按所述配方进行配料，先将乙二醇和水均匀混合，然后室温下将无机碱加入乙二醇和水的混合液中，无机碱完全溶解后，室温下依次加入阴离子表面活性剂、非离子表面活性剂、助洗剂及缓蚀剂，搅拌均匀即得到环保型水基无磷金属清洗剂。

**原料介绍**　阴离子表面活性剂为醇醚羧酸盐。该类表面活性剂具有优良的增溶性、去污性、润湿性、乳化性、分散性和钙皂分散力，而且耐酸碱、耐高温、耐硬水，可以在广泛的 pH 值条件下使用，并且易生物降解、无毒、使用安全。

非离子表面活性剂为失水山梨醇酯聚氧乙烯醚。该类表面活性剂具有优良的乳化、润湿、分散和渗透性能，同时无毒、无刺激，是一种无公害的绿色环保的非离子表面活性剂。

助洗剂为聚天冬氨酸钠。

草酸钠碱性较为温和，对皮肤的刺激性小。

缓蚀剂为十六烷胺。加入缓蚀剂可以有效地保护金属材料，可以防止或减缓金属材料腐蚀。

**产品应用**　本品是一种环保型水基金属清洗剂，使用时需用水稀释 10～20 倍，然后将要清洗的金属零部件浸入到洗液中室温浸泡 30～60min，然后清洗，清洗后再水洗一次，最后烘干即可。

**产品特性**

（1）本产品不含磷，也不含 APEO 类表面活性剂，采用环保型的表面活性剂使得清洗剂整体而言绿色、环保无害，在低温、常温下具有较强的去污能力，是一种很好的金属清洗剂。

（2）本产品用环保型的表面活性剂取代以往的 APEO 类表面活性剂，使用的助洗剂也是无磷助剂，环保、无污染并且清洗能力强。

## 配方72　环保型水基金属饰品清洗剂

**原料配比**

| 原料 | 配比（质量份） | | |
|---|---|---|---|
| | 1# | 2# | 3# |
| 清洗剂非离子表面活性剂废弃油脂肪醇酰胺 | 2 | 3 | 4 |

| 原料 | 配比(质量份) | | |
|---|---|---|---|
| | 1# | 2# | 3# |
| 清洗剂非离子表面活性剂支链脂肪醇聚氧乙烯(EO-9)醚 | 2 | 3 | 4 |
| 清洗剂阴离子表面活性剂废弃油脂肪酸甲酯磺酸钠 | 4 | 5 | 6 |
| 清洗剂碳酸氢钠 | 4 | 5 | 6 |
| 还原剂亚硫酸钠 | 8 | 10 | 12 |
| 水溶性香精 | 0.4 | 0.5 | 0.6 |
| 纯净水 | 79.6 | 73.5 | 67.4 |

**制备方法**　在反应容器中加入纯净水，加热至（50±2）℃，搅拌；再依次加入清洗剂非离子表面活性剂废弃油脂肪醇酰胺、清洗剂非离子表面活性剂支链脂肪醇聚氧乙烯（EO-9）醚、清洗剂阴离子表面活性剂废弃油脂肪酸甲酯磺酸钠，搅拌 20min 后，再加入清洗剂碳酸氢钠、还原剂亚硫酸钠；继续搅拌 20min 后加入水溶性香精。测定相关技术指标，合格后过滤装入包装。

**产品应用**　本品主要用于对各类金属制造的手镯、项链、戒指、耳环、耳钉、手链、衣帽饰物等饰品作清洗之用；尤其适宜对金属饰品表面氧化物的清洗。

　　清洗方法是将清洗剂放置在金属、搪瓷、玻璃、塑料容器内，用纯净水稀释5%，视污垢程度，将金属饰品浸泡在清洗剂内 12～24h，浸泡后，用毛刷轻轻擦拭金属饰品表面，再用清水清洗即可。

**产品特性**　本产品是淡黄色透明液体，有愉快香气，pH 值为 9～11，对金属饰物无腐蚀性，稀释液对人体皮肤刺激性很低。

## 配方73　缓蚀型水基金属清洗剂

**原料配比**

| 原料 | 配比(质量份) | | | | |
|---|---|---|---|---|---|
| | 1# | 2# | 3# | 4# | 5# |
| 椰油酸二乙醇酰胺 | 15 | 30 | 22 | 23 | 15.5 |
| 辛烷基苯酚聚氧乙烯醚 | 12 | 5 | 8 | 9 | 11.2 |
| 烷基苯磺酸钠 | 3 | 10 | 5 | 7 | 5 |
| 二甲苯磺酸钠 | 7 | 15 | 5 | 10 | 14.7 |
| 柠檬酸 | 5 | 10 | 10 | 8 | 8 |
| 柠檬酸钠 | 4 | 12 | 7 | 9 | 10 |
| 聚氯乙烯胶乳 | 4 | 1 | 11 | 3 | 3 |
| 非离子型聚丙烯酰胺 | 0.5 | 3 | 3.5 | 2.3 | 2.3 |

续表

| 原料 | 配比（质量份） | | | | |
|---|---|---|---|---|---|
| | 1# | 2# | 3# | 4# | 5# |
| 碳酸钠 | 10 | 4 | 2 | 7 | 7 |
| 亲水醇 | 15 | 30 | 6 | — | 20 |
| 二甘醇 | — | — | — | 10 | — |
| 三甘醇 | — | — | — | 12 | — |
| 速溶改性二硅酸钠 | 6 | 3 | 16 | 4.7 | 3.6 |
| 十二碳二元酸三乙醇胺 | 15 | 30 | 5 | 23 | 25.3 |
| N-月桂酰肌氨酸三乙醇胺 | 5 | 2 | 19 | 4.2 | 4.2 |
| 巯基苯并噻唑钠 | 3 | 8 | 3 | 5.3 | 7 |
| 消泡剂 | 5 | 1 | — | 3.5 | 3.5 |
| 杀菌剂 | 5 | 1 | 4 | — | 4.3 |
| 2-甲基-4-异噻唑啉-3-酮 | — | — | 0.8 | — | — |
| 甲基-N-苯并咪唑-2-氨基甲酸酯 | — | — | 1.2 | 4 | — |
| 软水 | 30 | 40 | 33 | 35 | 36 |
| 水 | 150 | 100 | 122 | 135 | 130 |

**制备方法**　将各组分原料混合均匀即可。

**原料介绍**　亲水醇为乙醇、丙醇、甲醇、乙二醇、二甘醇、三甘醇、二丙二醇、三丙二醇、聚乙二醇中的一种或者多种的组合。

消泡剂为甲基聚硅氧烷消泡剂。

杀菌剂为 2-甲基-4-异噻唑啉-3-酮、甲基-N-苯并咪唑-2-氨基甲酸酯、均三嗪中的一种或者多种的组合。

**产品应用**　本品是一种缓蚀型水基金属清洗剂。

**产品特性**　本产品中，通过选择合适的成分，优化成分的含量，得到了去污能力强，防锈性好，环保污染少，清洗速度快，洗涤后残留少，稳定性好，可以在硬水中使用的缓蚀型水基金属清洗剂。本品中加入的非离子表面活性剂椰油酸二乙醇酰胺、辛烷基苯酚聚氧乙烯醚与阴离子表面活性剂烷基苯磺酸钠复配，提高了其清洗性能，与消泡剂协同控制了泡沫的含量，改善了清洗剂的性能；添加的碳酸钠与表面活性剂复配，提高了清洗效率，降低了清洗的温度，因碳酸钠成本低，降低了生产成本；加入的十二碳二元酸三乙醇胺、N-月桂酰肌氨酸三乙醇胺、巯基苯并噻唑钠的溶解性好，与表面活性剂配伍降低了界面张力，增强了对油污的渗透、乳化和分散，提高了清洗剂的去污能力和防锈性，增加了各原料的相溶性，提高了在硬水中清洗效果；配合添加的柠檬酸和柠檬酸钠分散到溶液中，调节清洗剂的清洗效果，并增加了清洗剂的稳定性；加入的亲水醇作为增溶剂可以调节体系的活性剂浊点，使其在清洗工艺的温度范围内，提高清洗剂的清洗效果；添加的速溶改性二硅酸钠缓冲作用强，能维持清洗剂所需的碱度，溶解度高，对钙、镁离子的结合交换能力好，与其他原料配合后能乳化油污沉积物，分散悬浮污垢粒子，抵抗污垢沉积，增强了清洗剂的清洗效果、防锈效果和在硬水中的使用效果；添加的二甲苯磺酸钠维持其分散性的同时与杀菌剂配合，提高了清洗剂的抗菌性；聚氯乙烯胶乳、非离子型聚丙烯酰胺具有澄清净化作用和沉降促进作用，添加到清洗剂中后提高了清洗剂的清洗效果；各种原料按所述比例配伍后得到的清洗剂去污能力强，防锈效果好，对环境友好，清洗后油污不易再次沉积。

## 配方74　供暖系统的清洗剂

**原料配比**

| 原料 | 配比（质量份） | | | | |
|---|---|---|---|---|---|
| | 1# | 2# | 3# | 4# | 5# |
| 丙二醇 | 10 | 10 | 10 | 10 | 10 |
| 苯并三氮唑 | 1.0 | 1.5 | 2.0 | 2.0 | 1.5 |
| 羟基亚乙基二膦酸 | 1.5 | 1.0 | 1.5 | 1.0 | 1.5 |
| 氨基磺酸 | 2.0 | 1.5 | 1.5 | 1.0 | 1.0 |
| 乙二胺四亚甲基膦酸钠 | 15 | 18 | 15 | 20 | 20 |
| 去离子水 | 加至100 | 加至100 | 加至100 | 加至100 | 加至100 |

**制备方法**　将各组分依次加入混合罐，搅拌均匀，即得到产品。

**产品应用**　本品主要用作由多种金属材料构成的供暖系统的清洗剂。

**产品特性**

（1）配方中采用除垢效果好的氨基磺酸与乙二胺四亚甲基膦酸钠复配，达到溶解、剥离老垢和清除焊渣的效果，避免管路堵塞。

（2）利用多种缓蚀剂复配，增强对多种金属材料的缓蚀效果。

（3）本产品具有良好的缓蚀、阻垢性能。

（4）本产品清洗剂利用有机阻垢成分和有机酸复配，能有效剥离、溶解家庭供暖系统设备中的老垢，同时防止生成二次水垢；该清洗剂不仅能有效降低对家庭供暖系统设备金属材料的腐蚀，还能有效清除家庭供暖系统设备内部的水垢、锈渣等，防止因结垢造成的家庭供暖系统的传热效率低或水循环堵塞等问题，使整个家庭供暖系统中的各个设备能安全经济地运行，从而达到减少水污染和节能降耗的目的。

## 配方75　金属板清洗剂

**原料配比**

| 原料 | 配比（质量份） | | | |
|---|---|---|---|---|
| | 1# | 2# | 3# | 4# |
| 脂肪醇聚氧乙烯醚 | 2.3 | 5.6 | 3.2 | 4.5 |
| 乙醇 | 1.2 | 2.7 | 1.5 | 2.2 |
| 硅酸钠 | 0.5 | 1.3 | 0.7 | 1.1 |
| 柠檬酸 | 0.2 | 1.6 | 0.8 | 1.2 |
| 苯甲酸钠 | 1.1 | 2.0 | 1.6 | 1.8 |
| 十二烷基苯磺酸钠 | 2.2 | 3.4 | 3.0 | 3.2 |
| 钼酸钠 | 0.3 | 0.9 | 0.4 | 0.7 |
| 油酸 | 0.1 | 0.5 | 0.3 | 0.4 |
| 磷酸氢二钠 | 0.2 | 0.5 | 0.3 | 0.4 |
| 乙二胺四乙酸 | 1.2 | 6.6 | 4.6 | 5.2 |
| 苯并三氮唑 | 3.1 | 3.6 | 3.3 | 3.5 |
| 异丙醇 | 2.5 | 3.5 | 2.8 | 3.1 |
| 水 | 加至100 | 加至100 | 加至100 | 加至100 |

**制备方法**　将各组分混合均匀即可。

**产品应用**　本品是一种工业用金属板清洗剂。清洗方法，包括以下步骤：

（1）将清洗剂倾倒至超声清洗槽内；

（2）将工业用金属板放入超声清洗槽，于35～40℃条件下清洗3～5min，然后取出工业用金属板，用清水将金属板表面冲洗干净，再晾干即完成清洗。

**产品特性**　本产品能快速去除金属板表面的污垢，而且不会腐蚀金属板，可使清洗后的金属板表面平滑光亮，清洗效率大于99%。

## 配方76　金属表面除油清洗剂

**原料配比**

| 原料 | 配比（质量份） | | | | |
|---|---|---|---|---|---|
| | 1# | 2# | 3# | 4# | 5# |
| 氢氧化钾 | 8 | 9 | 5 | 7 | 4 |
| 硫酸钠 | 23 | 20 | 30 | 25 | 28 |
| 磷酸三钠 | 20 | 18 | 15 | 16 | 10 |

| 原料 | 配比(质量份) | | | | |
|---|---|---|---|---|---|
| | 1# | 2# | 3# | 4# | 5# |
| 碳酸钠 | 15 | 14 | 15 | 15 | 10 |
| 三聚磷酸钠 | 10 | 9 | 8 | 9 | 5 |
| 渗透剂JFC-M | 2 | 3 | 4 | 3 | 1 |
| 乳化剂FMES | 6 | 6 | 6 | 6 | 10 |
| 乳化剂OP-10 | 5 | 5 | 5 | 5 | 3 |
| 二乙二醇单丁醚 | 6 | 5 | 4 | 5 | 2 |

**制备方法**

(1) 将氢氧化钾、碳酸钠、磷酸三钠、硫酸钠、三聚磷酸钠加入到粉体搅拌器中搅拌均匀；

(2) 然后将渗透剂JFC-M、乳化剂FMES、乳化剂OP-10、二乙二醇单丁醚加入到粉体搅拌器中搅拌混合均匀，得产品。

**产品应用**　本品是一种金属表面除油清洗剂。

本产品的使用方法：将本产品7~8份与水93~98份配成金属脱脂处理液，常温下搅拌溶解；然后将金属工件放入，处理时间0.5~10min。

**产品特性**

(1) 本产品由乳化剂、渗透剂、有机溶剂及助剂组成，可以弥补它们单一使用时的不足，油脂污垢很容易从被清洗金属表面脱离，提高了清洗速度。而且本产品凭借渗透剂JFC-M、乳化剂FMES、乳化剂OP-10、有机溶剂复配的方式使其具有强大的分散和防沾污能力。本品在常温状态下对各类油脂有很强的溶解能力，能溶解重质油，老化变质油脂，不论是皂化性油污还是非皂化性油脂均可以去除，能防止清洗工件的油污反沾污在金属表面。本品降低了原料成本，提高了净洗效果，缩短了清洗时间。

(2) 本产品不含有机硅消泡剂，不影响涂装质量，适用于电镀、氧化、磷化、发黑、电泳、防锈等涂装前各种金属零部件表面油污、油渍的清洗，对矿物油、动植物油均有特效清洗效果。

(3) 本产品能够在常温下快速去除各种各样油污或油渍，在不结冰的环境温度（约45℃）范围内使用，对金属工件的清洗0.5~10min，金属工件表面的油污或油渍即可清洗干净，且不影响后道工序的涂装质量，对环境无害，对人体安全，是使用方便的常温脱脂产品。

(4) 本产品在生产过程中无废渣、废气、废水的排放，生产工艺简单，生产周期短，运输方便。

## 配方77　金属表面处理常温无磷脱脂剂

**原料配比**

| 原料 | 配比(质量份) | | | |
|---|---|---|---|---|
| | 1# | 2# | 3# | 4# |
| 氢氧化钠 | 10 | 20 | 15 | 20 |
| 偏硅酸钠 | 5 | 5 | 7.5 | 10 |
| 碳酸钠 | 5 | 3 | 4 | 3 |
| 烷基酚聚氧乙烯醚 | 6 | 8 | 7 | 6 |
| 直链烷基苯磺酸盐 | 4 | 2 | 3 | 4 |
| 2-丁氧基乙醇 | 2 | 1 | 2 | 1.5 |
| 聚醚 | 0.5 | 1 | 0.5 | 0.8 |
| 水 | 加至100 | 加至100 | 加至100 | 加至100 |

**制备方法**

（1）按组成原料的质量份称取各原料，先将氢氧化钠和水放入反应釜中，搅拌后待其完全溶解，放置2h。

（2）然后再将偏硅酸钠、碳酸钠依次放入水中，充分溶解后加入到步骤（1）的碱溶液中，搅拌均匀；再加入烷基酚聚氧乙烯醚、直链烷基苯磺酸盐，搅拌均匀。

（3）最后加入2-丁氧基乙醇、聚醚和余量的水，搅拌均匀，即得到用于金属表面处理的常温无磷脱脂剂。

**产品应用**　本品主要用于金属表面处理的常温脱脂。

**产品特性**　本产品具有环保（无磷）、高效、安全、泡沫少、增溶、去污性好等特点，对钢板、铝、铜以及塑料、橡胶等均无腐蚀，可在常温下使用。

## 配方78　金属表面清洗除垢剂

**原料配比**

| 原料 | 配比(质量份) | 原料 | 配比(质量份) |
|---|---|---|---|
| 碳酸钠 | 15 | 磷酸钠(晶体) | 7.8 |
| 三聚磷酸钠 | 40 | 五水硅酸钠 | 7 |
| 磷酸酯 | 2 | 去垢剂混合物 | 6 |
| 六水合三聚磷酸钠 | 10 | 三聚磷酸钠 | 10 |
| 壬基酚乙氧基化合物 | 2 | | |

**制备方法**　把碳酸钠和三聚磷酸钠先混合；然后缓慢地加入磷酸酯，边加边搅拌，直到溶解均匀为止；然后加入六水合三聚磷酸钠；再加入壬基酚乙氧基化合物，并边加边搅拌得混合物；将混合物干燥；添加磷酸钠、五水硅酸钠和去垢剂混合物，并且边加边搅拌；最后加入粉状三聚磷酸钠即得。

**产品应用**　本品是一种金属表面清洗除垢剂，适用于金属表面的清理。

**产品特性**　本产品在使用过程中无毒无味，清洗效果好。

## 配方79　金属表面清洗的粉状组合物

**原料配比**

| 原料 | 配比(质量份) | | | | |
|---|---|---|---|---|---|
| | 1# | 2# | 3# | 4# | 5# |
| 碳酸钠 | 10～20 | 15 | 15 | 20 | 10 |
| 碳酸氢钾 | 10～20 | 15 | 15 | 20 | 10 |
| 草酸 | 15～30 | 20 | 20 | 30 | 15 |
| 聚马来酸柠檬酸酯 | — | — | 20 | | |
| 柠檬酸 | 5～10 | 5 | — | 10 | 5 |
| 聚马来酸 | 10～15 | 15 | — | 15 | 10 |
| 羧甲基纤维素 | 50～60 | 60 | 55 | 60 | 50 |
| 二氧化硅 | 30～40 | 30 | 35 | 40 | 30 |
| 十二烷基苯磺酸钠 | 适量 | 适量 | 适量 | 适量 | 适量 |
| 乙醇 | 适量 | 适量 | 适量 | 适量 | 适量 |

**制备方法**　将羧甲基纤维素与二氧化硅加入搅拌罐中，再加入混合物质量2～5倍的十二烷基苯磺酸钠和混合物体积5～10倍的乙醇，加热搅拌1～2h，再依次加入碳酸钠、碳酸氢钾、草酸、柠檬酸和聚马来酸搅拌均匀；40～45℃下旋转蒸发至质量恒定得到产品。可以将柠檬酸与聚马来酸酯化成聚马来酸柠檬酸酯，再混合。

**产品应用**　本品主要用作金属表面清洗的粉状组合物。

**产品特性**　本产品在金属表面的残留量低，清洗效果好，降低了清洗成本。聚马来酸柠檬酸酯原用于衣物的抗皱处理，将其与碳酸钠、碳酸氢钾、草酸混合使用，可以提高金属表面的去污效果。

## 配方80    金属表面清洗的环保低泡脱脂粉

**原料配比**

| 原料 | 配比(质量份) | | | | |
|---|---|---|---|---|---|
| | 1# | 2# | 3# | 4# | 5# |
| 98%的碳酸钠 | 35 | — | — | — | — |
| 99%的碳酸钠 | — | 30 | — | — | — |
| 98.5%的碳酸钠 | — | — | 45 | — | — |
| 99.9%的碳酸钠 | — | — | — | 40 | — |
| 99.5%的碳酸钠 | — | — | — | — | 50 |
| 葡萄糖酸钠 | 20 | 15 | 12 | 15 | 10 |
| 乳化剂 OEP-98 | 4 | 5 | 3 | 8 | 10 |
| 乙氧基化 $C_{16}$~$C_{18}$醇 | 2 | 3 | 5 | 4 | 1 |
| 柠檬酸钠 | 9 | 12 | 15 | 8 | 9 |
| 99%氢氧化钾 | 30 | — | — | — | — |
| 90%氢氧化钾 | — | 35 | — | — | — |
| 95%氢氧化钾 | — | — | 20 | — | — |
| 92%氢氧化钾 | — | — | — | 25 | — |
| 98%氢氧化钾 | — | — | — | — | 20 |

**制备方法**

（1）按脱脂粉各组分的质量配比备料；

（2）将碳酸钠与葡萄糖酸钠混合，搅拌均匀得 A 粉；

（3）将乳化剂 OEP-98 与乙氧基化 $C_{16}$~$C_{18}$醇混合后加入 A 粉，搅拌均匀得 B 粉；

（4）将柠檬酸钠与氢氧化钾混合后加入 B 粉，搅拌均匀后即得环保低泡脱脂粉。

**产品应用**    本品主要用作金属表面清洗的环保低泡脱脂粉。

使用时，将本产品按 30～50g/L 的浓度配制成脱脂液，加热至 50～70℃，将金属材料浸泡 5～10min，再经水洗，即可将金属材料表面的油污清洗干净。

**产品特性**    本产品可在常温状态下强力、高效、快速地去除机械、装备、车辆、船舶、制造加工与零部件维修中的各种矿、动、植物油污（脂）、油垢等，具有低泡、无污染、水洗性能好等特点，而且其制备方法操作简单，能保证产品质量稳定。

## 配方 81　金属表面清洗剂

**原料配比**

| 原料 | 配比（质量份） | | |
|---|---|---|---|
| | 1# | 2# | 3# |
| 聚丙烯酰胺 | 15 | 16 | 17 |
| 十二烷基三甲基氯化铵 | 10 | 20 | 30 |
| 椰子油酰二乙醇胺 | 5 | 7.5 | 10 |
| 乙二醇 | 4 | 6 | 8 |
| 磷酸氢二钠 | 4 | 5 | 6 |
| 有机硅 | 8 | 9 | 10 |
| 乙酸钠 | 2 | 3 | 4 |
| 去离子水 | 50 | 60 | 70 |

**制备方法**　将各组分原料加入混合器中均匀搅拌，混合均匀后即得所述产品。
**产品应用**　本品是一种金属表面清洗剂。
**产品特性**　本产品可以有效降低金属表面的细菌。

## 配方 82　金属表面污渍清洗剂

**原料配比**

| 原料 | 配比（体积份） | | | | | | | | | |
|---|---|---|---|---|---|---|---|---|---|---|
| | 1# | 2# | 3# | 4# | 5# | 6# | 7# | 8# | 9# | 10# |
| 石油醚 | 30 | 60 | 30 | 45 | 100 | — | — | 90 | — | — |
| 氢化石油脑 | 30 | 30 | 60 | 45 | — | 100 | 90 | — | — | — |
| 正戊烷 | — | — | — | — | — | — | — | — | 90 | — |
| 异戊烷 | — | — | — | — | — | — | — | — | — | 30 |
| 乙醇 | 40 | 10 | 10 | 10 | — | — | 10 | 10 | 10 | 70 |

| 原料 | 配比（体积份） | | | | | | | | | |
|---|---|---|---|---|---|---|---|---|---|---|
| | 11# | 12# | 13# | 14# | 15# | 16# | 17# | 18# | 19# | 20# |
| 石油醚 | 60 | — | — | — | — | — | — | — | 30 | 10 |
| 氢化石油脑 | — | — | — | — | 50 | 20 | — | 30 | 5 | 35 |
| 正戊烷 | — | 30 | 60 | — | — | — | — | — | 40 | 10 |
| 异戊烷 | — | — | — | 20 | — | — | 20 | 30 | 5 | 40 |
| 乙醇 | 40 | 70 | 40 | 80 | 50 | 80 | 80 | 40 | 20 | 5 |

**制备方法**　将各组分原料混合均匀即可。

**产品应用**　本品是一种金属表面清洗剂，可以对金属表面进行浸洗、擦洗、喷洗、蒸洗或真空清洗。

**产品特性**　本产品利用相似相容原理，通过单一组分或多组分配伍，对不同极性的有机物和无机物或它们的混合物进行溶解，降低它们与金属表面的吸附作用，再通过物理或重力作用使之与金属表面分离，以达到去除金属表面污物的作用；由于清洗剂表面张力和黏度小，渗透力强，它可以进入金属的缝隙，达到清除效果，由于其为小分子量有机物，蒸气压较大，常温或常温以上可以迅速蒸发，在金属表面基本无残留，残留的微量清洗剂也会逐渐蒸发，不会对金属部件、构件和零件的使用性能造成影响；且清洗剂对操作者毒性小，废液处理容易，可再生利用。

## 配方83　金属表面高效去污清洗剂

**原料配比**

| 原料 | 配比（质量份） | | |
|---|---|---|---|
| | 1# | 2# | 3# |
| 无水碳酸钠 | 3.3 | 2.5 | 4.3 |
| pH值调节剂磷酸氢二钠 | 2.5 | 2.3 | 3.5 |
| 烷基苄氧化铵 | 5.6 | 4.5 | 6.6 |
| 2-膦酸基丁烷-1,2,4-三羧酸 | 7.8 | 7.1 | 8.3 |
| 1,3-二甲基-2-咪唑烷酮 | 3.5 | 2.3 | 4.5 |
| 羟基乙酸钠 | 6.4 | 5.6 | 7.4 |
| 水 | 6.2 | 5.3 | 7.2 |
| 阴离子表面活性剂脂肪酸甲酯磺酸钠 | 1.3 | 0.9 | 1.5 |

**制备方法**　将各组分原料混合均匀即可。

**产品应用**　本品是一种金属表面清洗剂。

**产品特性**　本产品清洗效率高，去污能力强；安全性能好，不污染环境；节约能源，洗涤成本低；洗涤过程对金属设备无损伤，洗后对金属设备不腐蚀；加入1,3-二甲基-2-咪唑烷酮后，有效地降低了泡沫层的厚度，降低了清洗的难度，不腐蚀黑色金属零件本身。本品清洗速度快，被清洗的机械设备表面质量好，不具有易燃易爆的特性，且对工作环境不会造成较大的不良影响，不含有害物质，对操作人员无毒害，具有较好的安全环保性。

## 配方84　金属表面防锈清洗剂

**原料配比**

| 原料 | 配比（质量份） | | | | | | |
|---|---|---|---|---|---|---|---|
| | 1# | 2# | 3# | 4# | 5# | 6# | 7# |
| 烷基酚聚乙烯醚 | 12 | 15 | 16 | 20 | 12 | 20 | 15 |
| 消泡剂 | 1 | 2 | 4 | 5 | 1 | 5 | 2 |
| 醇醚 | 0.5 | 0.6 | 0.7 | 0.9 | 0.5 | 0.9 | 0.6 |
| 过氧化氢 | 4 | 5 | 7 | 9 | 4 | 9 | 5 |
| 乙二胺四乙酸盐 | 8 | 10 | 13 | 15 | 8 | 15 | 10 |
| 800目珍珠粉 | 3 | 6 | 8 | 9 | 3 | 9 | 6 |
| 氢氧化钠 | 4 | 6 | 7 | 8 | 4 | 8 | 6 |
| 水 | 20 | 28 | 30 | 35 | 20 | 35 | 28 |
| 钼酸钠 | — | — | 1 | 2 | 4 | 2 | — |

**制备方法**

（1）称取烷基酚聚乙烯醚、消泡剂、醇醚、过氧化氢、乙二胺四乙酸盐、800目珍珠粉、氢氧化钠、钼酸钠、水。

（2）将烷基酚聚乙烯醚、醇醚、乙二胺四乙酸盐、氢氧化钠和水混合后，搅拌并加热2～6min后，自然冷却得混合液Ⅰ；搅拌速度为500～800r/min，加热温度为50～65℃。

（3）向混合液Ⅰ中加入800目珍珠粉、钼酸钠，搅拌12～16min，得混合液Ⅱ；搅拌速度为2000～5000r/min。

（4）向混合液Ⅱ中加入过氧化氢，搅拌，最后加入消泡剂消泡后，得清洗剂。搅拌在真空度为100～300kPa下进行。

**产品应用**　本品是一种金属表面清洗剂。

**产品特性**　本产品由于珍珠粉的加入，增强了使用过程中的摩擦力，提高了去油污的能力，在低温下也可以正常使用。该清洁剂对金属表面无任何伤害，制备过程中也没有增加生产成本。另外，钼酸钠提高了金属表面的防锈能力。本产品清洁能力强，在低温下仍然具有高效的洁净力。

## 配方85　金属表面防蚀清洗剂

**原料配比**

| 原料 | 配比（质量份） | |
|---|---|---|
| | 1# | 2# |
| 聚醚胺 | 2.4 | 3.6 |

续表

| 原料 | 配比（质量份） | |
|------|------|------|
| | 1# | 2# |
| 表面活性剂 | 1.5 | 2.0 |
| 丙二醇甲醚 | 2.6 | 4.2 |
| 烷基醇酰胺 | 3.6 | 5.8 |
| 硼化油酰胺 | 2 | 6.2 |
| 草酸 | 2.3 | 4.6 |
| 可降解非离子表面活性剂 | 6 | 12 |
| 桂花提取精华素 | 5 | 10 |
| 天然乳蜡 | 4 | 7 |
| 二丙二醇 | 12 | 24 |
| 甲基硅油 | 3 | 7 |
| 二磷酸钾 | 6 | 12 |
| 己二酸 | 4 | 5 |
| 硫酸镁 | 4 | 8 |

**制备方法**　将各组分原料混合均匀即可。

**产品应用**　本品是一种金属表面清洗剂。

**产品特性**　本产品在金属表面形成一种保护膜，洗后对金属表面不腐蚀，稳定性好，可有效除锈。

## 配方86　金属表面低泡清洗剂

**原料配比**

| 原料 | 配比（质量份） | | |
|------|------|------|------|
| | 1# | 2# | 3# |
| 四甲基氢氧化铵 | 2.8 | 2.3 | 3.5 |
| 甲基环氧氯丙烷 | 4.7 | 2.3 | 5.7 |
| 钼酸钠 | 2.8 | 2.5 | 3.7 |
| 乙二醇单乙醚 | 2.2 | 1.5 | 3.2 |
| 十二烷基聚氧乙烯醚硫酸钠 | 2.4 | 1.2 | 3.4 |
| 水 | 5.5 | 4.5 | 6.5 |
| 组氨酸 | 4.5 | 3.2 | 5.5 |

**制备方法**　将各组分原料混合均匀即可。

**产品应用**　本品是一种金属表面清洗剂。

**产品特性**　本产品泡沫少，可轻松地去除金属零配件或机械设备在使用过程中的润滑油脂等难去除的污垢，同时金属零配件或机械设备清洗后暴露在空气中，能保持不生锈，对铁材、铜材、铝材、复合金属材料都有效，成本相对较低。

## 配方87　金属表面高效油污清洗剂

**原料配比**

| 原料 | 配比（质量份） | | |
|---|---|---|---|
| | 1# | 2# | 3# |
| 重硅酸钠 | 45 | 40 | 380 |
| 三聚磷酸钠 | 50 | 54 | 500 |
| 脂肪醇聚氧乙烯醚 | 5 | 8 | 50 |

**制备方法**　按质量份分别称重硅酸钠、三聚磷酸钠、脂肪醇聚氧乙烯醚，放入搅拌器里进行搅拌混合，搅拌时，防止结块，待搅拌混合均匀后，进行包装即得该产品。

**产品应用**　本品主要用于家庭使用的锅底污垢、企业设备的污垢等的清洗。

　　使用方法：使用时取本品与水按1∶10的比例进行溶解，然后用棉纱放入该溶液里浸泡后，用棉纱对金属表面进行擦洗；或者用该产品配成溶液，放入超声波清洗机清洗槽里对金属设备进行清洗。

**产品特性**　本清洗剂使用效果好，成本低廉，无腐蚀，快速安全。该清洗剂在水中有极好的溶解性，使用简单方便，能快速清洗设备上的污垢等，该产品不会对设备有腐蚀作用，在企业进行设备大修时，可以快速对设备进行清洗，减少大修时间，使企业尽快投入生产。

## 配方88　金属表面环保清洗剂

**原料配比**

| 原料 | | 配比（质量份） | | | | | | | | |
|---|---|---|---|---|---|---|---|---|---|---|
| | | 1# | 2# | 3# | 4# | 5# | 6# | 7# | 8# | 9# |
| 阴离子表面活性剂 | 十二烷基聚氧乙烯醚硫酸钠 | 20 | — | — | — | — | — | — | — | — |
| | 十二烷基硫酸钠 | — | 25 | — | — | — | — | — | 15 | 10 |
| | 仲烷基磺酸钠 | — | — | 25 | — | — | 20 | 15 | — | 10 |
| | 十二烷基聚氧乙烯醚硫酸钠 | — | — | — | 25 | 20 | — | 10 | 10 | — |

续表

| 原料 | | 配比(质量份) | | | | | | | | |
|---|---|---|---|---|---|---|---|---|---|---|
| | | 1# | 2# | 3# | 4# | 5# | 6# | 7# | 8# | 9# |
| 非离子表面活性剂 | C$_8$ 仲醇聚氧乙烯醚 | 35 | — | — | — | — | — | — | — | — |
| | C$_9$ 仲醇聚氧乙烯醚 | — | 35 | — | — | — | — | — | — | — |
| | C$_{10}$ 仲醇聚氧乙烯醚 | — | — | 40 | — | — | — | — | — | — |
| | C$_{11}$ 仲醇聚氧乙烯醚 | — | — | — | 35 | — | — | — | 40 | — |
| | C$_{12}$ 仲醇聚氧乙烯醚 | — | — | — | — | 35 | — | — | — | 35 |
| | C$_{13}$ 仲醇聚氧乙烯醚 | — | — | — | — | — | 40 | — | — | — |
| | C$_{14}$ 仲醇聚氧乙烯醚 | — | — | — | — | — | — | 35 | — | — |
| 碳酸钠 | | 3 | 4 | 5 | 6 | 5 | 5 | 4 | 4 | 4 |
| 助洗剂 EDTA 二钠 | | 4 | 5 | 6 | 5 | 6 | 5 | 5 | 5 | 5 |
| 缓蚀剂十二烷基胺 | | 0.5 | 0.8 | 1 | 0.7 | 1 | 1 | 0.8 | 0.8 | 0.8 |
| 乙醇 | | 15 | 10 | 10 | 15 | 20 | 10 | 10 | 10 | 10 |
| 水 | | 加至100 | 加至100 | 加至100 | 加至100 | 加至100 | 加至100 | 加至100 | 加至100 | 加至100 |

**制备方法**　按上述各组分配比，在水中依次加入阴离子表面活性剂、非离子表面活性剂、助洗剂、缓蚀剂、乙醇及无机碱，常温下搅拌均匀即可。

**产品应用**　本品是一种金属表面清洗剂。

本品使用时需用水稀释 10～20 倍，然后将要清洗的金属零部件浸入到洗液中，在室温或加热到 40～50℃，浸泡 30～50min，然后清洗，清洗后再水洗一次，最后烘干即可。

**产品特性**

（1）本产品不含磷，也不含 APEO 类表面活性剂，采用环保型的表面活性剂使得清洗剂整体而言绿色、环保无害，在低温、常温下具有较强的去污能力。

（2）本产品用环保型的表面活性剂取代以往的 APEO 类表面活性剂，使用的助洗剂也是无磷助剂，这样本产品的金属表面清洗剂环保、无污染并且清洗能力强。

## 配方89　金属表面去污清洗剂

**原料配比**

| 原料 | 配比(质量份) | | |
|---|---|---|---|
| | 1# | 2# | 3# |
| 苯甲酸钠 | 4 | 6 | 5 |

续表

| 原料 | 配比(质量份) | | |
|---|---|---|---|
| | 1# | 2# | 3# |
| 抗静电剂 | 3 | 5 | 4 |
| 液体石蜡 | 6 | 10 | 8 |
| 三乙胺 | 3 | 7 | 5 |
| 苯甲酸甲酯 | 5 | 10 | 7.5 |
| 乙烯基双硬脂酰胺 | 3 | 8 | 5.5 |
| 烷基苯磺酸钙 | 6 | 11 | 9 |
| 硫磷双辛伯烷基锌盐 | 2 | 4 | 3 |
| 硫磷伯仲烷基锌盐 | 2 | 7 | 4 |
| 硫化烷基酚钙 | 1 | 6 | 3 |
| 草酸钠 | 5 | 7 | 6 |
| 磷酸二氢钾 | 2.5 | 7 | 4.5 |
| 聚丙烯 | 5 | 8 | 6.5 |
| 抗氧化剂 | 4 | 6 | 5 |

**制备方法**　将各组分原料混合均匀即可。

**产品应用**　本品是一种金属表面去污清洗剂。

**产品特性**　本产品具有很强的去污能力，能够快速清除金属表面上的污渍。

## 配方90　金属表面乳化型脱脂剂

**原料配比**

| 原料 | 配比(质量份) | | | | |
|---|---|---|---|---|---|
| | 1# | 2# | 3# | 4# | 5# |
| 直链烷基苯磺酸钠 | 3 | 3 | 2 | 3.5 | 5 |
| α-烯烃磺酸盐 | 5 | 4 | 3 | 3.5 | 2 |
| 三聚磷酸钠 | 20 | 25 | 30 | 35 | 15 |
| 五水偏硅酸钠 | 20 | 20 | 25 | 30 | 20 |
| 氢氧化钠 | 25 | 32 | 35 | 20 | 30 |
| EDTA | 2 | 1 | 2.5 | 3 | 2 |
| 碳酸钠 | 25 | 20 | 10 | 18 | 15 |
| 仲烷基磺酸钠 | 5 | 3 | 4 | 6 | 2 |
| 纯净水 | 5 | 4 | 3 | 3.5 | 2 |

**制备方法**

（1）用纯净水将 α-烯烃磺酸盐以 1∶1 的质量比用水稀释。

（2）开启搅拌釜，将氢氧化钠、五水偏硅酸钠、碳酸钠、三聚磷酸钠、直链烷基苯磺酸钠、EDTA、仲烷基磺酸钠在 $40\sim100r/min$ 的速度下分别加入釜中搅拌均匀，加入无先后次序。

（3）将稀释的 $\alpha$-烯烃磺酸盐溶液慢慢加入釜中充分搅拌均匀，即得到乳化型脱脂剂。

**产品应用**　本品主要用于金属表面的乳化型脱脂剂。

该乳化型脱脂剂 $3\%\sim5\%$ 的水溶液有超强的乳化和皂化能力，特别是能够彻底清洗材料表面的重油污垢，浸泡后无须再进行人工擦洗，从而减轻了劳动强度。

**产品特性**　该脱脂剂有很强的乳化能力和渗透力，相比传统技术溶污能力提高 $2\sim3$ 倍，清洗时间缩短 $1\sim3$ 倍，使用时脱脂液不变色，无腐蚀性。表面油污严重的金属材料（机油、润滑油、防锈油及油泥等），经该脱脂剂 $3\%\sim5\%$ 的水溶液浸泡 $10\sim20min$，无须手工擦洗，就能彻底清除污垢。

## 配方91　金属表面水基强力清洗剂

**原料配比**

| 原料 | 配比（质量份） | 原料 | 配比（质量份） |
|---|---|---|---|
| PO | 5 | 乙醇 | 5 |
| ABS | 10 | 乙二醇丁酯 | 5 |
| OP-10 | 5 | 尿素 | 15 |
| TEA | 5 | 香精和水 | 50 |

**制备方法**　将各组分原料混合均匀即可。

**产品应用**　本品主要用作清洗各种金属表面油污、残留的松香的水基金属清洗剂。

**产品特性**　本产品清洗能力强、速度快、易漂洗、可重复使用、无污染、具有防锈能力。本清洗剂为浅蓝色液体，pH 值为 $9\sim10$。本产品在使用时可进行超声波清洗、喷淋清洗、浸泡清洗。

## 配方92　金属表面水基清洗剂

**原料配比**

| 原料 | | 配比（质量份） | | |
|---|---|---|---|---|
| | | 1# | 2# | 3# |
| 强氧化剂 | 焦磷酸钠 | 3 | — | 5 |
| | 焦磷酸钾 | — | 0.5 | — |

续表

| 原料 | | 配比（质量份） | | |
|---|---|---|---|---|
| | | 1# | 2# | 3# |
| 有机碱 | 三乙醇胺 | 5 | — | — |
| | 四羟基乙二胺 | — | 12 | — |
| | 乙二胺 | — | — | 12 |
| 表面活性剂聚氧乙烯脂肪醇醚（平平加） | | 10 | 5 | 15 |
| 增溶剂 | 正己烷 | 6 | — | — |
| | 正癸烷 | — | 1 | — |
| | 硅烷 | — | — | 10 |
| 消泡剂聚脲 | | 2 | 5 | 7 |
| 乙二醇丁酯 | | 5 | 3 | 6 |
| 纯水 | | 69 | 73.5 | 45 |

**制备方法**　将各组分依次溶于纯水中，加热至40℃搅拌至完全溶解，即为本清洗剂成品。

**产品应用**　本品是一种金属表面水基清洗剂，使用方法如下：

（1）取清洗剂清洗：清洗剂加入10～20倍水中放入第一槽内，加热到60～80℃，将需清洗的金属器件放入第一槽，进行超声，超声频率控制在18～80kHz，超声时间控制在3～7min。

（2）用水超声：将水放入第二槽，加热到40～50℃，将电路板从第一槽中取出，放入第二槽，进行超声，超声频率控制在18～80kHz，超声时间控制在1～3min。

（3）用水超声：将水放入第三槽，无须加热，将电路板从第二槽中取出，放入第三槽，进行超声，超声频率控制在18～80kHz，超声时间控制在1～3min。

（4）喷淋：用常温的水喷淋，时间为1～3min。

（5）烘干：采用热风或红外进行烘干，时间为3～5min。

**产品特性**

（1）本产品的工作原理在于：清洗剂可以完全溶解于水，在超声作用下能够有效去除残留在金属表面上的油污、加工碎屑、粉尘颗粒等污染物，且在超声水洗过程能够将残留在金属表面上的清洗剂和其他杂质去除，然后通过喷淋和烘干使金属表面洁净，通过放大镜观察，金属表面无明显油污、加工碎屑、粉尘颗粒等污染物。

（2）本产品中含有增溶剂，它的结构与残留在金属表面上的油污等有机污染物结构相近，根据溶胀的原理，可以提高油污等有机物的溶解度，并能够彻底去除金属表面的有机污染物及指纹等；清洗剂中含有的非离子表面活性剂能够降低溶液的表面张力，并且具有很强的渗透能力，能够渗透到金属表面和粉尘颗粒之间，将粉尘颗粒托起，使其脱离，达到去除的目的；而且可以实现优先吸附，并在金属表面形成保护层，可防止各种污染物的二次吸附。清洗剂中的消泡剂除了具有减少泡沫的功能外还具有较强的吸附能力可以吸附液体里的油污、颗粒等污染物。

（3）清洗剂中的表面活性剂能够增强质量传递，提高对金属表面的清洗效果，保证清洗的均匀性，降低对精密金属表面的损伤。

（4）清洗剂中合理配置增溶剂、表面活性剂和消泡剂能够很好地降低清洗剂的表面张力，同时具有水溶性好、渗透力强、无污染等优点。

（5）清洗剂中选用的化学试剂，不污染环境，不易燃烧，属于非破坏臭氧层物质，清洗后的废液便于处理排放，能够满足环保三废排放要求。

（6）制备工艺简单，操作方便，使用安全可靠。

## 配方93　金属表面脱脂剂

**原料配比**

| 原料 | | 配比（质量份） | | |
|---|---|---|---|---|
| | | 1# | 2# | 3# |
| $Na_2CO_3$ | | 40 | 10 | 35 |
| $Na_5PO_{10}$ | | 10 | 30 | 25 |
| $Na_3PO_4 \cdot 12H_2O$ | | 30 | 40 | 30 |
| 阴离子型表面活性剂 | 十二烷基苯磺酸钠 | 14 | — | 7 |
| | 十二烷基硫酸钠 | — | 20 | — |
| 非离子型表面活性剂 | 脂肪醇聚氧乙烯醚 | 3 | 5 | 3 |
| | 聚乙二醇辛基苯基醚 | 3 | 5 | — |

**制备方法**　将各组分原料混合均匀即可。

**产品应用**　本品主要用作清洗油井套管接箍的金属表面脱脂剂。

使用方法是将金属表面脱脂剂按 3%～10% 加入常温水中，边加入边搅拌，制成金属表面脱脂剂溶液，再将金属表面脱脂剂溶液与金属表面接触，时间为 5～20min，温度为室温（室温一般取 0～40℃），即可获得清洁的工件表面，能满足油井套管接箍表面脱脂要求。

**产品特性**

（1）本产品中纯碱作为金属表面脱脂剂对金属的腐蚀作用较弱，多聚磷酸钠和磷酸三钠作为助洗剂，可以强烈地吸附在污垢表面，提高去污能力，而且它们是金属的缓蚀剂，可以防止金属的腐蚀。表面活性剂可以起到提高去污能力、增溶、消泡、乳化和润湿等作用。

（2）本产品组成简单，配制方便，常温使用，清洗率高。

## 配方94　金属表面防蚀脱脂剂

**原料配比**

| 原料 | 配比（质量份） | | |
|---|---|---|---|
| | 1# | 2# | 3# |
| 水① | 365 | 365 | 365 |
| 氢氧化钠 | 100 | 150 | 150 |
| 氢氧化钾 | 50 | — | — |
| 三聚磷酸钠 | 40 | 60 | 60 |
| 焦磷酸钾 | 40 | — | — |
| 硅酸钠 | 50 | 70 | 70 |
| 水② | 304 | 304 | 304 |
| BJJ001 | 40 | 40 | 50 |
| AEC | 10 | 10 | — |
| 有机硅消泡剂 | 0.7 | 0.7 | 0.7 |
| 磷酸三丁酯 | 0.3 | 0.3 | 0.3 |

**制备方法**

（1）先将常用碱和水①放入反应釜中，搅拌后待其完全溶解；

（2）其次将缓冲剂与助剂加入水②中，充分溶解完全后加入到上述碱溶液中，搅拌均匀；

（3）再加入表面活性剂，搅拌均匀；

（4）最后加入消泡剂和抑泡剂，搅拌均匀，即得到无色透明金属表面脱脂剂产品。

**产品应用**　本品主要用于钢板、锌、铝、铜以及塑料、橡胶等材料的表面脱脂清洗剂。

**产品特性**　本产品具有高效、安全、环保、低泡等特点，对钢板、锌、铝、铜以及塑料、橡胶均无腐蚀。

## 配方95　金属表面无腐蚀清洗剂

**原料配比**

| 原料 | 配比（质量份） | | |
|---|---|---|---|
| | 1# | 2# | 3# |
| 对氯间二甲苯酚 | 1.8 | 1.5 | 2.8 |

续表

| 原料 | 配比(质量份) | | |
|---|---|---|---|
| | 1# | 2# | 3# |
| 消泡剂甲基硅油 | 1.3 | 0.8 | 2.3 |
| 二磷酸钾 | 2.4 | 1.2 | 3.4 |
| 水 | 1.4 | 1.2 | 1.5 |
| 烃基乙酸 | 1.9 | 1.5 | 2.8 |
| 硫代琥珀酸钠 | 5.4 | 3.1 | 6.4 |
| 聚乙烯吡咯烷酮 | 5.7 | 3.5 | 6.7 |
| 疏水改性增稠剂 | 4.9 | 4.5 | 5.8 |

**制备方法**　将各组分原料混合均匀即可。

**产品应用**　本品是一种金属表面无腐蚀清洗剂。

**产品特性**　本产品能够提高对油污等有机污染物的溶解度,可溶解金属表面的有机污染物;能够降低清洗剂的表面张力,增强清洗剂的渗透性,提高对金属表面的清洗效果;能够增强质量传递,保证清洗的均匀性,降低对精密金属表面的损伤;具有水溶性好、渗透力强、无污染等优点;清洗剂中选用的化学试剂,不污染环境,不易燃烧,属于非破坏臭氧层物质,清洗后的废液便于处理排放,能够满足环保三废排放要求;制造工艺简单,操作方便,使用安全可靠。

## 配方96　金属表面油垢清洗剂

**原料配比**

| 原料 | 配比(质量份) | 原料 | 配比(质量份) |
|---|---|---|---|
| 烷基酚聚乙烯醚 | 0.1~1 | $Na_3PO_4$ | 1~5 |
| 有机硅消泡剂 | 0.01~0.1 | $Na_2CO_3$ | 1~5 |
| 脂肪醇聚氧乙烯醚 | 0.1~1 | 水 | 加至100 |
| NaOH | 0.5~1 | | |

**制备方法**　将各组分溶于水混合均匀即可。

**产品应用**　本品主要用作去除金属表面油垢的清洗剂。

使用方法:在用清洗剂清洗金属油垢时,使温度保持在30~80℃。

采用本产品的清洗剂,其清洗过程分为两个阶段:第一阶段是清洗剂水溶液借助表面活性剂和润湿剂的渗透力,穿过油污层到达金属表面,进入到金属与油污的界面,并在那里定向吸附,使油污松动,从金属表面脱离;第二阶段是脱离金属表面的细小油污,在水中被表面活性剂和助洗剂乳化分散,并部分被溶进胶束，完成清洗过程。

**产品特性**　本产品适用于多种金属及合金的油垢清除，克服了去除金属表面油垢的化学清洗剂为碱试剂时清洗效率较低的缺点。采用本清洗剂，清洗能力强（清洗率在95％以上）、清洗速度快、低泡、易漂洗、清洗剂用量少，清洗后产生的废液少，对环境危害小，对金属表面无腐蚀且经济实用。

## 配方97　金属表面污垢清洗剂

**原料配比**

| 原料 | 配比(质量份) | 原料 | 配比(质量份) |
|------|------|------|------|
| OP-10 | 3 | PPG | 7 |
| AEO-9 | 7 | 乙醇 | 5 |
| AES | 5 | 乙二醇丁酯 | 5 |
| TEA | 5 | 香精和水 | 50 |

**制备方法**　将各组分原料混合均匀即可。

**产品应用**　本品主要用作清洗各种金属表面油污的金属表面油污清洗剂。本产品可清洗不锈钢、低碳钢、铝及铝合金、铜及铜合金、高铁合金和镍合金等表面的润滑油、压力油、金属加工液、研磨液污垢。

**产品特性**

（1）脱油去污范围广、可与油污分离、清洗效果好。

（2）清洗能力强、速度快。

（3）可重复使用、无污染、具有防锈能力。

（4）本清洗剂为浅黄色液体，在使用时可进行超声波清洗、喷淋清洗、浸泡清洗。

## 配方98　金属表面油污专用高效清洗剂

**原料配比**

| 原料 | 配比(质量份) | |
|------|------|------|
| | 1# | 2# |
| 磷酸钠 | 6 | 7.5 |
| 乙氧基化烷基硫酸钠 | 4.5 | 5 |
| 聚醚 | 4.5 | 5.5 |
| 0.15mol/L 的曲拉通溶液 | 3 | 4 |
| 绿色缓释剂 | 2.5 | 3.5 |

续表

| 原料 | 配比(质量份) | |
|---|---|---|
| | 1# | 2# |
| 防锈剂 | 3 | 4 |
| 十二烷基苯磺酸钠或二甲基苯磺酸钠的混合物 | 0.7 | 1 |
| 偏硅酸钠 | 0.35 | 0.5 |
| 纯碱 | 1.2 | 1.5 |
| 消泡剂 | 1.3 | 1.4 |
| 甲壳素纤维素及木质纤维素的共混体 | 3.5 | 2.5 |
| 柠檬酸 | 2.5 | 2.5 |
| 元明粉 | 1.5 | 1.5 |
| 去离子水 | 加至100 | 加至100 |

**制备方法**　将各组分原料混合均匀即可。

**产品应用**　本品是一种金属表面油污专用高效清洗剂。

**产品特性**　本产品节约了大量的有机溶剂和酸、碱，清洗后的金属表面光亮、无锈迹，且提高了清洗效率，降低了清洗成本，而且可以改善劳动条件，同时也解决了酸水的处理，有效地解决了酸水带来的环境污染问题。

## 配方99　金属表面原油清洗剂

**原料配比**

| 原料 | | 配比(质量份) | | |
|---|---|---|---|---|
| | | 1# | 2# | 3# |
| 表面活性剂 | 十二烷基磺酸钠 | 20 | 20 | 30 |
| | 烷基苯磺酸钠 | 20 | 30 | 15 |
| 助洗剂 | 聚丙烯酸钠 | 3 | 5 | 6 |
| | 偏硅酸钠 | 7 | 8 | 9 |
| 络合剂 | 二巯基丙醇 | 1 | 2 | 3 |
| | 三乙醇胺 | 2 | 3 | 4 |
| | 乙二胺四丙酸 | 2 | 4 | 5 |
| 金属缓蚀剂 | 邻苯硫脲 | 1 | 2 | 3 |
| | 铜缓蚀剂MBT | 3 | 4 | 4 |

**制备方法**　将上述组分按照十二烷基磺酸钠、烷基苯磺酸钠、聚丙烯酸钠、偏硅酸钠、二巯基丙醇、三乙醇胺、乙二胺四丙酸、邻苯硫脲、铜缓蚀剂 MBT 的顺

序依次加入混料罐混合均匀即得金属表面原油清洗剂。

**产品应用**　本品是一种金属表面原油清洗剂。

**产品特性**

（1）本产品清洗效果好，且环保，对环境无害。

（2）本产品制备工艺简便，成本低廉。

（3）本产品去污垢、灰尘能力强，对污油和积灰的混合物和原油设备污垢的清洗效果更加明显；清洗附着力和对油污的浸透溶解作用强，清洗除污速度快，且无副作用。

## 配方100　金属部件用清洗剂

**原料配比**

| 原料 | 配比（质量份） | | |
|---|---|---|---|
| | 1# | 2# | 3# |
| 环己醇 | 5.2 | 4.3 | 6.2 |
| 丁羟甲苯 | 6.3 | 5.1 | 7.3 |
| 酪氨酸 | 4.3 | 3.4 | 5.3 |
| 无磷水软化剂 | 5.5 | 4.4 | 7.5 |
| 络合剂乙二胺四乙酸二钠 | 8.4 | 7.3 | 10.4 |
| 丙烯酰胺 | 3.2 | 2.3 | 4.2 |
| 异构十醇聚氧乙烯醚 | 4.4 | 3.7 | 5.4 |

**制备方法**　将各组分原料混合均匀即可。

**产品应用**　本品是一种金属部件用清洗剂。

**产品特性**　本产品对机械行业中的机械零部件清洗效果明显，对黑色金属产品的除油、防锈一次完成，省去了原清洗工艺要对产品先进行除油后再防锈的二次工序，简化了清洗工艺，提高了清洗效率，降低了清洗成本；对清洗后的金属无伤害，金属不变色。本产品具有低泡、无泡清洗特征，特别适用于机械自动中高压喷淋清洗和超声波清洗；不会对环境造成污染，对人体无伤害。

## 配方101　金属部件强力清洗剂

**原料配比**

| 原料 | 配比（质量份） | | |
|---|---|---|---|
| | 1# | 2# | 3# |
| 烷基酚聚氧乙烯醚 | 11 | 10 | 12 |

续表

| 原料 | 配比（质量份） | | |
|---|---|---|---|
| | 1# | 2# | 3# |
| 二磷酸钾 | 12 | 9 | 13 |
| 过氧化氢 | 8 | 5 | 10 |
| 棕榈油脂肪酸甲酯磺酸钠 | 7 | 5 | 10 |
| 己二酸 | 2.5 | 2 | 3 |
| 氨基苯磺酰胺 | 2 | 1.5 | 3 |
| 表面活性剂多糖类硫酸脂盐 | 1.5 | 1 | 2 |

**制备方法**　将各组分原料混合均匀即可。

**产品应用**　本品是一种金属部件用清洗剂。

**产品特性**　本产品清洗能力强，清洗时间短，节省人力和工时，提高了工作效率，且具有除锈和防锈功效；该清洗剂呈碱性，对设备的腐蚀性较低，使用安全可靠，并有利于降低设备成本；清洗剂为水溶性液体，清洗后的废液便于处理排放，符合环境保护要求。

## 配方102　金属材料表面清洗剂

**原料配比**

| 原料 | 配比（质量份） | 原料 | 配比（质量份） |
|---|---|---|---|
| 过氧磷酸钠 | 3 | 正己烷 | 6 |
| 脂肪醇聚氧乙烯醚（平平加） | 10 | 聚脲 | 2 |
| 三乙胺 | 5 | 纯水 | 加至100 |

**制备方法**　在纯水中分别加入氧化剂、pH调节剂、表面活性剂、增溶剂、消泡剂，加热搅拌至完全溶解，即得成品。加热温度为40～60℃。

**原料介绍**　氧化剂是过氧化氢、高锰酸钾或过氧磷酸盐。

pH调节剂是有机碱、无机碱或者它们的组合。无机碱是氢氧化钠、氨水或氢氧化钾；有机碱是乙二胺、羟基乙二胺、三乙胺和四甲基氢氧化铵中的一种或是它们的组合。

表面活性剂是聚氧乙烯系非离子型表面活性剂和高分子及元素有机系非离子表面活性剂中的一种或几种组合。

聚氧乙烯系非离子型表面活性剂为聚氧乙烯醚、多元醇聚氧乙烯醚羧酸酯和烷基醇酰胺中的一种或者它们的组合。聚氧乙烯醚是脂肪醇聚氧乙烯醚；多元醇聚氧乙烯醚羧酸酯是失水山梨醇聚氧乙烯醚酯；烷基醇酰胺是月桂酰单乙醇胺。

脂肪醇聚氧乙烯醚是聚合度为 15 的脂肪醇聚氧乙烯醚（0～15）、聚合度为 20 的脂肪醇聚氧乙烯醚（0～20）、聚合度为 25 的脂肪醇聚氧乙烯醚（0～25）或者聚合度为 40 的脂肪醇聚氧乙烯醚（0～40）。多元醇聚氧乙烯醚羧酸酯是聚合度为 7 的失水山梨醇聚氧乙烯醚酯（T-7，TWEEN-7）、聚合度为 9 的失水山梨醇聚氧乙烯醚酯（T-9，TWEEN-9）、聚合度为 80 的失水山梨醇聚氧乙烯醚酯（T-80，TWEEN-80）、聚合度为 81 的失水山梨醇聚氧乙烯醚酯（T-81，TWEEN-81）或者聚合度为 85 的失水山梨醇聚氧乙烯醚酯（T-85，TWEEN-85）。

高分子及元素有机系非离子型表面活性剂是三氟甲基环氧乙烷、甲基环氧氯丙烷、胆固醇、多元醇太古油或者十六烷基磷酸。

增溶剂是癸烷、己烷、丁烷、硅烷或者庚烷。

消泡剂是聚脲、助剂添加型消泡抑泡剂（FRE-350）、广用型消泡剂（DSE-110）或者高分子有机硅乳液（YN-600）。

**产品应用**　本品是一种金属材料表面清洗剂。

清洗时的使用方法：

（1）取清洗剂清洗：清洗剂加入 10～20 倍水中放入第一槽内，加热到 60～80℃，将需清洗的金属材料放入第一槽，进行超声，超声频率控制在 18～80kHz，超声时间控制在 3～7min。

（2）用水超声：将水放入第二槽，加热到 40～50℃，将金属材料从第一槽中取出，放入第二槽，进行超声，超声频率控制在 18～80kHz，超声时间控制在 1～3min。

（3）用水超声：将水放入第三槽，无须加热，将金属材料从第二槽中取出，放入第三槽，进行超声，超声频率控制在 18～80kHz，超声时间控制在 1～3min。

（4）喷淋：用常温的水喷淋，时间为 1～3min。

（5）烘干：时间为 3～5min，烘干方式可以采用热风或红外进行。

**产品特性**

（1）本产品对金属材料表面积存污染物的清洗效果理想，清洗后的金属材料表面清洁度高，可以符合各种金属产品加工要求；其腐蚀性小，不会损坏金属材料表面，不腐蚀清洗设备，而且不含有对人体有害的 ODS 物质，便于废弃清洗剂的处理排放，符合环境保护的要求；配方设计合理，制备工艺简单，成本较低。

（2）本产品中含有增溶剂，它的结构与残留在金属材料表面上的油污等有机污染物结构相近，根据溶胀的原理，可以提高油污等有机物的溶解度，并能够彻底去除金属材料表面存在的指纹等污物。清洗剂中含有的非离子表面活性剂能够降低溶液的表面张力，并且具有很强的渗透能力，能够渗透到金属材料表面各种污染物之间，将污染物托起，使其脱离金属材料表面，达到去除的目的，而且可以实现优先吸附，并在金属材料表面形成保护层，可防止各种污染物的二次吸附，还可以降低对金属材料表面的损伤。清洗剂中的氧化剂，可以氧化难以去除的污染物，使其消耗或转化为易溶解的物质，以达到去除的目的。清洗剂中的消泡剂可以减少表面活性剂产生的大量泡沫，使清洗更加彻底，另外还具有较强的吸附能力可以吸附清洗液中的污染物，让清洗效果更加理想。

## 配方103　金属材料防锈清洗剂

**原料配比**

| 原料 | 配比（质量份） | |
| --- | --- | --- |
| | 1# | 2# |
| 聚甲基丙烯酸酯 | 40 | 40 |
| 辛酸亚锡 | 10 | 10 |
| 环己酮 | 11 | 17 |
| 三乙胺 | 15 | 22 |
| 丙烯酸 | 8 | 8 |
| 顺丁烯二酸二乙酯 | 22 | 34 |
| 蒙脱土 | 5 | 9 |
| 聚异丁烯基丁二酰亚胺 | 26 | 41 |
| 硅油 | 5.6 | 10.4 |
| 过氧化苯甲酰 | 25 | 30 |
| 环烷酸钴 | 19 | 30 |

**制备方法**　将各组分原料混合均匀即可。

**产品应用**　本品是一种金属材料防锈清洗剂。

**产品特性**　本产品泡沫少，可轻松地去除金属零配件或机械设备的使用过程中的润滑油脂等难去除的污垢，同时金属零配件或机械设备清洗后暴露在空气中，能保持不生锈，对铁材、铜材、铝材、复合金属材料都有效，成本相对较低。

## 配方104　金属除油除垢清洗剂

**原料配比**

| 原料 | 配比（质量份） | | | | | | | | |
| --- | --- | --- | --- | --- | --- | --- | --- | --- | --- |
| | 1#<br>钢铁类 | 2#<br>钢铁类 | 3#<br>钢铁类 | 4#<br>铝及其<br>合金类 | 5#<br>铝及其<br>合金类 | 6#<br>铝及其<br>合金类 | 7#<br>铜及其<br>合金类 | 8#<br>铜及其<br>合金类 | 9#<br>铜及其<br>合金类 |
| 前处理液 氢氧化钠 | 80 | 90 | 100 | 3 | 4 | 5 | 10 | 13 | 15 |
| 前处理液 磷酸钠 | 30 | 40 | 50 | 50 | 40 | 30 | 40 | 30 | 50 |
| 前处理液 碳酸钠 | 25 | 35 | 40 | 40 | 35 | 25 | 35 | 40 | 25 |

续表

| 原料 | | 配比（质量份） | | | | | | | | |
|---|---|---|---|---|---|---|---|---|---|---|
| | | 1#钢铁类 | 2#钢铁类 | 3#钢铁类 | 4#铝及其合金类 | 5#铝及其合金类 | 6#铝及其合金类 | 7#铜及其合金类 | 8#铜及其合金类 | 9#铜及其合金类 |
| 前处理液 | 焦磷酸钠 | 10 | 12 | 15 | 15 | 12 | 10 | 13 | 15 | 12 |
| | 硅酸钠 | 5 | 8 | 10 | 10 | 8 | a | 8 | 9 | 10 |
| | 三聚磷酸钠 | 5 | 5 | 5 | 5 | 5 | 5 | 5 | 5 | 5 |
| | 硫酸钠 | 1 | 1 | 1 | 1 | 1 | 1 | 1 | 1 | 1 |
| | EDTA 二钠 | 1 | 1 | 1 | 1 | 1 | 1 | 1 | 1 | 1 |
| | 平平加（O-15） | 3 | 4 | 5 | 5 | 3 | 4 | 4 | 5 | 3 |
| | OP-10 | 2 | 3 | 3 | 3 | 2 | 2 | 3 | 3 | 2 |
| | 十二烷基硫酸钠 | 12 | 11 | 10 | 11 | 12 | 10 | 10 | 11 | 12 |
| | JFC | 5 | 6 | 8 | 7 | 5 | 6 | 6 | 8 | 7 |
| | 助洗剂 | 20（体积份） | 20（体积份） | 20（体积份） | 20（体积份） | 20（体积份） | 20（体积份） | 20（体积份） | 20（体积份） | 20（体积份） |
| | 水 | 加至1000 | 加至1000 | 加至1000 | 加至1000 | 加至1000 | 加至1000 | 加至1000 | 加至1000 | 加至1000 |
| 除油粉 | 氢氧化钠 | 150 | 200 | 250 | 25 | 45 | 50 | 50 | 75 | 80 |
| | 磷酸钠 | 300 | 305 | 300 | 320 | 320 | 310 | 315 | 315 | 320 |
| | 碳酸钠 | 250 | 215 | 210 | 300 | 300 | 300 | 285 | 300 | 290 |
| | 焦磷酸钠 | 45 | 40 | 40 | 55 | 50 | 50 | 55 | 45 | 55 |
| | 硅酸钠 | 40 | 30 | 30 | 50 | 48 | 50 | 45 | 50 | 40 |
| | 三聚磷酸钠 | 15 | 13 | 12 | 20 | 18 | 16 | 20 | 15 | 18 |
| | 硫酸钠 | 6 | 8 | 6 | 10 | 8 | 10 | 10 | 7 | 8 |
| | EDTA 二钠 | 5 | 10 | 5 | 10 | 10 | 8 | 10 | 8 | 9 |
| | 平平加（O-15） | 30 | 25 | 25 | 30 | 26 | 30 | 30 | 30 | 30 |
| | OP-10 | 15 | 10 | 10 | 15 | 12 | 11 | 15 | 12 | 15 |
| | JFC | 40 | 30 | 30 | 40 | 40 | 40 | 40 | 30 | 35 |
| | 十二烷基硫酸钠 | 100 | 110 | 80 | 120 | 120 | 120 | 120 | 110 | 95 |
| | 乌洛托品 | 2 | 1 | 1 | 2 | 1 | 2 | 2 | 1 | 2 |
| | 聚醚 2020 | 2 | 3 | 1 | 3 | 2 | 3 | 3 | 2 | 3 |
| 除油液 | 除油粉 | 5 | | | | | | | | |
| | 助洗剂 | 2 | | | | | | | | |
| | 水 | 93 | | | | | | | | |

**制备方法**　将各组分原料混合均匀即可。

**产品应用** 本品是一种对金属表面进行电镀、磷化、喷塑、喷漆等工序之前，对其表面进行前处理的清洗剂。

对金属进行除油处理的方法：

（1）先用除油粉与水混合成 5% 的溶液，然后再向该溶液中加入助洗剂以配制成待用的除油液。助洗剂与除油粉的比例为 2：5。配制除油液时初始温度为 40～70℃，以使除油粉能够快速溶解完全，达到很好的清洗效果，清洗时可在 −5～100℃ 之间的任意温度下进行。

（2）用前处理液喷淋待除油的金属表面，然后对金属表面进行刷洗。

（3）将用前处理液喷淋、刷洗过的金属，放入在步骤（1）中配制好的除油液中清洗。

（4）将清洗后的金属取出，用不低于 50℃ 的水漂洗，最后，除尽金属表面水分。

**产品特性**

（1）在本产品中，除包括了经证明有一定除油清洗效果的氢氧化钠、碳酸钠和磷酸钠之外，还有各种添加剂，如表面活性剂、助洗剂、稳定剂、缓蚀剂、增溶剂、消泡剂、防冻剂等，其中，JFC、十二烷基硫酸钠以及平平加（O-15）是表面活性剂。而表面活性剂 JFC 是本产品的金属除油清洗剂中的主要活性成分，是一种两亲分子。当这种两亲分子附着于油-水界面时，其亲水端向水中伸入，形成一层膜，降低油-水的界面张力，使油滴易于脱离金属表面进入水溶液中；其次当这种两亲分子附着于油-金属界面时，其亲油端容易吸附在油污表面，并伸向油污内部，而极性亲水端则吸附在金属表面，在油-金属界面间形成一层紧密的定向排列的表面活性剂分子膜。这种膜能减弱油-金属界面的附着力，增加金属表面的湿润性；最后这种两亲分子能降低水-金属界面张力。因此在水溶液浸泡、撞击金属表面的过程中，表面活性剂的活性成分沿着油和金属的界面进行渗透，将金属表面的油层挤离金属表面，使油滴快速进入到水溶液中，油进入到水溶液中并不是形成水包油的乳化液，而是浮在水面上。同时由于有助洗剂乙二醇丁醚的存在，金属表面不会因吸附表面活性剂而难以清洗干净，且助洗剂能进一步降低水、油和金属表面三者之间的界面张力，同时，乙二醇丁醚还可以起到增溶和防冻作用。因此，它还能在较低温度下使用，实际使用时的温度范围在 −5～100℃ 之间。

（2）本产品能在常温下将金属表面的油层除去 99% 以上，除油速度非常快。试验表明，在处理含防锈油的钢铁类金属表面时，每升除油液可以处理的表面积不低于 $50m^2$，因为其乳化极少，所以不会因为乳化原因而导致除油效果不好，甚至失效而排放掉。因此本产品的使用周期长，价格低廉，对环境污染小。

## 配方105　金属电声化快速除油除锈除垢清洗剂

**原料配比**

| 原料 | | 配比(质量份) | | |
| --- | --- | --- | --- | --- |
| | | 1# | 2# | 3# |
| 主清洗剂 | 固体除锈剂 | 35 | — | — |
| | 氢氧化钠 | — | 60 | — |
| 螯合剂 | 葡萄糖酸钠 | — | 15 | — |
| | 三聚磷酸钠 | — | 10 | — |
| 助洗剂 | 磷酸三钠 | 7.5 | — | 15 |
| | 硫酸氢钠 | — | — | 2 |
| | 氨基磺酸 | 5 | — | — |
| | 硫酸钠 | — | 10 | — |
| 非离子表面活性剂烷基酚聚氧乙烯醚 | | 2 | 4 | 10 |
| 消泡剂二甲基硅酯 | | 0.5 | 1 | 3 |
| 水 | | 加至1000 | 加至1000 | 加至1000 |

**制备方法**　称取各组分原料（除去水），混合均匀置于清洗槽中，加入水500份，加热到50℃搅拌溶解，待清洗剂溶解之后再加水至1000份混合均匀得到清洗液。

**产品应用**　本品是一种金属电声化快速除油除锈除垢清洗剂。

快速除油除锈除垢清洗法：将上述的固体粉末状清洗剂配制成浓度为3%～20%的水溶液置于处理槽中，同时将清洗件与阴极连接，然后在其中导入电流及超声波进行清洗。

其中导入的电流可用18V以下的低压直流电或36V以下的交流电，电流密度为3～30A/dm²；导入超声波的声场频率为20～30kHz，超声波强度为0.3～1W/cm²。

采用本产品进行清洗时，可根据污垢的轻重情况，选择工艺条件，污垢较轻时选其下限，较重时选其上限，总之，在污垢状况相同时，上限工艺条件清洗速度快，下限工艺条件清洗速度较慢，一般清洗时间在0.5～5min。

**产品特性**　本产品集化学清洗、电解清洗、超声波清洗于一体，可以快速地同时除去金属表面的油脂、锈蚀物和水垢，并可根据金属基体的不同选用酸性、碱性、中性的清洗剂，如钢铁可采用酸性和碱性清洗剂，铝及铝合金可采用碱性清洗剂，锌和锌合金及精密钢铁工件可选用中性清洗剂，这样可最大限度地保证基体金属不受损伤，使用时不产生酸烟，减少废水排放，有利于环境保护。

## 配方106    金属镀锌件环保清洗剂

**原料配比**

| 原料 | 配比（质量份） | | | | |
|---|---|---|---|---|---|
| | 1# | 2# | 3# | 4# | 5# |
| 脂肪醇聚氧乙烯醚 | 15 | — | — | — | — |
| JFC渗透液 | — | 14 | 16 | 12 | 18 |
| 烷基酚聚氧乙烯醚 | 5 | — | — | — | — |
| OP-10乳化液 | — | 7 | 4 | 8 | 6 |
| 酒石酸 | 2 | 1 | 3 | 4 | 4 |
| 草酸 | 16 | 20 | 14 | 15 | 14 |
| 柠檬酸 | 3 | 2 | 3 | 4 | 3 |
| 甲苯硫脲 | 10 | — | — | — | — |
| 亚硝酸钠 | — | 9 | — | — | — |
| 硫脲 | — | — | 11 | — | — |
| Lan-826 | — | — | — | 7 | — |
| 氨基磺酸缓蚀剂 | — | — | — | — | 10 |
| 水 | 49 | 47 | 49 | 50 | 45 |

**制备方法**    将各组分混合均匀后，再搅拌20～30min后即可得成品。

**产品应用**    本品是一种金属镀锌件清洗剂。

在用此清洗液对金属镀锌件进行清洗时，只需将金属镀锌件浸入到该清洗液中，除垢反应达到要求的程度后，取出进行冲洗、干燥即可。

**产品特性**    本产品对金属镀锌件清洗时无须加温，在常温下即可使用，无刺激性气味，可反复添加、反复使用，减少排放，不会对环境、设备、操作人员带来伤害，绿色环保。

## 配方107    金属镀锌件清洗钝化剂

**原料配比**

| 原料 | 配比（质量份） | | | | |
|---|---|---|---|---|---|
| | 1# | 2# | 3# | 4# | 5# |
| JFC渗透液 | 15 | 14 | 16 | 12 | 18 |
| OP-10乳化液 | 5 | 7 | 4 | 8 | 6 |
| 草酸 | 12 | 10 | 15 | 15 | 10 |

续表

| 原料 | | 配比（质量份） | | | | |
|---|---|---|---|---|---|---|
| | | 1# | 2# | 3# | 4# | 5# |
| 柠檬酸 | | 3 | 4 | 2 | 3 | 3 |
| 缓蚀剂 | Lan-826 | 10 | — | — | — | — |
| | 氨基磺酸缓蚀剂 | — | 12 | — | — | — |
| | 柠檬酸缓蚀剂 | — | — | 13 | — | — |
| 金属络合剂 | 烷基咪唑啉季铵盐 | — | — | — | 7 | 9 |
| | EDTA（乙二胺四乙酸） | 7 | — | — | — | — |
| | 二巯基丙醇 | — | 8 | — | — | — |
| | 聚丙烯酸 | — | — | 4 | — | — |
| | 葡萄糖酸钠 | — | — | — | 10 | — |
| | 乙二胺四亚甲基磷酸钠 | — | — | — | — | 7 |
| 水 | | 48 | 45 | 46 | 45 | 47 |

**制备方法**　将各组分混合均匀后，再搅拌 20～30min 后即可得成品。

**产品应用**　本品是一种金属镀锌件清洗剂。

在用此清洗液对金属镀锌件进行清洗时，只需将金属镀锌件浸入到该清洗液中，除垢反应达到要求的程度后，取出进行冲洗、干燥即可。

**产品特性**　本产品能够在将金属镀锌件上的油渍、锈斑、污垢和氧化皮除去的同时，在工件的金属表面形成一层钝化膜，防止金属生锈，从而延长工件的使用寿命，并简化清洗程序。

## 配方108　金属防护清洗剂

**原料配比**

| 原料 | 配比（质量份） | | |
|---|---|---|---|
| | 1# | 2# | 3# |
| 磷酸二氢钠 | 4.2 | 3.4 | 5.2 |
| 葡萄糖酸钠 | 5.5 | 4.8 | 7.5 |
| 丙氨酸 | 5.7 | 4.5 | 6.7 |
| 丙烯酸 $C_1$～$C_4$ 烷基酯 | 4.5 | 3.5 | 5.5 |
| 碳化钙粉 | 1.7 | 1.3 | 2.3 |
| 阴离子表面活性剂 α-烯烃磺酸钠 | 8.9 | 8.5 | 9.2 |
| 稳定剂丁基羟基茴香醚 | 0.7 | 0.5 | 0.8 |

**制备方法**　将各组分原料混合均匀即可。

**产品应用**　本品主要用于清洗铝质设备。

**产品特性**　本产品为酸性清洗剂，但不腐蚀金属铝，清洗的同时可以在金属铝表面形成钝化膜，使清洗和钝化一步完成，保证清洗的均匀性，降低对金属材料表面的损伤；具有水溶性好、渗透力强、无污染等优点；清洗剂中选用的化学试剂，不污染环境，不易燃烧，属于非破坏臭氧层物质，清洗后的废液便于处理排放，能够满足环保三废排放要求。

## 配方109　金属防锈清洗剂

**原料配比**

| 原料 | 配比（质量份） | | |
|---|---|---|---|
| | 1# | 2# | 3# |
| 聚乙烯酰胺 | 15 | 16 | 17 |
| 十八烷基二甲基氯化铵 | 10 | 20 | 30 |
| 椰子油二乙醇酰胺 | 5 | 7.5 | 10 |
| 乙二醇 | 4 | 6 | 8 |
| 硅酸氢二钠 | 4 | 5 | 6 |
| 有机硅 | 8 | 9 | 10 |
| 乙酸钠 | 2 | 3 | 4 |
| 去离子水 | 50 | 60 | 70 |

**制备方法**　将各组分加入混合器中均匀搅拌，混合均匀后即得所述产品。

**产品应用**　本品是一种金属防锈清洗剂。

**产品特性**　本产品可以有效降低金属表面的细菌。

## 配方110　金属防锈长效清洗剂

**原料配比**

| 原料 | 配比（质量份） | | |
|---|---|---|---|
| | 1# | 2# | 3# |
| 苯甲酸 | 20 | 15 | 18 |
| 还原剂 | 6 | 3 | 6 |
| 磷酸三乙醇胺 | 10 | 15 | 12 |
| 吐温-80 | 4 | 10 | 8 |
| 钼酸钠 | 8 | 5 | 3 |

| 原料 | 配比（质量份） | | |
|---|---|---|---|
| | 1# | 2# | 3# |
| 硅酸钠 | 5 | 3 | 8 |
| 磷酸钠 | 3 | 5 | 6 |
| 三聚磷酸钠 | 10 | 4 | 10 |
| 杀菌剂 | 0.2 | 0.1 | 0.2 |
| 碳酸钠 | 加至 100 | 加至 100 | 加至 100 |

**制备方法**  将苯甲酸和还原剂混合加热至 78℃，反应 30min 左右，再冷却至常温，得到缓蚀剂；将缓蚀剂和表面活性剂混合后，采用喷淋的方法与其他助剂搅拌均匀。

**原料介绍**  缓蚀剂由苯甲酸与还原剂反应制成。表面活性剂为磷酸三乙醇胺和吐温-80。助洗剂为钠盐；包括钼酸钠、硅酸钠、碳酸钠、磷酸钠和三聚磷酸钠。缓蚀剂中的还原剂为乙醇、三乙醇胺和三乙醇酯的混合物。

**产品应用**  本品主要用于金属表面的处理。

**产品特性**  本产品的特点是生产工艺简单；成本低，包装运输和使用都很方便，对人体无毒无害，具有明显的防锈效果，防锈期为 168h 无锈蚀，使用期为三个月，存放期为一年。

## 配方111  金属防锈快速清洗剂

### 原料配比

| 原料 | 配比（质量份） | | |
|---|---|---|---|
| | 1# | 2# | 3# |
| 2,6-二叔丁基对甲酚 | 0.8 | 1.5 | 1.2 |
| 山梨醇单油酸酯 | 2 | 5 | 4 |
| 牛脂 | 3 | 7 | 5 |
| 消泡剂 | 0.5 | 1.2 | 0.9 |
| 水杨酸钠 | 10 | 15 | 13 |
| 硼酸钠 | 4 | 7 | 5.5 |
| 润滑剂 | 1 | 3 | 2 |
| 含氢硅油 | 6 | 10 | 8 |
| 异丁烯共聚物甲盐 | 3 | 5 | 4 |
| pH 调整剂 | 1.5 | 4 | 2.8 |

**制备方法** 将各组分原料混合均匀即可。

**产品应用** 本品是一种金属防锈清洗剂。

**产品特性** 本产品具有很好的清洗效果，能够快速地清洗金属表面的油污等，对金属有很好的保护作用，防止金属生锈。

## 配方112 金属腐蚀产物清洗剂

**原料配比**

| 原料 | 配比(质量份) |
| --- | --- |
| 络合剂乙二胺四乙酸二钠盐 | 10~15 |
| 助剂联氨($N_2H_4$) | 1 |
| 水 | 加至 100 |

**制备方法** 将各组分原料混合均匀即可。

**产品应用** 本品主要用作去除金属腐蚀产物的清洗剂。

使用方法：在用清洗剂清洗金属腐蚀产物时，使该清洗剂的温度保持在 90~100℃。

**产品特性**

（1）本产品克服了传统清洗剂清洗效率低及对设备材料造成腐蚀的缺点。采用本产品，对设备材料的腐蚀减小，测试表明其耐蚀性等级为 1 级；提高了对金属腐蚀产物的清洗效率＞（98％以上），清洗效果好且经济适用。

（2）本产品中的主试剂 EDTA 二钠盐是一种络合剂，清洗腐蚀产物时，该络合剂与金属离子发生络合反应，使腐蚀产物发生溶解，随着腐蚀产物的溶解，络合反应产生的氢氧化物使溶液 pH 值升高，使设备材料的腐蚀程度降低。在 pH 值为 8.5 以下时，络合溶解反应均能向右进行，这是由于此时溶液中氢氧根浓度尚低，而清洗剂主试剂 EDTA 二钠盐浓度较高。如果溶液 pH 值超过 9，加上清洗剂主试剂 EDTA 二钠盐的消耗，则可使最难溶的 $Fe(OH)_3$ 沉淀出来。为防止清洗中高价铁的沉淀，可以向溶液中加入清洗助剂联氨（$N_2H_4$）。清洗助剂联氨（$N_2H_4$）是一种还原剂，可将三价铁还原为二价铁。

## 配方113 金属高性能脱脂剂

**原料配比**

| 原料 | 配比(质量份) | | |
| --- | --- | --- | --- |
| | 1# | 2# | 3# |
| 烷基酚聚氧乙烯醚 | 3 | 5 | 4 |

续表

| 原料 | 配比（质量份） | | |
|---|---|---|---|
| | 1# | 2# | 3# |
| 二烷基苯磺酸钠 | 10 | 5 | 8 |
| 磷酸三钠 | 10 | 15 | 12 |
| 异丙醇 | 8 | 5 | 7 |
| 硅酸钠 | 10 | 20 | 15 |
| 水 | 40 | 30 | 35 |

**制备方法**　将各组分原料混合均匀即可。

**产品应用**　本品是一种金属高性能脱脂剂。

**产品特性**　本产品的优点是清洗性能优良且消泡性能好，清洗后残留少。

## 配方114　金属工件通用常温中性脱脂剂

**原料配比**

| 原料 | 配比（质量份） | |
|---|---|---|
| | 1# | 2# |
| 油酸 | 10 | 5 |
| 三乙醇胺 | 5 | 10 |
| 乙二醇单丁醚 | 8 | 6 |
| 浸泡脱脂除油专用表面活性剂 | 3 | 6 |
| 喷淋脱脂专用低泡表面活性剂 | 6 | 3 |
| 渗透剂 JFC | 1 | 2 |
| 水 | 加至100 | 加至100 |

**制备方法**　将计算称量的水加入到反应釜中，开动搅拌器，控制转速为120r/min，然后将计算称量的油酸、三乙醇胺、乙二醇单丁醚、浸泡脱脂除油专用表面活性剂、喷淋脱脂专用低泡表面活性剂、渗透剂 JFC 依次徐徐加入到反应釜中，边加入边搅拌，直至溶液呈透明液体，放料包装。

**原料介绍**　浸泡脱脂除油专用表面活性剂、喷淋脱脂专用低泡表面活性剂是深圳市启扬龙科技有限公司公开销售的产品，产品型号分别是 QYL-10F、QYL-23F。

**产品应用**　本品是一种成本低、操作简单、节省能源、脱脂效果好的钢、锌、铝、镁金属工件通用常温中性脱脂剂。

　　使用时，配制成5%～10%的工作液，常温下将金属工件浸泡3～6min，即可达到理想的脱脂效果。

**产品特性**　将金属工件在常温下于本产品中浸渍3～6min，即可达到理想的脱脂效果，钢、锌、铝、镁金属工件通用，具有操作简单、省时省力、节省能源、成本低、脱脂效果好等优点。

## 配方115　金属管件清洗剂

**原料配比**

| 原料 | 配比（质量份） | 原料 | 配比（质量份） |
|---|---|---|---|
| 十二烷基二甲基氧化胺 | 1.5 | 苯并三唑 | 2.1 |
| 葡萄糖酸 | 5.7 | 溴化钠 | 0.9 |
| 丙烯酸磺酸三元共聚物 | 1.8 | 烷基醇酰胺聚氧乙烷醚 | 0.3 |

**制备方法**　将各组分原料混合均匀即可。

**产品应用**　本品是一种金属管件清洗剂。

**产品特性**　本产品具有优异的清洗能力，防锈期长，泡沫少，使用寿命长。

## 配方116　金属加工清洗皂化液

**原料配比**

| 原料 | 配比（质量份） | 原料 | 配比（质量份） |
|---|---|---|---|
| N5号机械油 | 48 | 氧化锌 | 3 |
| N10号机械油 | 32 | 苯并三氮唑 | 8 |
| 石油磺酸钠 | 28 | 脂肪酸乙醇酯 | 0.5 |
| 磷酸 | 14 | 抗氧化剂 | 1.5 |
| 柠檬酸 | 0.3 | 酒精 | 12 |

**制备方法**　将各组分原料混合均匀即可。

**产品应用**　本品主要用作镀锌件、镀镍件、钢、铜、铸铁等的加工清洗皂化液。

**产品特性**　本产品适用于金属的加工，使用浓度为2%，用量少，对镀锌件、镀镍件、钢、铜、铸铁具有良好的防锈性能，且清洗性和润滑性较好。

## 配方117　金属碱性清洗剂

**原料配比**

| 原料 | 配比（质量份） | |
|---|---|---|
| | 1# | 2# |
| 氢氧化钾 | 0.6 | 0.5 |

续表

| 原料 | 配比(质量份) | |
| --- | --- | --- |
| | 1# | 2# |
| 水玻璃 | 5 | 4 |
| 碳酸钾 | 10 | 8 |
| 磷酸二氢钠 | 10 | 7 |
| 水 | 加至100 | 加至100 |

**制备方法** 将各组分混合均匀,按照常规颗粒制剂或片剂的制备方法制备。

**产品应用** 本品是一种金属碱性清洗剂。

**产品特性** 本产品使用效果好,配方合理,生产成本低。

## 配方118    金属件表面除油除锈清洗液

**原料配比**

| 原料 | 配比(质量份) | 原料 | | 配比(质量份) |
| --- | --- | --- | --- | --- |
| 水 | 80 | 稀土 | | 10 |
| 苦参碱 | 5 | 氧化铝微粉 | | 2 |
| 茶叶生物碱 | 5 | 碳纤维 | | 2 |
| 酒石酸 | 5 | 硬脂酸 | | 3 |
| 羟基乙酸 | 5 | 石墨烯 | | 2 |
| 尿素 | 5 | 腐殖酸 | 改性剂 | 0.5 |
| 羟丙基-$\beta$-环糊精 | 5 | 玉米淀粉 | | 5 |
| 十八醇 | 5 | 松香皂 | | 2 |
| 石墨烯 | 5 | 木质素磺酸钠 | | 1.5 |
| 改性剂 | 5 | 二氧化钛 | | 1.5 |
| | | 无水乙醇 | | 适量 |

**制备方法** 将各组分加入反应容器中,在80~90℃下搅拌30min即可。

**原料介绍** 所述改性剂制备工艺如下:

(1) 将稀土、氧化铝微粉及二氧化钛以无水乙醇为分散介质,其中物料与无水乙醇的质量比为1:15,在超声清洗机上超声分散1h;

(2) 把经超声分散的混合料放入尼龙球磨罐中,再加入硬脂酸、碳纤维、石墨烯及木质素磺酸钠,以玛瑙球为磨球,球料质量比为7:1,在转速为150r/min的条件下,连续球磨2h;

(3) 将球磨完毕的粉料连同玛瑙磨球一起倒入粉料盘中,在80℃下烘干,把烘干的粉料过筛，取出玛瑙磨球，进行研磨，直至无较大团聚为止，至此，混合粉料的制备完毕；

（4）将步骤（3）中的混合物料与腐殖酸、玉米淀粉及松香皂混合均匀，在50~70℃环境下低温烘烤2~3h，取出，研成粉，过90目筛即可。

**产品应用**　本品主要用作金属件表面除油、除锈的清洗溶液。

**产品特性**　本产品成本低，配制方法简单，安全环保，对油污较多、有锈迹的金属件，清洗效果好，产品质量能够得到保证。

## 配方119　金属件纳米转化膜处理前的脱脂剂

**原料配比**

| 原料 | 配比（质量份） | | | | | |
|---|---|---|---|---|---|---|
| | 1# | 2# | 3# | 4# | 5# | 6# |
| 水 | 20 | 70 | 45 | 40 | 60 | 50 |
| 纯碱 | 50 | 10 | 30 | 25 | 25 | 23 |
| 烷基糖苷 | 1 | 10 | 5 | 4 | 4 | 5 |
| 十二烷基脂肪醇聚氧乙烯醚 | 1 | 10 | 6 | 4 | 4 | 6 |
| 脂肪醇聚氧乙烯醚硫酸钠 | 5 | 0.1 | 2.5 | 4 | 4 | 3 |
| 脂肪酸甲酯磺酸钠 | 5 | 0.1 | 2.5 | 4 | 4 | 3 |
| JFC 渗透剂 | 0.1 | 1.5 | 0.8 | 1 | 1 | 1.2 |
| 螯合剂 | 0.1 | 1.5 | 0.8 | 0.5 | 0.5 | 0.8 |
| 水 | 加至100 | 加至100 | 加至100 | 加至100 | 加至100 | 加至100 |

**制备方法**

（1）在搅拌器中先加入水20~70份，在搅拌的同时依次加入纯碱、烷基糖苷、十二烷基脂肪醇聚氧乙烯醚、脂肪醇聚氧乙烯醚硫酸钠、脂肪酸甲酯磺酸钠、JFC渗透剂、螯合剂，再添加水至100份；继续搅拌10min，上述加入的物料成为混合均匀的脱脂剂。

（2）将步骤（1）制成的脱脂剂包装后置于温度为45~65℃的环境中备用。

**原料介绍**　烷基糖苷采用 $C_8$~$C_{10}$ 的烷基糖苷，或者 $C_{12}$~$C_{14}$ 的烷基糖苷，或者其混合物；螯合剂采用 EDTA 钠盐。

**产品应用**　本品是一种金属件表面处理的脱脂剂。

使用时，将该脱脂剂稀释至2%~5%溶液，处理温度为65℃，处理时间为3~10min，除油率可达98.5%以上，适用于金属件纳米转化膜处理前的清洗脱脂。

**产品特性**

（1）脱脂剂采用了高生物降解性表面活性剂，无毒，易于降解处理，对环境影响小；

（2）不含三聚磷酸钠和多聚磷酸钠等磷酸盐，无含磷废水及其后续废水处理，对环境无害；

（3）不含硅酸盐或偏硅酸盐，易于清洗；

（4）使用本脱脂剂，可满足金属件涂装前纳米转化膜处理前的表面清洁度技术要求。

## 配方120　金属壳体脱脂清洗剂

### 原料配比

| 原料 | 配比（质量份） | 原料 | 配比（质量份） |
|---|---|---|---|
| 甲基环氧氯丙烷 | 0.3 | 聚羧酸 | 2.4 |
| 磷酸 | 1.8 | 四丁基溴化磷 | 3.1 |
| 硫基苯并噻唑 | 1.3 | 聚甘油单硬脂酸酯 | 0.7 |

**制备方法**　将各组分原料混合均匀即可。

**产品应用**　本品是一种金属壳体脱脂清洗剂。

**产品特性**　本产品具有优异的清洗能力，防锈期长，泡沫少，使用寿命长。

## 配方121　金属快速除垢清洗剂

### 原料配比

| 原料 | 配比（质量份） | | | |
|---|---|---|---|---|
| | 1# | 2# | 3# | 4# |
| 固体除锈剂 | 30 | — | — | — |
| 氢氧化钠 | — | 55 | — | 60 |
| 葡萄糖酸钠 | — | 15 | — | 15 |
| 磷酸三钠 | 10 | — | 20 | — |
| 三聚磷酸钠 | — | 15 | — | 10 |
| 硫酸钠 | — | 10 | 60 | 9 |
| 硫酸氢钠 | — | — | 10 | — |
| 氨基磺酸 | 5 | — | — | — |
| 烷基酚聚氧乙烯醚 | 4 | 4 | 7 | 5 |
| 二甲基硅酯 | 1 | 1 | 3 | 1 |

**制备方法**　将各组分原料混合均匀即可。

**产品应用**　本品主要用作金属快速除垢清洗剂。

快速除垢清洗方法：将清洗剂配制成浓度为10％～20％的水溶液置于清洗槽中；将清洗件与阴极连接，然后在其中导入电流及超声波进行清洗。

导入的电流为18V以下的低压直流电或36V以下的交流电，电流密度为5～30A/dm$^2$；导入的超声波频率为30～50kHz，超声波强度为0.5～2W/cm$^2$，清洗时间为0.5～5min。采用本品进行清洗时，可根据污垢的轻重情况，选择工艺条件，污垢较轻时选其下限，较重时选其上限，总之，在污垢状况相同时，上限工艺条件清洗速度快，下限工艺条件清洗速度较慢，一般清洗时间为0.5～5min。

**产品特性**

(1) 本产品清洗方法集化学清洗、电解清洗、超声波清洗于一体，可以快速地同时除去金属表面的油脂、锈蚀物和水垢，并可根据金属基体的不同选用酸性、碱性、中性的清洗剂，如钢铁可采用酸性和碱性清洗剂，铝及铝合金可采用碱性清洗剂，锌和锌合金及精密钢铁工件可选用中性清洗剂，这样可最大限度地保证基体金属不受损伤，使用时不产生酸烟，减少废水排放，有利于环境保护。

(2) 本产品适用于不同金属表面，因清洗剂配制的初始状态为固体粉末状，故其包装、运输方便。

(3) 本产品清洗剂制作方法简便，使用安全，无污染，有利于环境的保护。

(4) 采用本产品对钢件的油脂、锈蚀物和水垢清洗比常规单独的除油、除锈、除垢的方法可减少工序，缩短3～10倍清洗时间，同时提高钢件表面清洗质量，有利于钢件的后处理。

## 配方122　金属零部件清洗防锈溶剂型防锈清洗剂

**原料配比**

| 原料 | 配比(质量份) | | | | | |
|---|---|---|---|---|---|---|
| | 1# | 2# | 3# | 4# | 5# | 6# |
| 二氯甲烷 | 80 | 60 | 52 | 40 | 60 | 58 |
| 四氯乙烯 | 17.7 | 25 | 35 | 40 | 20 | 10 |
| 高纯碳氢溶剂 | 2 | 5.9 | 8 | 10 | 5 | 2 |
| 山梨醇酐脂肪酸酯 | 0.1 | 0.1 | 2 | 3 | 5 | 10 |
| 石油磺酸钠 | 0.1 | 6 | 2 | 4 | 5 | 10 |
| 石油磺酸钡 | 0.1 | 3 | 1 | 3 | 5 | 10 |

**制备方法**

(1) 在常温下，将高纯碳氢溶剂投入反应釜中，开启搅拌，转速为500～

800r/min；

(2) 在常温下，将石油磺酸钠、石油磺酸钡投入反应釜，盖上入孔，搅拌升温至 68～72℃，保温搅拌 2h，转速为 500～800r/min；

(3) 降温至 38～42℃，将山梨醇酐脂肪酸酯投入反应釜内，保温搅拌 2h，转速为 500～800r/min；

(4) 降温至 18～22℃，将二氯甲烷、四氯乙烯分别用泵打入反应釜内，搅拌 15min，转速为 500～800r/min；

(5) 在温度 18～22℃下静置 24h 后，通过 500 目过滤网出料。

**原料介绍**　所述山梨醇酐脂肪酸酯为司盘-20、司盘-40、司盘-60、司盘-65、司盘-80、司盘-83、司盘-85 中一种或两种以上的混合。

**产品应用**　本品主要用于金属及其零部件、机床、机械设备、电动工具等清洗防锈，特别适用于大型机械设备制造过程中，工序间清洗防锈的溶剂型防锈清洗。

本产品使用方法如下：对于一般小零件，可采用浸泡的方法，浸泡数分钟后捞出，自然干燥即可，如使用超声波清洗，效果更好；对于大型零部件，可采用喷枪刷洗的方法，自然干燥。

**产品特性**

(1) 本产品选用了无闪点的二氯甲烷、四氯乙烯为主要组分，使该溶剂型防锈清洗剂，在通常情况下不易燃烧。为了使该清洗剂具有中短期防锈能力，选用了高纯碳氢溶剂与山梨醇酐脂肪酸酯、石油磺酸钠、石油磺酸钡复配，满足不同工序间防锈要求，又不影响工件的制作精度。

(2) 本产品渗透能力强，能轻松将工件表面的锈污、灰尘、金属屑清洗干净，同时在工件表面留下一层致密、超薄防锈油膜，给予工件短期的防锈保护，省去了工件除锈、上防锈油等一个工件多次清洗的烦恼。本品简化了生产工艺，节省了财力、人力和生产成本。

## 配方123　金属零部件清洗剂

**原料配比**

| 原料 | 配比(质量份) | | |
|---|---|---|---|
| | 1# | 2# | 3# |
| 阴离子表面活性剂醇醚羧酸盐 | 32 | 33 | 34 |
| 非离子表面活性剂 $C_{12}$～$C_{14}$ 醇聚氧乙烯醚 | 26 | 27 | 28 |
| 无机碱草酸钠 | 4 | 3 | 4 |
| 助洗剂聚天冬氨酸钠 | 4 | 4 | 3 |
| 缓蚀剂十八烷胺 | 0.5 | 0.8 | 1.0 |

| 原料 | 配比（质量份） | | |
|---|---|---|---|
| | 1# | 2# | 3# |
| 链状聚乙二醇 | 10 | 9 | 8 |
| 水 | 加至100 | 加至100 | 加至100 |

**制备方法**　先将链状聚乙二醇加入水中并搅拌均匀混合，然后室温下将无机碱加入链状聚乙二醇和水的混合液中，无机碱完全溶解后，室温下依次加入阴离子表面活性剂、非离子表面活性剂、助洗剂、缓蚀剂，搅拌均匀即得到所述的金属零部件清洗剂。

**原料介绍**　阴离子表面活性剂为醇醚羧酸盐；该类表面活性剂属于阴离子表面活性剂，实际上兼具阴离子和非离子表面活性剂的特点，该类表面活性剂具有优良的增溶性、去污性、润湿性、乳化性、分散性和钙皂分散力，而且耐酸碱、耐高温、耐硬水，可以在广泛的 pH 值条件下使用，并且易生物降解、无毒、使用安全。

非离子表面活性剂为 $C_{12} \sim C_{14}$ 醇聚氧乙烯醚。该类表面活性剂具优良的低温洗涤性能和增溶性、分散性、润湿性，而且黏度低，冻点低，几乎无凝胶现象，具有良好的消泡性、生物降解性，对皮肤的刺激性低，是一种环保、无公害的非离子表面活性剂。

助洗剂为聚天冬氨酸钠。

无机碱为草酸钠，草酸钠碱性较为温和，对皮肤的刺激性小。

缓蚀剂为十八烷胺。加入缓蚀剂可以有效地保护金属材料，可以防止或减缓金属材料腐蚀。

链状聚乙二醇无毒、无刺激性，具有良好的水溶性，并与许多有机物组分有良好的相溶性，它们具有优良的润滑性、保湿性、分散性，加入到清洗剂中使得清洗剂混合更加均匀。

**产品应用**　本品是一种金属零部件清洗剂。

本产品在使用时需用水稀释 10～20 倍，然后将要清洗的金属零部件浸入到洗液中室温浸泡 30～60min，然后清洗，清洗后再水洗一次，最后烘干即可。

**产品特性**

（1）本产品不含磷，也不含 APEO 类表面活性剂，采用环保型的表面活性剂使得清洗剂整体而言绿色、环保无害，在低温、常温下具有较强的去污能力，是一种很好的金属零部件清洗剂。

（2）本产品用环保型的表面活性剂取代以往的 APEO 类表面活性剂，使用的助洗剂也是无磷助剂，这样本产品的无磷金属清洗剂环保、无污染并且清洗能力强。

## 配方124　金属零部件用清洗剂

**原料配比**

| 原料 | 配比（质量份） | | |
|---|---|---|---|
| | 1# | 2# | 3# |
| 聚氧乙烯 N-单乙醇油酰胺 | 4.8 | 4.3 | 5.6 |
| 脂肪醇聚氧乙烯醚硫酸钠 | 3.5 | 2.8 | 4.5 |
| 谷氨酸 | 6.8 | 5.6 | 7.8 |
| N-二甲基丙烯酰胺 | 4.4 | 3.5 | 5.4 |
| 酒石酸钠 | 6.5 | 5.5 | 7.4 |
| 金属离子螯合剂三聚磷酸钠 | 4.5 | 2.4 | 5.5 |
| 无机碱 | 5.5 | 3.3 | 6.5 |

**制备方法**　将各组分原料混合均匀即可。

**产品应用**　本品主要用于要求较高的金属零部件和发动机整机的清洗、除油。

**产品特性**　本产品由于各组分间产生了较好的协同作用和叠加效果，使得清洗剂不仅具有低的表面张力和高的清洁力，而且有极强的清洗、除油效果和防锈性能，对比试用效果与汽油、煤油清洗效果相仿，完全可以替代汽油、煤油用于要求较高的金属零部件和发动机整机的清洗、除油，从而节约了大量的汽油、煤油能源；对人体皮肤无刺激，使用安全可靠，工作环境干净无油雾，并且具有极强的消泡性能，尤其可用于高压清洗，可提高清洗效果。

## 配方125　金属零件清洗剂

**原料配比**

| 原料 | | 配比（质量份） | |
|---|---|---|---|
| | | 1# | 2# |
| 磷酸盐 | 磷酸三钠 | 0.5 | — |
| | 磷酸二氢钾 | — | 0.5 |
| 焦磷酸盐 | 焦磷酸钠 | 1 | — |
| | 焦磷酸钾 | — | 1 |
| pH 调节剂 | 氢氧化钠 | 0.5 | — |
| | 氢氧化钾 | — | 0.5 |
| 表面活性剂 | 聚氧乙烯脂肪醇 | 45 | 25 |
| 水 | | 53 | 73 |

**制备方法**　将金属腐蚀剂磷酸盐和焦磷酸盐加入水中，在低于80℃的温度下加热，使金属腐蚀剂磷酸盐和焦磷酸盐完全溶解，然后加入pH调节剂和表面活性剂，搅拌均匀。

**产品应用**　本品主要用作精密金属零件的清洗剂。

**产品特性**

（1）本产品的工作原理：利用磷酸盐和焦磷酸盐，在碱性环境下腐蚀零件，加入表面活性剂可以降低表面张力、增强质量传递、去除杂质，从而提高腐蚀的均匀性，增加腐蚀速率，去除腐蚀后的杂质，达到清洁精密零件，尤其是铁合金表面的目的。

（2）清洗效果明显，可以作为金属零件清洗剂的主要成分。

（3）采用适当的无机物作为金属零件清洗剂的主要成分，克服了传统金属零件清洗剂破坏臭氧层的缺点。

（4）零件腐蚀液pH值在碱性范围内，对精密零件设备没有腐蚀作用，使得在工业生产上大规模应用成为可能。

（5）清洗剂无泡沫，无刺激气味，使用安全。

（6）清洗剂组成部分都是常见工业化产品，来源广泛易得，工业化成本优势明显。

（7）将经过抛光而未清洗的精密零件放入3％的该零件腐蚀液中，于40℃下在超声机内超声5min，超声波的设定频率为28kHz。将零件取出后用吹风机干燥，用色灯观察，无油污、颗粒等，清洗效果良好。

## 配方126　金属零件高效清洗剂

**原料配比**

| 原料 | 配比（质量份） | | |
| --- | --- | --- | --- |
| | 1# | 2# | 3# |
| 椰子油乙二醇酰胺 | 5.5 | 4.3 | 6.5 |
| 甘油单癸酸酯 | 3.3 | 2.5 | 4.3 |
| 氨三乙酸 | 2.8 | 2.4 | 3.5 |
| 磷酸锌 | 7.8 | 7.2 | 8.5 |
| 油酰肌氨酸十八胺 | 3.5 | 2.2 | 4.5 |
| 表面活性剂纤维素醚 | 3.9 | 3.5 | 4.3 |
| 水 | 1.8 | 1.3 | 3.4 |
| 2-甲基丙磺酸 | 5.2 | 4.5 | 6.2 |

**制备方法**　将各组分原料混合均匀即可。

**产品应用**　本品主要用作金属零件的清洗剂。

**产品特性**　本产品清洗效果明显；采用适当的无机物作为金属零件清洗剂的主要成分，克服了传统金属零件清洗剂破坏臭氧层的缺点；零件腐蚀液 pH 值在碱性范围内，对精密零件设备没有腐蚀作用，使得在工业生产上大规模应用成为可能；清洗剂无泡沫，无刺激气味，使用安全；清洗剂组成部分都是常见工业化产品，来源广泛易得，工业化成本低。

## 配方127　金属零件防蚀清洗剂

原料配比

| 原料 | 配比（质量份） | | |
| --- | --- | --- | --- |
| | 1# | 2# | 3# |
| 三聚磷酸钠 | 20 | 25 | 30 |
| 乙醇胺 | 15 | 18 | 20 |
| 环氧乙烷 | 5 | 8 | 10 |
| 脂肪醇聚氧乙烯醚 | 5 | 6 | 10 |
| 柠檬酸钠 | 3 | 5 | 8 |
| 氯化钠 | 3 | 5 | 8 |
| 羧甲基纤维素 | 1 | 1.5 | 3 |
| 硬脂酸钙 | 0.1 | 0.5 | 1 |
| 亚硝酸钠 | 0.2 | 1 | 2 |
| 甘油 | 0.5 | 1 | 2 |
| 水 | 15 | 20 | 30 |

**制备方法**　将各组分原料混合均匀即可。

**产品应用**　本品是一种金属零件清洗剂。

**产品特性**　本清洗剂清洗效果明显，对零件设备没有腐蚀性，具有很强的渗透能力，能迅速溶解、清除附着于金属零配件表面的各种污垢和杂质，有效地保障金属的加工精度，同时对环境没有污染，避免了安全隐患，降低了生产成本。

## 配方128　金属零件用抗静电清洗剂

原料配比

| 原料 | 配比（质量份） | | |
| --- | --- | --- | --- |
| | 1# | 2# | 3# |
| 水 | 30 | 35 | 40 |
| 脂肪酸蔗糖酯 | 15 | 27.5 | 20 |

续表

| 原料 | 配比(质量份) | | |
|---|---|---|---|
| | 1# | 2# | 3# |
| 羧甲基纤维素 | 1 | 1.5 | 2 |
| 聚乙二醇单硬脂基醚 | 6 | 7 | 8 |
| 葡萄糖酸钠 | 8 | 9 | 10 |
| 柠檬酸钠 | 8 | 9 | 10 |
| 三乙醇胺 | 4 | 6 | 8 |
| 丙二醇 | 3 | 4 | 5 |

**制备方法**　将各组分原料混合均匀即可。

**产品应用**　本品是一种金属零件用抗静电清洗剂。

**产品特性**　本产品能显著降低油污和水乳液的稳定性，去污能力强，适用于金属表面的清洗。

## 配方129　金属零件用清洗剂

**原料配比**

| 原料 | 配比(质量份) | | |
|---|---|---|---|
| | 1# | 2# | 3# |
| 3,3-二甲基戊烷 | 11 | 10 | 12 |
| 表面抑制剂 | 12 | 9 | 13 |
| 氢氧化钠 | 8 | 5 | 10 |
| 红矾钠 | 7 | 5 | 10 |
| 水 | 8 | 7 | 9 |
| 乙二醇硬脂酸双酯 | 2.5 | 2 | 3 |
| 油酸酰胺 | 2 | 1.5 | 3 |
| 疏水改性碱溶胀型增稠剂 | 1.5 | 1 | 2 |

**制备方法**　将各原料在常温下混合均匀即可。

**产品应用**　本品是一种金属零件用清洗剂。

**产品特性**　本产品不含对人体和环境有害的亚硝酸盐，因此使用后的废弃液只需要将其pH调节到中性，即可以直接排放，符合污水排放标准，不会引起环境污染。本产品配方科学合理，生产工艺简单，不需要特殊设备，仅需要将上述原料在常温下进行混合即可；其清洗能力强，清洗时间短，节省人力和工时，提高工作效率，且具有除锈和防锈功效；该清洗剂呈碱性，对设备的腐蚀性较低，使用安全可靠，并有利于降低设备成本；清洗剂为水溶性液体，清洗后的废液便于处理排放，符合环境保护要求。

## 配方130　金属零件专用清洗剂

**原料配比**

| 原料 | 配比（质量份） | | | | |
|---|---|---|---|---|---|
| | 1# | 2# | 3# | 4# | 5# |
| 椰子油乙二醇酰胺 | 3 | 4 | 5 | 6 | 8 |
| 甘油单癸酸酯 | 4 | 5 | 8 | 9 | 12 |
| 油酰肌氨酸十八胺 | 3 | 4 | 6 | 8 | 10 |
| 2-甲基丙磺酸 | 4 | 5 | 7 | 8 | 9 |
| 乙二醇烷基醚 | 5 | 6 | 9 | 10 | 12 |
| 偏硅酸钠 | 2 | 3 | 5 | 7 | 8 |
| 羟基乙酸钠 | 1 | 2 | 4 | 6 | 7 |
| 硬脂酸锌 | 2 | 4 | 6 | 8 | 10 |
| 二乙基二烯丙基氯化铵 | 3 | 5 | 7 | 9 | 12 |
| 六甲基四胺 | 4 | 5 | 8 | 9 | 10 |
| 丙烯酸酯聚合物 | 3 | 4 | 6 | 8 | 9 |
| 水 | 6 | 8 | 15 | 18 | 20 |

**制备方法**

（1）将椰子油乙二醇酰胺、甘油单癸酸酯、油酰肌氨酸十八胺、2-甲基丙磺酸、乙二醇烷基醚和水倒入搅拌釜中，搅拌均匀，然后将搅拌釜加热至100～120℃后，加入偏硅酸钠和羟基乙酸钠，搅拌均匀，冷却至室温得混合物Ⅰ；搅拌釜的真空度为-0.1～-0.08MPa。

（2）将硬脂酸锌、二乙基二烯丙基氯化铵、六甲基四胺、丙烯酸酯聚合物倒入搅拌釜中，然后将搅拌釜加热至80～100℃后，冷却至室温得混合物Ⅱ；搅拌釜的真空度为-0.1～-0.08MPa。

（3）将混合物Ⅰ和混合物Ⅱ混合，加热至70～90℃，保温2～8h后，冷却至室温，得清洗剂。

**产品应用**　本品是一种金属零件专用清洗剂。

**产品特性**　本产品具有极强的清洗能力和较长的缓蚀周期，无残留，不造成变色，不产生腐蚀斑点等，且环保低泡，不含磷、亚硝酸钠等物质，其废液处理容易，不会对环境造成污染。

## 配方131　金属零件用强力清洗剂

**原料配比**

| 原料 | 配比（质量份） | | |
|---|---|---|---|
| | 1# | 2# | 3# |
| 亚硝酸钠 | 6.7 | 5.2 | 8.7 |
| 三聚磷酸钾 | 4.3 | 2.5 | 5.3 |
| 氢氧化钠 | 4.3 | 2.7 | 7.3 |
| 乙二醇甲醚 | 6.2 | 5.2 | 8.3 |
| 柠檬酸钠 | 4.8 | 4.2 | 5.3 |
| 氨基苯磺酰胺 | 5.7 | 5.1 | 6.3 |
| 水 | 11 | 10 | 12 |

**制备方法**　将各组分原料混合均匀即可。

**产品应用**　本品是一种金属零件用清洗剂。

**产品特性**　本产品具有强力渗透能力，能渗透到清洗物底层，能迅速溶解、清除附着于金属零配件表面的各种污垢和杂质，清洗时无再沉积现象，清洗过程对金属表面无腐蚀、无损伤，清洗速度快，清洗后金属表面洁净、光亮，金属表面质量好，能有效保障金属的加工精度。

## 配方132　金属铝材料清洗剂

**原料配比**

| 原料 | | 配比（质量份） | | | | | |
|---|---|---|---|---|---|---|---|
| | | 1# | 2# | 3# | 4# | 5# | 6# |
| 磷酸盐 | 三聚磷酸钠 | 10 | — | — | 7 | — | — |
| | 磷酸钠 | — | 6 | — | — | 9 | — |
| | 二磷酸钠 | — | — | 6 | — | — | 9 |
| 硅酸盐 | 硅酸钠 | 3 | — | 5 | — | — | — |
| | 硅酸钾 | — | 10 | — | — | — | 4 |
| | 无水硅酸钠 | — | — | — | 6 | 3 | — |
| 表面活性剂 | 聚合度为20的脂肪醇聚氧乙烯醚 | 5 | 5 | — | 6 | 5 | — |
| | 聚合度为40的脂肪醇聚氧乙烯醚 | — | — | 5 | — | — | 6 |
| pH调节剂 | 氢氧化钾 | 2 | — | — | 4 | — | — |
| | 氢氧化钠 | — | — | 3 | — | — | 3 |
| | 氨水 | — | 3 | — | — | 3 | — |
| 水 | | 加至100 | 加至100 | 加至100 | 加至100 | 加至100 | 加至100 |

**制备方法**　按照比例在室温下依次将磷酸盐、硅酸盐、表面活性剂、pH 调节剂加入到水中，搅拌混合均匀，制成为清洗剂成品。

**产品应用**　本品是一种水基型的金属铝材料清洗剂。

**产品特性**

（1）本产品配方科学合理，生产工艺简单，不需要特殊设备，仅需要将上述原料在常温下进行混合即可；清洗能力强，清洗时间短，节省人力和工时，提高工作效率，且具有除锈和防锈功效。该清洗剂呈碱性，对设备的腐蚀性较低，使用安全可靠，并有利于降低设备成本；该清洗剂为水溶性液体，清洗后的废液便于处理排放，符合环境保护要求。

（2）本产品由于不含磷酸盐，且不含有对人体和环境有害的亚硝酸盐，因此使用后的废弃液只需要将其 pH 调节到中性，即可以直接排放，符合污水排放标准，不会引起环境污染。

（3）本产品中含有的表面活性剂能够使铝材料经过清洗后在表面形成致密的保护膜，从而使清洗后的零件具有防锈的功能。

## 配方133　金属模具超声波清洗除锈剂

**原料配比**

| 原料 | 配比（质量份） | | |
| --- | --- | --- | --- |
| | 1# | 2# | 3# |
| 磷酸 | 30 | 8 | 20 |
| 常温钢铁表面处理剂 | 6 | 25 | 15 |
| 柠檬酸 | 1 | 4 | 2 |
| 酒石酸 | 1 | 5 | 3 |
| 植酸 | 1 | 4 | 2 |
| 聚乙二醇 | 1 | 8 | 5 |
| JFC | 1 | 3 | 2 |
| 乙二醇单丁醚 | 1 | 6 | 4 |
| 水 | 加至 100 | 加至 100 | 加至 100 |

**制备方法**　首先向不锈钢反应釜中加入计算量的水，启动搅拌器，控制转速为 40～60r/min，然后分别取计算量的磷酸、常温钢铁表面处理剂、柠檬酸、酒石酸、植酸、聚乙二醇、JFC 以及乙二醇单丁醚，并依次徐徐加入到反应釜中，边加入边搅拌直到溶液成为浅绿色透明状液体。

**产品应用**　本品是一种不腐蚀超声波清洗设备，可迅速彻底除去金属模具表面锈蚀并同时生成紧密完整的钝化膜，避免二次氧化的金属模具超声波清洗除锈剂。

按照以下工艺流程对金属模具进行除锈处理：

（1）超声波预清洗除锈（采用本产品按 10％配制工作液，50～60℃，2～3min）；

（2）超声波主清洗除锈（采用本产品按 30％配制工作液，50～60℃，3～4min）；

（3）超声波漂洗（流动水，pH≥6，常温 1～2min）；

（4）综合防锈处理；

（5）沥干；

（6）下架保存。

**产品特性**　本产品中不含盐酸、硫酸或草酸等强腐蚀性酸，所选择的助剂、缓蚀剂等匹配合理，具有最佳的有效酸洗液浓度、助剂强化作用、表面张力、黏度系数及在超声波设备中的蒸气压等，即可避免腐蚀超声波不锈钢清洗设备，又可迅速、彻底除去金属模具表面锈蚀并同时在其表面生成紧密完整的钝化膜，可避免在进行超声波漂洗之前表面发生二次氧化。经本产品清洗除锈的金属模具只要采用现有的综合防锈处理即可达到三个月的防锈期。

## 配方134　金属配件用清洗剂

**原料配比**

| 原料 | 配比（质量份） | | |
| --- | --- | --- | --- |
| | 1# | 2# | 3# |
| 壬基酚聚氧乙烯醚 | 6.7 | 5.2 | 8.7 |
| 十二烷基二甲基-2-苯氧基乙基溴化铵 | 4.3 | 2.5 | 5.3 |
| 己二胺四亚甲基膦酸 | 4.3 | 2.7 | 7.3 |
| 阴离子表面活性剂木质素磺酸盐 | 6.2 | 5.2 | 8.3 |
| 油脂剂 | 4.8 | 4.2 | 5.3 |
| 氨基苯磺酰胺 | 5.7 | 5.1 | 6.3 |
| 仲烷基磺酸钠 | 3.8 | 3.2 | 4.5 |
| 水 | 11 | 10 | 12 |

**制备方法**　将各组分原料混合均匀即可。

**产品应用**　本品是一种金属配件用清洗剂。

**产品特性**　本产品具有强力渗透能力，能渗透到清洗物底层，能迅速溶解、清除附着于金属零配件表面的各种污垢和杂质，清洗时无再沉积现象，清洗过程对金属表面无腐蚀、无损伤，清洗速度快，清洗后金属表面洁净、光亮，金属表面质量好，能有效保障金属的加工精度。

## 配方135　金属器械清洗剂

**原料配比**

| 原料 | 配比（质量份） | | |
|---|---|---|---|
| | 1# | 2# | 3# |
| 焦磷酸盐 | 1.05 | 5.51 | 5.6 |
| 乙二胺四乙酸钠 | 3 | 8 | 6.5 |
| 对甲苯磺酸钠 | 7 | 0.55 | 2.3 |
| 尿素 | 0.5 | 2.32 | 0.6 |
| 脂肪醇聚氧乙烯醚盐 | 5 | 1.64 | 7.5 |
| 脂肪醇聚氧乙烯醚琥珀酸酯磺酸盐 | 1 | 8.4 | 5 |
| 脂肪醇聚氧乙烯醚磺酸盐 | 3 | 0.5 | 1 |
| 脂肪醇聚氧乙烯醚 | 1 | 1.65 | 6.35 |
| 脂肪酸二乙醇胺盐 | 1 | 6.35 | 2.5 |
| 壬基酚聚氧乙烯醚 | 3 | 10.15 | 6.5 |
| 辛基酚聚氧乙烯醚 | 0.2 | 3.55 | 2 |
| 二乙二醇单乙醚 | 0.7 | 1.05 | 4.5 |
| 苯并三氮唑 | 0.1 | 5.2 | 3 |
| 正丁醇 | 5.4 | 6.5 | 0.5 |
| 消泡剂 | 7.0 | 0.1 | 0.8 |
| 氢氧化钾 | 1 | 0.5 | 0.01 |
| 水 | 加至100 | 加至100 | 加至100 |

**制备方法**　将各组分混合均匀即可。

**原料介绍**　本品用具有强力洗涤脱脂作用的表面活性剂为主要成分，选用的表面活性剂有非离子型、阴离子型、两性型等，主要有脂肪醇聚氧乙烯醚盐、脂肪醇聚氧乙烯醚琥珀酸酯磺酸盐、脂肪醇聚氧乙烯醚磺酸盐、脂肪醇聚氧乙烯醚、脂肪酸二乙醇胺盐、壬基酚聚氧乙烯醚、辛基酚聚氧乙烯醚。考虑金属器材表面的特殊性，在配方设计时添加了缓蚀剂、渗透剂、螯合剂和便于漂洗的水溶助长剂以及抗再沉积剂等。

**产品应用**　本品主要用于铜材、铝材、不锈钢及其合金等精密器械的清洗，使用温度为50～80℃。

**产品特性**　本品清洗性能超过三氯乙烯，为弱碱性，对人体无毒无害，不腐蚀金属，经简单处理即可达标排放标准，易生化降解，完全可以替代三氯乙烯。

## 配方136　金属铅表面的清洗剂

**原料配比**

| 原料 | | 配比（质量份） | | | | | |
|---|---|---|---|---|---|---|---|
| | | 1# | 2# | 3# | 4# | 5# | 6# |
| 碱性脱硫剂 | NaOH | 15 | 15 | — | 25 | — | 25 |
| | KOH | — | — | 20 | — | 30 | — |
| 氧化铅助溶剂 | 木糖醇 | 15 | — | — | 3 | 10 | 2 |
| | 葡萄糖酸钠 | — | 10 | — | 5 | — | — |
| | 山梨醇 | — | — | 12 | 2 | 5 | — |
| 氧化铅助络合剂 | 氨三乙酸钠 | 5 | — | — | 1 | 2 | — |
| | 酒石酸 | — | 2 | — | 1 | — | — |
| | 乙二胺四乙酸二钠 | — | — | 5 | 1 | 0.5 | 0.5 |
| 铅缓蚀剂 | 苯并三氮唑 | 0.05 | — | — | — | — | — |
| | 六亚甲基四胺 | — | 3 | 2 | — | — | 0.5 |
| | 十二烷基磺酸钠 | — | — | — | 1 | 0.5 | — |
| 水 | | 加至100 | 加至100 | 加至100 | 加至100 | 加至100 | 加至100 |

**制备方法**　按照比例将各组分混合，进行搅拌溶解，使其形成浓度均匀的清洗剂。

**产品应用**　本品主要用于铅或者铅合金材质构成的元器件，尤其是铅酸电池的极耳和汇流条的表面清洗。

该清洗剂的清洗方法：首先按照清洗剂的配比将上述四类物质（除去水）经过搅拌溶解在水中，得到浓度均一的混合溶液，然后将待清洗的铅材料（如待焊接的铅酸电池极耳）浸泡在流动的清洗剂溶液中，保持溶液温度为20～85℃之间，搅拌速度为30～300r/min，保持浸泡时间为1～10min，优选0.5～3min，此时铅材料表面的氧化铅和硫酸铅迅速地溶解在清洗剂中，得到表面清洁的铅材料，随后用清水清洗，在除去铅材料表面残留的碱液后，自然风干后得到表面洁净的铅材料。

**产品特性**　本产品可以直接在室温或者温热条件下快速清洗铅酸电池极耳表面的氧化铅和硫酸铅，浸泡、清洗、溶解时间仅有0.5～3min，这避免了现有铅酸电池生产过程需要烦琐的打磨工艺，大幅度降低了打磨过程铅粉尘的排放，提高了操作员工的环境质量，从而具有显著的环境价值。是一种铅酸电池生产过程的极耳清洗液。

## 配方137　金属清洗剂

**原料配比**

| 原料 | 配比(质量份) 1# | 2# | 3# |
|---|---|---|---|
| 油酸 | 5.0 | 8.0 | 4.0 |
| 氢氧化钠 | 0.85 | 0.5 | 1.1 |
| 壬基酚聚氧乙烯醚(TX-10) | 15.0 | — | — |
| 脂肪醇聚氧乙烯醚(AE09) | — | 12.0 | 10.0 |
| 聚醚61 | 0.6 | 0.9 | 0.5 |
| 亚硝酸钠 | 0.1 | 0.5 | 0.3 |
| 钼酸钠 | 0.2 | 0.8 | 0.5 |
| 苯并三氮唑 | 0.1 | 0.15 | 0.08 |
| 磷酸三钠 | 2.0 | 2.5 | 2.0 |
| 三乙醇胺 | 2.2 | 3.0 | 2.0 |
| 去离子水 | 加至100 | 加至100 | 加至100 |

**制备方法**

（1）在反应锅中，加入去离子水和氢氧化钠，加热溶解均匀；

（2）搅拌下加入油酸，保持温度在80℃左右1h使油酸中和完全；

（3）停止加热，加入表面活性剂和聚醚61，溶解分散均匀；

（4）加入磷酸三钠、亚硝酸钠、钼酸钠，溶解分散均匀；

（5）加入三乙醇胺和苯并三氮唑，搅拌分散均匀；

（6）制得金属清洗剂罐装。

**产品应用**　本品主要用于金属材料加工过程中的清洗与防锈。

**产品特性**　本产品泡沫少，可轻松地去除金属加工过程中的润滑油脂等难去除的污垢，同时金属材料清洗后暴露在空气中，能保持15～20天不生锈，对铁材、铜材、铝材、复合金属材料都有效，成本相对较低。

## 配方138　金属通用清洗剂

**原料配比**

| 原料 | | 配比(质量份) 1# | 2# | 3# | 4# |
|---|---|---|---|---|---|
| 溶剂 | 水 | 35 | — | — | — |
| | 乙醇 | — | 29.9 | — | — |
| | 丙酮 | — | — | 54 | — |
| | 乙醚 | — | — | — | 29.9 |

续表

| 原料 | | 配比(质量份) | | | |
| --- | --- | --- | --- | --- | --- |
| | | 1# | 2# | 3# | 4# |
| 阳离子表面活性剂 | Ber01226型季铵盐类阳离子表面活性剂 | 30 | — | — | — |
| | 烷基异喹啉 | — | 5 | — | — |
| | 烷基三甲基铵盐 | — | — | 10 | — |
| | 吡啶慃盐 | — | — | — | 20 |
| A92R | | 5 | 60 | 15 | 40 |
| 酒石酸 | | 30 | 5 | 20 | 10 |
| 缓蚀剂 | 缓蚀剂 ZK-80-E | 5 | 0.1 | — | — |
| | 缓蚀剂 CH-163 | — | — | 1 | — |
| | 缓蚀剂 Lan-826 | — | — | — | 0.1 |

**制备方法**　加入配方量的 $50\%\sim90\%$ 的溶剂,然后依次投入配方量的酒石酸、A92R、阳离子表面活性剂、缓蚀剂,最后加入配方量余量的溶剂。搅拌 5min 以上,制得金属清洗剂。

**原料介绍**　阳离子表面活性剂选自阿克苏诺贝尔公司生产的 Ber01226 型季铵盐类阳离子表面活性剂、烷基三甲基铵盐、二烷基二甲基铵盐、烷基二甲基苄基铵盐、吡啶慃盐、烷基异喹啉中的 1 种或至少 2 种的组合,特别优选为阿克苏诺贝尔公司生产的 Ber01226 型季铵盐类阳离子表面活性剂,它有优秀的深孔润湿、渗透、清洗能力,特别适合深孔冲压件的清洗。

A92R 是德国产的可生物降解的新一代络合剂,螯合能力是 EDTA 四钠的 1.5 倍,通过与阳离子表面活性剂、酒石酸的协同作用极大地提高了清洗除油效果,可通过市售得到。

缓蚀剂对清洗时金属的腐蚀起到抑制作用。所用缓蚀剂没有特别限制,能对所处理的金属起到缓蚀作用即可。例如咪唑啉类缓蚀剂、苯并三氮唑类缓蚀剂、无机缓蚀剂、胺类缓蚀剂、膦类缓蚀剂、醛类缓蚀剂、炔醇类缓蚀剂、杂环类缓蚀剂等。例如沈阳中科腐蚀控制工程技术中心生产的缓蚀剂 ZK-80-E,北京鸿浩清源科技有限责任公司生产的缓蚀剂 CH-163,上海艾希尔化工产品有限公司生产的缓蚀剂 Lan-826 等。

溶剂为水或有机溶剂,例如醇类、酮类、醚类等,特别优选为水。

可以在本产品所述金属清洗剂中添加其他成分,例如消泡剂、香料等。

**产品应用**　本品主要用作金属表面清洗除油的清洗剂。

使用方法为:金属清洗剂使用浓度为 $50\sim600$ mL/L,在 $25\sim70$ ℃下进行清洗。金属清洗剂的稀释采用溶剂为水或与水互溶的液体,例如醇类,特别优选为水。所述金属清洗剂的使用温度为 $25\sim70$ ℃,特别优选为 $25\sim60$ ℃。清洗的方法可以为浸渍、喷淋、超声等方法。

**产品特性**

（1）本产品适用金属范围广，例如钢、铜、锌、铝及其合金工件的电镀、涂装前除油，特适合于不锈钢工件清洗。且本产品的清洗剂可以在常温清洗，工作温度低，节约能源；并且在高温时也可以使用，使用温度范围宽。因此本产品的清洗剂适用性强。

（2）本产品对深孔金属零件，例如对不锈钢深孔冲压件，具有很好的清洗效果。由于深孔零件内部的清洗液不利于和外界的清洗液进行交换，因此导致深孔零件内的清洗效果极其不理想，虽然现有技术中通过搅拌、超声等方法，可以促进深孔零件内部的清洗，但是效果并不理想。本产品所采用的阳离子表面活性剂有优秀的深孔润湿、渗透、清洗能力，再配合 A92R 和酒石酸的共同作用，有效促进了清洗剂深孔清洗除油能力。

（3）用超声波清洗效果更佳。

（4）本产品中不采用强酸强碱性物质，因此避免了腐蚀基体。

（5）清洗后工件有光亮效果。

（6）本产品没有采用对环境和人体有害的物质，且各物质安全稳定不易燃，对环境和操作者无伤害，使用存放安全。

## 配方139　金属高效环保清洗剂

**原料配比**

| 原料 | | 配比（质量份） | | |
|---|---|---|---|---|
| | | 1# | 2# | 3# |
| C<sub>10</sub>脂肪醇乙氧基化合物 | XP-80 | 4 | — | — |
| | XP-90 | — | 6 | — |
| | XP-70 | — | — | 10 |
| 脂肪醇烷氧基化合物 | LF221 | 4 | 2 | — |
| | LF224 | — | — | 2 |
| 烷基酚聚氧乙烯醚 | TX-10 | 2 | — | — |
| | OP-10 | — | 6 | — |
| | NP-10 | — | — | 2 |
| 水基防锈剂 | | 6 | 8 | 10 |
| 水 | | 加至100 | 加至100 | 加至100 |

**制备方法**

（1）将水基防锈剂加入到已经按配方比例称量好的纯水中，加入过程中采用机械设备进行搅拌，直至加入的水基防锈剂完全溶解，成为水基防锈液；

（2）将 $C_{10}$ 脂肪醇乙氧基化合物、脂肪醇烷氧基化合物和烷基酚聚氧乙烯醚加入到上述的水基防锈液中，加入过程中采用机械设备进行搅拌，直至完全溶解，即为金属清洗剂。

**原料介绍**　$C_{10}$ 脂肪醇乙氧基化合物为 XP-70、XP-80、XP-90（以上均为巴斯大表面活性剂的商品名）中的一种或两种的混合物。

脂肪醇烷氧基化合物为 LF120、LF220、LF221、LF223、LF224（以上均为巴斯大表面活性剂的商品名）的一种或两种的混合物。

烷基酚聚氧乙烯醚为 OP-10、NP-10 和 TX-10 中的一种或者两种的混合物。

水基防锈剂是以质量分数如下的组分通过化学反应制备而成：有机醇胺 70%～91%；有机羧酸 9%～30%。

有机醇胺为一乙醇胺、二乙醇胺、三乙醇胺、正丙醇胺、一异丙醇胺、二异丙醇胺和三异丙醇胺中的一种或者两种的混合物。

有机羧酸为癸酸、癸二酸、十一元酸、十一元二酸、十二元酸以及十二元二酸中的一种或者两种的混合物。

水基防锈剂制作方式：将上述组分的有机醇胺和有机羧酸混合后，在搅拌下加热到 70～90℃，然后搅拌保温 2h。

**产品应用**　本品是一种通用性强的金属清洗剂。

**产品特性**　本产品具有优异的去污效果，且高效环保，无污染，不损伤金属表面，能够清洗各种冲压件产品，包括铝制品、铜制品、镀锌产品以及马口铁，是一种环保型的适合金属表面清洗广泛使用的清洗剂。

## 配方140　金属快速清洗剂

**原料配比**

| 原料 | 配比(质量份) | | | | | | | | | | |
|---|---|---|---|---|---|---|---|---|---|---|---|
| | 1# | 2# | 3# | 4# | 5# | 6# | 7# | 8# | 9# | 10# | 11# |
| 巯基乙酸钠 | 10 | — | — | 20 | 20 | 10 | 20 | 10 | 15 | 25 | 25 |
| 巯基乙醇 | — | 20 | — | — | — | — | — | 15 | — | — | — |
| 乙二胺四乙酸盐 | 1 | — | — | — | 0.2 | 1 | 2 | 1.5 | 1 | 4 | 4 |
| 次氮基三乙酸钠 | — | — | 20 | — | — | — | — | 1 | — | — | — |
| 乳酸钠 | — | 2 | — | — | — | 1 | 0.1 | 0.8 | 0.5 | 2 | 2 |
| 聚丙烯酸钠 | — | — | 10 | — | — | — | — | 0.8 | — | — | — |
| 二乙二醇单丁醚 | 5 | — | — | 5 | — | 5 | 5 | 10 | 15 | 25 | 25 |
| 二乙二醇单甲醚 | — | 5 | — | — | — | — | — | 10 | — | — | — |
| 一缩二乙二醇 | — | — | 5 | — | — | — | — | — | — | — | — |
| 异构十三醇聚氧乙烯醚 | 10 | — | — | 10 | 20 | 20 | 10 | 10 | 20 | 20 | 20 |

续表

| 原料 | 配比（质量份） | | | | | | | | | | |
| --- | --- | --- | --- | --- | --- | --- | --- | --- | --- | --- | --- |
| | 1# | 2# | 3# | 4# | 5# | 6# | 7# | 8# | 9# | 10# | 11# |
| 直链 $C_{10}$ 醇聚氧乙烯醚 | — | 10 | — | — | — | — | — | — | — | — | — |
| $C_{14}$ 仲醇聚氧乙烯醚 | — | — | 10 | — | — | — | — | — | — | — | — |
| 乙醇酸 | — | — | — | — | — | — | — | — | — | 1 | — |
| 水 | 100 | 100 | 100 | 100 | 100 | 100 | 100 | 100 | 100 | 100 | 100 |

**制备方法**　将各组分原料混合均匀即可。

**原料介绍**　金属清洗剂可选用的溶剂有烃类（石油类）、氯代烃、氟代烃、溴代烃、有机硅、萜烯、醇类、乙二醇酯、N-甲基吡咯烷酮、水等。

根据对环境保护的要求，本产品的溶剂优选水。

含巯基化合物优选巯基乙醇、巯基乙酸、3-巯基丙醇、3-巯基丙酸中的一个或几个。

含巯基化合物的分子量小，同时含有巯基，对金属离子有很强的吸附能力。

含巯基化合物对金属表面的重污垢有很强的清洗能力。由于重污垢吸附在金属表面主要是通过静电吸引力吸附，该吸附比普通的分子间作用力和氢键作用更加强烈。重污垢在长期的沉淀过程中产生氧化而形成阴离子，与金属阳离子相互渗透，形成强烈的静电吸引力。含巯基化合物能够有效地吸附金属阳离子，快速降低重污垢对金属表面的黏结力，达到清洗的目的。

含巯基化合物也可以用其碱金属盐、碱土金属盐、铵盐代替。

本产品的含巯基化合物含量在 10～25 份（以水为 100 份为参考）。

化学清洗除垢后设备表面活化，极易被腐蚀，因此，除垢后要求进行钝化处理。为了实现一步清洗缓蚀，大部分金属清洗剂都会加入缓蚀剂，吸附型缓蚀剂是最常用的选择。然而，含巯基化合物在金属表面，尤其是在含镍的金属表面易发生氧化反应。

被氧化后的含巯基化合物，形成二硫键，二硫键具有很好的疏水作用，可作为吸附型缓蚀剂。然而单独使用含巯基化合物的清洗剂缓蚀效果较差。

本产品还可以含有强螯合剂，强螯合剂可选用氨三乙酸钠（NTA）、乙二胺四乙酸盐（EDTA）、二乙烯三胺五羧酸盐（DTPA）、乙二胺四亚甲基膦酸钠（EDTMPS）、二乙烯三胺五亚甲基膦酸盐（DETPMPS）、次氮基三乙酸中的一种或数种。

螯合剂具有较大的分子量和空间结构，具有多个络合基团，作为强螯合剂，与金属离子螯合后具有很高的稳定性，可夺取含二硫键的化合物或含巯基化合物的螯合金属离子，有利于含二硫键化合物及含巯基化合物在金属表面的吸附。二硫键具有很好的疏水性，达到清洗缓蚀同步进行。

醇醚主要是乙二醇和丙二醇的低碳醇醚。醇醚组成中既有醚键，又有羟基。

醚键具有亲油性，可溶解憎水性化合物，羟基具有亲水性，可溶解水溶性化合物。

本产品的醇醚，结构式如下：$RO-(CH_2CH_2O)_nH$。其中 R 为氢原子，碳原子为 1~5 个的直链烷基中的一个，$n$ 是 1~5 的整数。

醇醚可选用乙二醇单丁醚、二乙二醇单甲醚、二乙二醇单乙醚、二乙二醇单丁醚、二丙二醇单甲醚、丙二醇单甲醚、一缩二乙二醇、一缩二乙二醇单甲醚、一缩二乙二醇单乙醚、一缩二乙二醇单丙醚、一缩二乙二醇单丁醚中的一种或几种。

本产品的醇醚优选分子量低于 200 的直链醇醚，分子量低的直链醇醚能促使金属清洗剂中的螯合剂、表面活性剂在溶剂水中快速分散，提高金属清洗剂的清洗速度。更具体的，醇醚 $RO-(CH_2CH_2O)_2H$ 中 R 为氢原子，碳原子为 1~4 个的直链烷基中的一个，$n$ 是 1~3 的整数。

本实施例中醇醚优选乙二醇单丁醚、二乙二醇单甲醚、二乙二醇单乙醚、二乙二醇单丁醚、二丙二醇单甲醚与丙二醇单甲醚中的一种或几种。

本产品使用醇醚能降低清洗剂的表面张力，增强对重污垢的侵蚀能力，增加金属表面的可湿性，因而增强清洗力。

本产品可加入抗氧化剂，优选柠檬酸、酒石酸、葡萄糖酸、乳酸钠、葡萄糖酸钠、聚丙烯酸钠作为抗氧化剂。这些化合物由于具有一定的抗氧化作用，在本产品制备、贮存过程中起重要作用。

表面活性剂是金属清洗剂的主要组分。表面活性剂的分子结构由亲水基团和憎水基团两部分组成。正是这种结构，才使表面活性剂具有某些特殊的基本性质，如界面吸附、定向排列、形成胶束等。这些性质使水的表面张力降低，对油污产生润湿、渗透、乳化、增溶、分散、洗净等多种综合作用。整个清洗过程，可分为两步：第一步，表面活性剂对油污润湿、渗透，使油污从金属表面脱离下来；第二步，利用其乳化、增溶、分散能力，进一步把脱离下来的油污稳定地分散在水中。

本产品的表面活性剂选用非离子型表面活性剂。

非离子型表面活性剂可选用烷基酚的聚氧乙烯醚、月桂醇聚氧乙烯醚、$C_{12}$~$C_{14}$ 伯醇聚氧乙烯醚、$C_{12}$~$C_{14}$ 仲醇聚氧乙烯醚、支链化 $C_{13}$ 格尔伯特醇聚氧乙烯醚、支链化 $C_{10}$ 格尔伯特醇聚氧乙烯醚、直链 $C_{10}$ 醇聚氧乙烯醚、直链 $C_8$ 辛醇聚氧乙烯醚、直链 $C_8$ 异辛醇聚氧乙烯醚中的一种或几种。本产品优选异构脂肪醇聚氧乙烯醚。

本产品选用异构脂肪醇聚氧乙烯醚表面活性剂的目的是，降低清洗剂的表面张力，快速润湿金属表面，剥离掉表面污染物。更具体的，异构脂肪醇聚氧乙烯醚表面活性剂的分子通式为 $C_nH_{2n}+10(C_2H_4O)_xH$，$n=9$~18，$x=5$~20，优选 $n$ 为 10~13，$x$ 为 7~13 的异构脂肪醇聚氧乙烯醚的一种或几种。

羟基酸为分子中同时含有羟基—OH 和羧基—COOH 的化合物，根据其结构可分为脂肪族羟基酸和芳香族羟基酸两类。

本产品的羟基酸结构式如下：$OH-(CH_2)_n-COOH$。其中，$n$ 为不大于 4 的正整数。

巯基化合物除了极易氧化外，在镍、铜、铁等金属的催化作用下还易水解，发生水解反应时水中的氢氧根离子会将巯基置换出来生成硫氢根离子，硫氢根离子与水中的氢离子发生反应生成硫化氢，巯基被置换出后的离子与氢氧根离子结合变为二醇或羟基酸，此时，巯基化合物的含量减少，影响巯基对金属表面油污中金属离子的吸附作用。但众所周知，水解反应为可逆反应，在金属清洗剂中添加羟基酸，使得羟基和羧基含量增加，导致水解反应向逆方向进行，达到抑制水解的作用。

**产品应用**　本品是一种清洗机械金属表面污染物的清洗剂，使用时需先用溶剂稀释。

**产品特性**　本产品在 60s 内就能将金属表面的油污彻底清洗干净，因此可以证明本产品在清洗金属表面时是快速而有效的。本产品通过喷洒式清洗就能将金属表面清洗干净。经测试，具有抗氧化作用的螯合剂和醇醚对含巯基的化合物中的巯基具有保护作用。本产品使用含巯基的化合物的混合物、稳定性强的螯合剂混合物、具有抗氧化作用的螯合剂的混合物及醇醚的混合物时效果最佳。

## 配方141　金属强力速效清洗剂

**原料配比**

| 原料 | 配比(质量份) | | |
|---|---|---|---|
| | 1# | 2# | 3# |
| 三聚磷酸钠 | 4 | 6 | 5 |
| 甲基环氧氯丙烷 | 6 | 9 | 7.5 |
| 极压抗磨剂 | 1 | 4 | 3 |
| 泡沫剂 | 5 | 9 | 7 |
| 纳米石墨 | 2 | 4 | 3 |
| 烷基酚聚乙烯氧化物 | 3.5 | 7 | 5 |
| 碳酸钠 | 6 | 11 | 8 |
| 十八烷基二羟乙基氧化胺 | 2.5 | 5.8 | 4.3 |
| 抗氧化剂 | 1 | 3 | 2 |
| 亮氨酸 | 6 | 8.5 | 7 |
| 棕榈酸异丙酯 | 7 | 11 | 9 |
| 十二烷基二甲基氧化胺 | 4 | 8 | 6 |

**制备方法**　将各组分原料混合均匀即可。

**产品应用**　本品是一种金属清洗剂。

**产品特性**　本产品清洗能力强、速度快，具有强力渗透能力，能迅速溶解、清除附着于金属零配件表面的各种污垢和杂质。

## 配方142　金属低泡清洗剂

**原料配比**

| 原料 | 配比（质量份） | | |
|---|---|---|---|
| | 1# | 2# | 3# |
| 水 | 45 | 45 | 45 |
| 辛醇 | 2.3 | 2 | 3 |
| 四甲基溴化铵 | 2.3 | 2 | 3 |
| 脂肪醇聚氧乙烯醚硫酸盐 | 4.5 | 4 | 5 |
| 甘油单硬脂酸酯 | 1.2 | 1 | 2 |
| 磷酸钠 | 8.9 | 8 | 9 |
| 咪唑啉 | 1.2 | 1 | 2 |
| 矿物油 | 1.2 | 1 | 2 |
| 硅酸钠 | 1.2 | 1 | 2 |
| 聚乙烯醇 | 6.7 | 6 | 7 |
| 磷酸三丁酯 | 2.3 | 2 | 3 |
| 木质素磺酸盐 | 2.3 | 2 | 3 |
| 脂肪醇聚氧乙烯醚 | 4.5 | 4 | 5 |
| 苯并三氮唑 | 1.2 | 1 | 2 |
| 十二烷基三甲基硫酸铵 | 1.2 | 1 | 2 |
| 油酰氨基酸钠 | 1.2 | 1 | 2 |

**制备方法**　将各组分原料混合均匀即可。

**产品应用**　本品主要用作金属清洗剂。

**产品特性**　本产品低碱、低泡、环保，在较低温度下即有很强去油效果，且腐蚀性非常低。

## 配方143　金属常温清洗剂

**原料配比**

| 原料 | 配比（质量份） | | | |
|---|---|---|---|---|
| | 1# | 2# | 3# | 4# |
| 苹果酸 | 6 | 5 | 8 | 7 |
| 酒石酸 | 5 | 4 | 6 | 6 |

续表

| 原料 | 配比(质量份) | | | |
|---|---|---|---|---|
| | 1# | 2# | 3# | 4# |
| 硬脂酸 | 1.2 | 1.5 | 1 | 1.3 |
| 三聚磷酸钠 | 0.3 | 0.2 | 0.4 | 0.4 |
| 三乙醇胺 | 0.7 | 0.8 | 0.6 | 0.6 |
| 苯并三氮唑 | 1.4 | 1.2 | 1.6 | 1.5 |
| 硫酸钾 | 0.3 | 0.4 | 0.2 | 0.3 |
| 乙二胺四乙酸钠 | 0.5 | 0.4 | 0.6 | 0.6 |
| 硅酸钠 | 0.2 | 0.3 | 0.1 | 0.2 |
| 水 | 68 | 65 | 70 | 69 |

**制备方法**　将配方量的各组分混合，搅拌均匀即得。

**产品应用**　本品是一种金属清洗剂。

**产品特性**　本产品对金属无损害；用法简单，在常温下即可使用，去污能力强，能够去除在加工过程中机械零件表面产生的残留物质。

## 配方144　金属污渍清洗剂

**原料配比**

| 原料 | 配比(质量份) | | 原料 | 配比(质量份) | |
|---|---|---|---|---|---|
| | 1# | 2# | | 1# | 2# |
| 十二烷基苯磺酸钠 | 25～35 | 30 | 亚硫酸钠 | 8～12 | 10 |
| 椰子油脂肪酸二乙醇酰胺 | 25～35 | 30 | 氮川三乙酸钠 | 6～10 | 8 |
| 焦磷酸四钾 | 18～22 | 20 | 三聚磷酸钠 | 5～12 | 8 |
| 氢氧化钾 | 20～26 | 23 | 焦硅酸钠 | 8～10 | 9 |
| 硅酸钾 | 18～24 | 21 | 烷基聚氧乙烯醚 | 6～9 | 8 |
| 高氯酸钠 | 8～16 | 12 | 过硼酸钠 | 6～8 | 7 |
| 柠檬酸 | 6～18 | 12 | 月桂基二甲氧化胺 | 4～8 | 6 |
| 氧化二甲基十四烷基胺 | 3～5 | 4 | 氯化钠 | 3～5 | 4 |
| 异丙苯磺酸钠 | 15～20 | 18 | 山梨酸钾 | 2～4 | 3 |
| 月桂酸二乙醇酰胺 | 35～40 | 38 | 大豆卵磷脂 | 5～14 | 9 |
| 磺化丁二酸钾 | 20～24 | 22 | 六聚甘油单月桂酸酯 | 2～6 | 4 |
| 醚硫酸钠 | 12～16 | 14 | EDTA四钠 | 1～5 | 3 |
| 单乙醇胺 | 15～18 | 16 | 聚丙烯酸钠 | 1～3 | 2 |
| 膨润土 | 6～12 | 8 | | | |

**制备方法**　将各组分原料混合均匀即可。

**产品应用**　本品是一种金属清洗剂。

**产品特性**　本产品对多种污渍均有较强去除效果，分解污渍能力强，且生产和使用过程无毒无害，长期使用无化学残留。

## 配方145　金属防锈清洗剂

### 原料配比

| 原料 | 配比（质量份） | 原料 | 配比（质量份） |
|---|---|---|---|
| 表面活性剂 | 8 | 清洗助剂 | 1 |

### 表面活性剂

| 原料 | 配比（质量份） | 原料 | 配比（质量份） |
|---|---|---|---|
| 甘胆酸钠 | 3 | 环氧乙烷 | 1 |
| 苯扎溴铵 | 1 | 三乙醇胺 | 1 |
| 脂肪醇酯 | 3 | | |

### 清洗助剂

| 原料 | 配比（质量份） | 原料 | 配比（质量份） |
|---|---|---|---|
| 环氧乙烷 | 1 | 偏铝酸钠 | 2 |
| 乙酸钠 | 2 | | |

**制备方法**　将各组分原料混合均匀即可。

**原料介绍**　本品各组分质量份配比范围为：表面活性剂与清洗助剂的质量比为8∶1；表面活性剂由甘胆酸钠、苯扎溴铵、脂肪醇酯、环氧乙烷和三乙醇胺按照质量比为3∶1∶3∶1∶1混合构成，清洗助剂由环氧乙烷、乙酸钠和偏铝酸钠按照质量比为1∶2∶2混合构成。

**产品应用**　本品主要用于机械化清洗作业，且使用后不易沾染灰尘、不会产生锈斑。

**产品特性**　本品价格低廉、使用安全，适合于机械化清洗作业。

## 配方146　金属强渗透清洗剂

### 原料配比

| 原料 | 配比（质量份） | | |
|---|---|---|---|
| | 1# | 2# | 3# |
| 氢氧化钾 | 3.8 | 3.2 | 4.2 |
| 三乙胺 | 5.1 | 4.3 | 7.1 |

续表

| 原料 | 配比（质量份） | | |
|---|---|---|---|
| | 1# | 2# | 3# |
| 油酸 | 7.5 | 6.4 | 9.5 |
| 缓蚀剂 | 2.4 | 1.5 | 3.4 |
| 聚氧乙烯脱水山梨糖醇单油酸酯 | 8.9 | 8.5 | 9.8 |
| 色氨酸 | 1.9 | 1.5 | 2.9 |
| 表面活性剂酰胺甜菜碱 | 4.8 | 2.5 | 6.8 |

**制备方法**　将各组分原料混合均匀即可。

**产品应用**　本品是一种金属用清洗剂。

**产品特性**　本产品具有极强的渗透性和优良的除油性，使用添加剂量少，清洗成本低，清洗能力强、速度快、易漂洗、可重复使用、无污染、具有防锈能力，清洗后工件表面质量好，处理成本较低；配制工艺简单，使用简便，具有低泡、高效、对金属表面无腐蚀、稳定性好、可增强清洁度等优点。

## 配方147　金属除锈清洗剂

**原料配比**

| 原料 | 配比（质量份） | | |
|---|---|---|---|
| | 1# | 2# | 3# |
| 烷基苯磺酸钠 | 50 | 60 | 55 |
| 氢氧化钠 | 20 | 34 | 27 |
| 焦磷酸钾 | 12 | 18 | 15 |
| 乙二胺四乙酸钠 | 38 | 42 | 40 |
| 乙二醇 | 10 | 14 | 12 |
| 脂肪醇聚氧乙烯醚 | 10 | 20 | 15 |
| 异丙醇 | 8 | 16 | 15 |
| 硼砂 | 8 | 16 | 15 |
| 水 | 40 | 60 | 50 |

**制备方法**　将各组分原料混合均匀即可。

**产品应用**　本品是一种金属清洗剂。

**产品特性**　本产品清洗除锈效果好，对环境危害小，且制备工艺简单，成本低。

## 配方148　金属除锈速效清洗剂

原料配比

| 原料 | 配比(质量份) | 原料 | 配比(质量份) |
|---|---|---|---|
| 盐酸 | 20 | 螯合剂乙二醇 | 2 |
| 稳定剂二氧化钛 | 4 | 缓蚀剂六亚甲基四胺 | 2 |
| 还原剂硫代硫酸钠 | 2 | 水 | 68 |
| 增效剂葡萄糖酸 | 2 | | |

**制备方法**　将各组分原料混合均匀即可。

**产品应用**　本品是一种金属清洗剂。

**产品特性**　本产品除锈效果好、速度快、价格低廉，使用方便，产品不燃不爆、不污染环境，对人体和金属无刺激或者损伤，并且产品安全、无毒、不挥发。

## 配方149　金属产品清洗剂

原料配比

| 原料 | | 配比(质量份) | | | |
|---|---|---|---|---|---|
| | | 1# | 2# | 3# | 4# |
| 氢氧化钠 | | 20 | 23 | 15～23 | 15 |
| 磷酸三钠 | | 13 | 10 | 15 | 10～15 |
| 聚乙二醇辛基苯基醚 | | 8 | 7～10 | 10 | 7 |
| 十二烷基苯磺酸钠 | | 7 | 8 | 5～8 | 5 |
| 渗透剂 | JFC-1 | — | 4 | — | — |
| | JFC | 5 | — | — | — |
| | JFC-E | — | — | 6 | — |
| 耐碱渗透剂 AEP | | — | — | — | 3 |
| 水 | | 5 | 6 | 4 | 3 |

**制备方法**　向氢氧化钠中依次加入水、磷酸三钠、阴离子表面活性剂、聚乙二醇辛基苯基醚、渗透剂，混匀，即得金属清洗剂。

**产品应用**　本品主要用于精密金属零件的清洗。

　　使用方法：将金属清洗剂加水配制成2%～10%工作液，在50～80℃下浸泡待清洗的金属，清洗时间为1～10min。

**产品特性**　本产品接近于中性的温和性能，主要清洗一些精密五金件上的手指印，特别适用于铜件的清洗，能使工件恢复原来的光泽度，且对工件又无任何腐蚀。手指印较为难清洗，普通的清洗剂都是进行两道工序，先清洗再恢复光泽，本金属清洗剂只需一道工序就能将手指印清洗掉并恢复光泽度，不需额外的工序。本产品同样适用于金属产品表面上的油脂、污渍、无机盐、灰尘等污垢的去除。

## 配方150　金属无腐蚀清洗剂

**原料配比**

| 原料 | | 配比（质量份） | | | | | |
|---|---|---|---|---|---|---|---|
| | | 1# | 2# | 3# | 4# | 5# | 6# |
| 硬脂酸 | | 1 | 3 | 5 | 2 | 4 | 4 |
| 柠檬酸 | | 5 | 4 | 5 | 4 | 4 | 4 |
| 月桂酸 | | 1 | 2 | 5 | 4 | 5 | 4 |
| 碳酸氢钠 | | 1 | 1 | 3 | 3 | 3 | 1 |
| 铬酐 | | 0.5 | 1.5 | 2 | 2 | 1.5 | 2 |
| 硅酸钠 | | 0.5 | 0.5 | 2 | 2 | 1.3 | 2 |
| 壬基酚聚氧乙烯醚 | HLB 值为 14、pH 值为 6 的壬基酚聚氧乙烯醚 | 4 | — | — | — | — | — |
| | HLB 值为 15、pH 值为 6 的壬基酚聚氧乙烯醚 | — | 3 | — | — | 3 | — |
| | HLB 值为 15、pH 值为 7 的壬基酚聚氧乙烯醚 | — | — | 4 | — | — | — |
| | 型号为 TX-10 的壬基酚聚氧乙烯醚 | — | — | — | 1 | — | 1 |
| 水 | | 87 | 85 | 74 | 82 | 78.2 | 82 |

**制备方法**

（1）称量：按照配方量称量各组分。

（2）拌料：将步骤（1）中称量的硬脂酸、柠檬酸、月桂酸、碳酸氢钠、铬酐、硅酸钠、壬基酚聚氧乙烯醚和水置于容器中，搅拌均匀，得到所述金属清洗剂。

**产品应用**　本品是一种金属清洗剂。

**产品特性**

（1）本产品采用的壬基酚聚氧乙烯醚能增大各物料的相容性，使各物料很好地分散于水中，采用硬脂酸、柠檬酸、月桂酸三种不同的脂肪酸进行复配，除锈效果好，原料中的铬酐可有效除斑，原料中的碳酸氢钠和硅酸钠既能去油，又能防腐蚀；

（2）金属零件经本产品清洗后无腐蚀，无残留；

（3）本产品环保、安全性好，无毒、无腐蚀性，不污染环境，安全稳定。

## 配方151　金属油污清洗剂

**原料配比**

| 原料 | | 配比(质量份) | | |
|---|---|---|---|---|
| | | 1# | 2# | 3# |
| 非离子型表面活性剂 | 聚氧化乙烯醚 | 8 | 12 | 15 |
| | 甲基丙烯酸酯 | 10 | 15 | 18 |
| | 聚乙烯醇 | 2 | 5 | 7 |
| 助表面活性剂 | 1,4-丁二醇 | 5 | 6 | 8 |
| | 异丙醇 | 5 | 6 | 7 |
| pH 调节剂 | 磷酸钠 | 1 | 2 | 2 |
| | 柠檬酸 | 2 | 3 | 4 |
| 消泡剂 | 聚氧乙烯 | 0.5 | 0.8 | 1 |
| | 聚丙二醇 | 0.5 | 1 | 2 |
| | 二甲基硅油 | 1 | 2 | 3 |
| 成膜助剂 | 十二碳醇酯 | 1 | 2 | 3 |
| | 丙二醇苯醚 | 1 | 2 | 3 |
| 缓蚀剂 | 三聚磷酸钠 | 1 | 1 | 2 |
| | 三乙醇胺 | 1 | 1 | 2 |

**制备方法**　将上述各组分分别加入混料器，以 $100\sim200r/min$ 的搅拌速度，搅拌 $1\sim3h$，即得到本产品金属清洗剂。

**产品应用**　本品是一种金属清洗剂。

**产品特性**

(1) 本产品能够有效除去金属表面的机油、油墨、金刚砂及金属氧化物；

(2) 本产品能够对金属起到防锈缓释的作用；

(3) 本产品泡沫少，易清洗；

(4) 本产品采用复配工艺，产品无害、无污染。

## 配方152　金属强力去污清洗剂

**原料配比**

| 原料 | 配比(质量份) | | | |
|---|---|---|---|---|
| | 1# | 2# | 3# | 4# |
| 苹果酸 | 9 | 8 | 10 | 9 |
| 酒石酸 | 4 | 3 | 5 | 4 |

续表

| 原料 | 配比（质量份） | | | |
|---|---|---|---|---|
| | 1# | 2# | 3# | 4# |
| 乙酸 | 1.1 | 1.2 | 0.8 | 0.9 |
| 三聚磷酸钠 | 0.3 | 0.4 | 0.2 | 0.2 |
| 三乙醇胺 | 0.5 | 0.4 | 0.6 | 0.6 |
| 苯并三氮唑 | 1.1 | 1.2 | 0.8 | 0.9 |
| 硫酸钾 | 0.3 | 0.4 | 0.2 | 0.3 |
| 甘油 | 0.5 | 0.4 | 0.6 | 0.4 |
| 尿素 | 0.15 | 0.1 | 0.2 | 0.2 |
| 硅酸钠 | 0.2 | 0.3 | 0.1 | 0.1 |
| 水 | 62 | 65 | 60 | 61 |

**制备方法**　将配方量的各组分混合，搅拌均匀即得。

**产品应用**　本品是一种金属清洗剂。

**产品特性**　本产品对金属无损害；用法简单，在常温下即可使用，去污能力强，能够去除加工过程中机械零件表面产生的残留物质。

## 配方153　金属环保清洗剂

**原料配比**

| 原料 | 配比（质量份） | | |
|---|---|---|---|
| | 1# | 2# | 3# |
| 两性离子表面活性剂 | 30 | 55 | 45 |
| 硅酸钠与氢氧化钠的混合物 | 5 | 8 | 6 |
| 钼酸钠 | 10 | 10 | 12 |
| 消泡剂 | 3 | 5 | 3.5 |
| pH 稳定剂 | 0.5 | 3 | 1 |
| 水 | 加至100 | 加至100 | 加至100 |

**制备方法**　将各组分原料混合均匀即可。

**产品应用**　本品主要用于清洗金属表面，特别适用于机械加工的去油污清洗工序，也适用于车辆等中的零部件的清洗。

**产品特性**

（1）两性离子表面活性剂在碱性水溶液中呈阴离子表面活性剂的性质，具有很好的起泡、去污作用；在酸性溶液中则呈阳离子表面活性剂的性质，具有很强的杀菌能力。选用清洗助剂，可使本产品的溶剂配合使用，具有优异的乳化、分散、渗透、耐碱能力；洗涤、去污能力强，有极好的洗涤效果。使用消泡剂可以消除清洗过程中的泡沫。

（2）本产品具有优异的去污效果，且高效环保，无污染，不损伤金属表面，是一种环保型的适合金属表面清洗广泛使用的清洗剂。

（3）本产品使用后的废液不会造成环境污染，是一种优异的金属清洗剂。

## 配方154　金属环保强力清洗剂

**原料配比**

| 原料 | | 配比（质量份） | | | | | |
|---|---|---|---|---|---|---|---|
| | | 1# | 2# | 3# | 4# | 5# | 6# |
| 阴离子表面活性剂 | 十二烷基聚氧乙烯醚硫酸钠 | 22 | — | — | 10 | 10 | — |
| | 仲烷基磺酸钠 | — | — | 23 | 12 | — | 10 |
| | 十二烷基硫酸钠 | — | 22 | — | — | 13 | 13 |
| 非离子表面活性剂失水山梨醇酯聚氧乙烯醚 | | 33 | 33 | 34 | 33 | 34 | 33 |
| 碳酸钠 | | 3 | 4 | 5 | 4 | 4 | 4 |
| 助洗剂 EDTA 二钠 | | 4 | 5 | 6 | 4 | 5 | 5 |
| 缓蚀剂十六烷胺 | | 0.5 | 0.8 | 1.0 | 0.5 | 0.8 | 1.0 |
| 乙醇 | | 25 | 20 | 15 | 25 | 20 | 15 |
| 水 | | 加至100 | 加至100 | 加至100 | 加至100 | 加至100 | 加至100 |

**制备方法**　按所述配方进行配料，先将乙醇和水均匀混合，然后室温下将无机碱加入乙醇和水的混合液中，碳酸钠完全溶解后，室温下依次加入阴离子表面活性剂、非离子表面活性剂、助洗剂及缓蚀剂，搅拌均匀即得到所述的金属清洗剂。

**产品应用**　本品是一种金属清洗剂。

本品在使用时需用水稀释 10～20 倍，然后将要清洗的金属零部件浸入到洗液中室温浸泡 30～60min，然后清洗，清洗后再水洗一次，最后烘干即可。

**产品特性**

（1）本产品不含磷，也不含 APEO 类表面活性剂，采用环保型的表面活性剂使得清洗剂整体而言绿色、环保无害，在低温、常温下具有较强的去污能力，是一种很好的金属清洗剂。

（2）本产品用环保型的表面活性剂取代以往的 APEO 类表面活性剂，使用的助洗剂也是无磷助剂，这样本产品环保、无污染并且清洗能力强。

## 配方155　金属除油除锈清洗剂

**原料配比**

| 原料 | 配比（质量份） | |
| --- | --- | --- |
| | 1# | 2# |
| 乙二胺四乙酸四钠与磷酸的水溶液 | 80 | 90 |
| 活性添加剂 | 20 | 10 |

**活性添加剂**

| 原料 | 配比（质量份） | |
| --- | --- | --- |
| | 1# | 2# |
| 十二烷基硫酸钠 | 20 | 30 |
| 失水山梨醇酯聚氧乙烯醚 | 30 | 40 |
| 磷酸二氢锌 | 5 | 10 |
| 锌的碳酸盐 | 5 | 10 |
| 苯并三氮唑 | 5 | 10 |

**制备方法**　将各组分原料混合均匀即可。

**产品应用**　本品是一种清洗剂。

**产品特性**

（1）本品不含三氯乙烯等任何卤素类的物质，不会引起破坏臭氧层等环境问题，而且对人体基本无毒害作用。此外，通过和常用的三氯乙烯类物质的挥发速度和清洗能力进行对比，该环保型清洗剂具有接近或完全达到三氯乙烯类物质相同的挥发速度，且清洗效果突出。

（2）本品中苯并三氮唑防锈剂可与金属形成螯合物，对金属具有优良的防锈性能和缓蚀性能。

（3）本品除油、除锈效率高，从而有效缩短了清洗时间，且该清洗剂是在常温或低温下操作，无酸雾产生，不腐蚀周围设备和污染环境。

（4）本品能消除因使用多种表面活性剂而产生的顽固型泡沫，在强碱、高温下都能稳定消泡，抑泡性能持久，所以能适应各种清洗机的工艺要求（如超声波清洗机、自动流水线清洗机、大型纺织工业净洗机等），不会对清洗对象产生缺陷（如油斑、色斑及锈垢）。

## 配方156　金属保护清洗剂

**原料配比**

| 原料 | 配比(质量份) | | |
|---|---|---|---|
| | 1# | 2# | 3# |
| 水杨酸钠 | 7 | 11 | 9 |
| 二氧化钛 | 3 | 8 | 5 |
| 硼酸钠 | 5 | 10 | 8 |
| 硫酸 | 3 | 8 | 6 |
| 酒石酸 | 2 | 6 | 4 |
| 氯化钠 | 8 | 14 | 11 |
| 纳米二氧化锆分散液 | 6 | 11 | 9 |
| 稀土铈盐 | 2 | 6 | 4 |
| 氢氧化钠 | 3 | 7 | 5 |
| 磷酸二氢锌 | 4 | 8 | 6 |
| 硝酸镍 | 1 | 3 | 2 |
| 聚丙烯酸 | 2 | 6 | 4 |

**制备方法**　将各组分原料混合均匀即可。

**产品应用**　本品是一种金属清洗剂。

**产品特性**　本产品对金属具有很好的保护作用，同时具有较佳的渗透性，能够清洗金属内部的污垢。

## 配方157　金属防腐清洗剂

**原料配比**

| 原料 | 配比(质量份) |
|---|---|
| 消泡剂磷酸三丁酯 | 2 |
| 阳离子表面活性剂氯化二硬脂基二甲基铵 | 8 |
| 阴离子表面活性剂甲苯基磺酸钠 | 6 |
| 非离子表面活性剂(商品名为 PLURONIC⑧的硅表面活性剂) | 12 |
| 磷酸钠 | 20 |
| 硅酸钠 | 10 |
| 苯并三氮唑 | 1 |
| 聚甲基丙烯酸 | 2 |
| 水 | 加至100 |

**制备方法**　在水中按比例加入消泡剂、阳离子表面活性剂、阴离子表面活性剂、非离子表面活性剂、清洗剂和缓蚀剂，搅拌 30min 左右，即得。

**原料介绍**　清洗主剂由磷酸钠和硅酸钠构成，磷酸钠和硅酸钠的质量比为（2～4）∶1。

阳离子表面活性剂可以为氯化二硬脂基二甲基铵、氯化月桂基三甲基铵、甲硫酸烷基三甲基铵、氯化椰油基三甲基铵和西吡氯铵中的一种或几种混合。

阴离子表面活性剂可以为烷基羧酸盐和聚烷氧基羧酸盐、醇乙氧化物羧酸盐、壬基苯酚乙氧化物羧酸盐和类似物；也可以为烷基磺酸盐，例如烷基磺酸盐、烷基苯磺酸盐、烷基芳基磺酸盐、磺化脂肪酸酯和类似物；可以为烷基硫酸盐，例如硫酸化醇、硫酸化醇乙氧化物、硫酸化烷基苯酚、烷基硫酸盐、磺基琥珀酸盐、烷基醚硫酸盐和类似物；磷酸酯，例如烷基磷酸酯和类似物。列举的阴离子表面活性剂包括烷基芳基磺酸钠、α-烯基磺酸盐和脂肪醇硫酸盐。

非离子表面活性剂可以为例如氯—、苄基—、甲基—、乙基—、丙基—、丁基—和其他类似烷基封端的脂肪醇的聚乙二醇醚；不含聚亚烷基氧化物的非离子表面活性剂，例如烷基聚糖苷；脱水山梨醇和蔗糖酯及其乙氧化物；氧化胺，例如烷氧化乙二胺；醇烷氧化物，例如醇乙氧丙氧化物、醇丙氧化物、醇丙氧乙氧丙氧化物、醇乙氧丁氧化物和类似物；壬基苯酚乙氧化物、聚氧乙二醇醚和类似物；羧酸酯，例如甘油酯、聚氧亚乙基酯、脂肪酸的乙氧化和二元醇酯和类似物；羧酸酰胺，例如二乙醇胺缩合物、单烷醇胺缩合物、聚氧亚乙基脂肪酰胺和类似物；聚环氧烷嵌段共聚物，其中包括环氧乙烷/环氧丙烷嵌段共聚物，例如商品名为 PLURONIC⑧的硅表面活性剂（BASF-Wyandotte）和类似物；和其他类似的非离子化合物。也可使用有机硅表面活性剂，例如 ABIL-B8852。

缓蚀剂为唑类化合物和高分子缓蚀化合物，且两者的质量比为 1∶（2～4）。

唑类化合物为苯并三氮唑、1-苯基-5-巯基四氮唑、2-巯基苯并噻唑、苯并咪唑、2-巯基苯并咪唑或 5-氨基-1H-四氮唑。

高分子缓蚀化合物为含羟基聚合物和含羧基聚合物中的一种或多种，

含羟基聚合物为含羟基聚醚或聚乙烯醇；含羧基聚合物为含羧基聚醚、聚马来酸酐、聚丙烯酸、聚甲基丙烯酸、丙烯酸与马来酸共聚物、苯乙烯与丙烯酸共聚物、苯乙烯与马来酸共聚物、丙烯腈与马来酸共聚物或上述化合物的铵盐、钾盐或钠盐。

消泡剂选自辛醇、矿物油、磷酸三丁酯中的一种或多种。

**产品应用**　本品是一种金属清洗剂。

**产品特性**

（1）本产品的清洗液配方中的高分子腐蚀抑制剂，对环境和人体安全无害，避免了传统的腐蚀抑制剂,如邻苯二酚和偏苯三酚等的污染,同时还可对金属和非金属起到很好的腐蚀抑制作用。

(2)本产品具有低碱、低泡、环保的优势,在较低温度下即有很强的去油效果,且腐蚀性非常低。

## 配方158    金属去污清洗剂

**原料配比**

| 原料 | | 配比(质量份) |
|---|---|---|
| ω,ω′-双(苯并咪唑-2-基)烷烃 | 邻苯二胺 | 0.11mol |
| | 癸二酸 | 0.05mol |
| | 盐酸 | 20(体积份) |
| | 磷酸 | 5(体积份) |
| | 水 | 75(体积份) |
| 水 | | 100 |
| 1-氨乙基-2-十七烯基咪唑啉 | | 2 |
| ω,ω′-双(苯并咪唑-2-基)烷烃 | | 4 |
| 聚丙二醇 | | 3 |
| 蓖麻油 | | 6 |

**制备方法**    将各组分和水按比例混合,搅拌均匀,即得到产品。

**原料介绍**    缓蚀剂剂由 1-氨乙基-2-十七烯基咪唑啉和 ω,ω′-双(苯并咪唑-2-基)烷烃构成。

ω,ω′-双(苯并咪唑-2-基)烷烃的制备方法具体为:分别称取 0.11mol 邻苯二胺和 0.05mol 脂肪二酸,于研钵中充分研磨使其混合均匀,转移至三颈烧瓶中。加入混酸,通氮,机械搅拌下加热回流反应。TLC 跟踪监测至反应结束,约 10h,倒入 250mL 烧杯中,静置冷却,用浓氨水调节 pH=7。于 4℃下静置过夜,抽滤干燥,所得粗品用甲醇/水重结晶,得纯品。

乳化剂易溶于油及其他有机溶剂,在水中呈分散状,具有良好的乳化性能,具有耐酸、耐碱、耐盐、耐硬水性能和良好的乳化、匀染、润湿、扩散、净洗等性能。本品中乳化剂是脂肪醇烷氧化合物、蓖麻油、聚氧乙烯醚、琥珀酸衍生物、醚羧酸、脂肪醇聚氧乙烯醚中的一种。

消泡剂具体为聚丙二醇、豆油或花生油。

**产品应用**    本品主要用作金属去污清洗剂。

**产品特性**    本产品腐蚀性较低,防锈性好,去污能力强,效率高,泡沫少。

## 配方159　金属设备低泡防锈清洗剂

原料配比

| 原料 | 配比(质量份) | | |
| --- | --- | --- | --- |
| | 1# | 2# | 3# |
| 二磷酸钠 | 3.8 | 3.2 | 4.2 |
| 椰子油二乙醇酰胺 | 5.1 | 4.3 | 7.1 |
| 赖氨酸 | 7.5 | 6.4 | 9.5 |
| 缓蚀剂羧甲基壳聚糖 | 2.4 | 1.5 | 3.4 |
| 磺化琥珀酸-2-乙基己酯盐 | 8.9 | 8.5 | 9.8 |
| 伯醇聚氧乙烯醚 | 1.9 | 1.5 | 2.9 |
| 吸附剂沸石粉 | 4.8 | 2.5 | 6.8 |

**制备方法**　将各组分原料混合均匀即可。

**产品应用**　本品主要用于钢铁、不锈钢、合金钢制品组件及材料的工序间防锈，以及各种金属设备的清洗防锈。

**产品特性**　本产品防锈效果好，无污染，具有低泡、高效、对金属表面无腐蚀、稳定性好、无污染的优点，清洗率在90％以上。

## 配方160　金属设备防锈清洗剂

原料配比

| 原料 | 配比(质量份) | | 原料 | 配比(质量份) | |
| --- | --- | --- | --- | --- | --- |
| | 1# | 2# | | 1# | 2# |
| 2,2-二溴-3-氰基乙酰胺 | 12 | 18 | 六偏磷酸钠 | 3 | 7 |
| 磷酸五钠 | 3.5 | 5.5 | 二羟基乙酸醚 | 3 | 7 |
| $C_{12}$烷基苯磺酸 | 2.2 | 4.2 | 磺化琥珀酸-2-乙基己酯盐 | 4.5 | 6.5 |
| 乙酸纤维素 | 4 | 5 | 硫氰酸盐 | 3.2 | 4.6 |
| 有机磷酸 | 2 | 5 | 十二烷基苯磺酸钠 | 4 | 8 |
| 硼酸 | 10 | 25 | 聚乙烯蜡 | 5.4 | 7.6 |
| 氮化硅 | 6 | 10 | | | |

**制备方法**　将各组分原料混合均匀即可。

**产品应用**　本品是一种金属设备防锈清洗剂。

**产品特性**　本产品提高了清洗性能，减少了对清洗设备产生的腐蚀，而且防锈性极好。

## 配方161　金属设备除油防锈清洗剂

**原料配比**

| 原料 | 配比(质量份) | | |
|---|---|---|---|
| | 1# | 2# | 3# |
| 椰油酸二乙醇酰胺 | 4 | 6 | 5 |
| 脂肪醇聚氧乙烯醚 | 3.5 | 8 | 6 |
| 葡萄糖酸钠 | 1 | 4 | 2.5 |
| 溴烃基二甲基代苯甲胺 | 1.5 | 4 | 2.3 |
| 十一烷二酸 | 2.2 | 5 | 3.2 |
| 表面活性剂 | 1.6 | 3.5 | 3.6 |
| 聚环氧琥珀酸钠 | 5.5 | 10 | 7.3 |
| 乙二胺四乙酸钠 | 1.5 | 6 | 3.5 |
| 甲基丙烯酸 | 2.5 | 4.8 | 3.4 |
| 过硫酸铵 | 2.1 | 3.8 | 2.9 |

**制备方法**　将各组分原料混合均匀即可。

**产品应用**　本品是一种金属设备防锈清洗剂。

**产品特性**　本产品具有很好的除油、清洗污渍效果，在清洗的同时，防锈效果好，并且对设备腐蚀性很小，且使用成本低。

## 配方162　金属设备快速高效清洗剂

**原料配比**

| 原料 | 配比(质量份) | | |
|---|---|---|---|
| | 1# | 2# | 3# |
| 天冬氨酸 | 5 | 9 | 7 |
| 脂肪醇二乙醇酰胺 | 3 | 8 | 5 |
| 焦磷酸钠 | 1 | 3 | 2 |
| 脂肪酸聚氧乙烯醚 | 4 | 9 | 7 |
| 硼化油酰胺 | 2 | 6 | 4 |
| 防冻剂 | 0.8 | 1.5 | 1.1 |
| 铬酸盐 | 0.3 | 0.9 | 0.6 |
| 碳酸氢钠 | 2 | 5 | 3.5 |
| 烷基硫酸酯钠 | 0.8 | 2.4 | 1.6 |
| 椰油酸二乙醇酰胺 | 2.2 | 5.6 | 3.8 |
| 缓蚀剂 | 1.3 | 3.8 | 2.5 |

**制备方法**　将各组分原料混合均匀即可。

**产品应用**　本品主要用作金属设备的高效清洗剂。

**产品特性**　本产品能够快速高效地清洗附着在金属表面的各种杂质，并且对机器和身体不会产生伤害，保证了使用人员的健康。

## 配方163　金属设备高效顽渍清洗剂

**原料配比**

| 原料 | 配比（质量份） | | |
|---|---|---|---|
| | 1# | 2# | 3# |
| 十二烷基二苯醚二磺酸钠 | 3 | 7 | 5 |
| 失水山梨醇脂肪酸酯 | 2 | 4 | 3 |
| 三乙醇胺 | 4 | 6 | 5 |
| 三聚磷酸钠 | 1.5 | 4 | 3.2 |
| 四羟甲基硫酸磷 | 3.2 | 6.7 | 4.9 |
| 烷基酚聚氧乙烯醚 | 2.2 | 5.6 | 3.8 |
| 乙二醇丁醚 | 3.5 | 8 | 5.8 |
| 尿素 | 0.6 | 1.5 | 1 |

**制备方法**　将各组分原料混合均匀即可。

**原料介绍**　本品各组分质量份配比范围为：十二烷基二苯醚二磺酸钠3～7，失水山梨醇脂肪酸酯2～4，三乙醇胺4～6，三聚磷酸钠1.5～4，四羟甲基硫酸磷3.2～6.7，烷基酚聚氧乙烯醚2.2～5.6，乙二醇丁醚3.5～8，尿素0.6～1.5。

**产品应用**　本品是一种金属设备高效清洗剂。

**产品特性**　本产品清洗效果好，能够对顽固污渍进行清洗，同时保持金属光泽亮丽。

## 配方164　金属设备或零件用清洗剂

**原料配比**

| 原料 | 配比（质量份） | | |
|---|---|---|---|
| | 1# | 2# | 3# |
| 无水硫酸钠 | 11 | 10 | 12 |
| 薄荷脑 | 12 | 9 | 13 |
| 氨基三亚甲基膦酸 | 8 | 5 | 10 |
| 棕榈油脂肪酸甲酯磺酸钠 | 7 | 5 | 10 |
| 水 | 8 | 7 | 9 |

续表

| 原料 | 配比（质量份） | | |
|---|---|---|---|
| | 1# | 2# | 3# |
| 二甲基二丙基卤化铵丙烯酰胺共聚物 | 2.5 | 2 | 3 |
| 油酸酰胺 | 2 | 1.5 | 3 |
| 表面活性剂多糖类硫酸酯盐 | 1.5 | 1 | 2 |

**制备方法**　将各组分原料混合均匀即可。

**产品应用**　本品是一种金属设备或零件用清洗剂。

**产品特性**

（1）本产品配方科学合理，生产工艺简单，不需要特殊设备，仅需要将上述原料在常温下进行混合即可。本产品清洗能力强，清洗时间短，节省人力和工时，提高工作效率，且具有除锈和防锈功效。该清洗剂呈碱性，对设备的腐蚀性较低，使用安全可靠，并有利于降低设备成本。清洗剂为水溶性液体，清洗后的废液便于处理排放，符合环境保护要求。

（2）本产品不含对人体和环境有害的亚硝酸盐，因此使用后的废弃液只需要将其 pH 调节到中性，即可以直接排放，符合污水排放标准，不会引起环境污染。

## 配方165　金属设备浓缩型清洗剂

**原料配比**

| 原料 | 配比（质量份） | | |
|---|---|---|---|
| | 1# | 2# | 3# |
| 十二烷基二甲基氧化胺 | 4.2 | 3.4 | 5.2 |
| 聚氧乙烯山梨糖醇酐单油酸酯 | 3.3 | 1.5 | 4.3 |
| 硅烷酮乳化液 | 12 | 10 | 14 |
| 葡萄糖酸钠 | 10.5 | 8.4 | 11.5 |
| N-膦羧甲基亚氨基二乙酸 | 5.5 | 4.3 | 7.5 |
| 脂肪醇聚氧乙烯(7)醚 | 2.8 | 2.3 | 3.5 |
| 稳定剂 2,6-二叔丁基对甲酚 | 4.7 | 4.2 | 5.5 |

**制备方法**　将各组分原料混合均匀即可。

**产品应用**　本品是一种金属设备浓缩型清洗剂。

**产品特性**　本产品具有经济高效的清洗效果，属浓缩型产品，可低浓度稀释使用；各成分经有效组合，产生了极好的协同增强作用，具有良好的脱脂除油、防锈效果，且平均清洗成本低；安全性能好，不污染环境；节约能源，洗涤成本低；洗涤过程对金属设备无损伤，洗后对金属设备不腐蚀。

## 配方166　金属设备强效清洗剂

**原料配比**

| 原料 | 配比（质量份） | | |
|---|---|---|---|
| | 1# | 2# | 3# |
| 乙二胺四乙酸 | 3.2 | 2.3 | 4.2 |
| N-甲基吡咯烷酮 | 4.5 | 3.6 | 5.5 |
| 磷酸三丁酯 | 4.2 | 3.5 | 5.2 |
| 直链烷基苯磺酸钠 | 4.9 | 4.6 | 5.7 |
| 羧酸盐衍生物 | 4.8 | 4.2 | 5.6 |
| 水溶性含氟非离子表面活性剂 | 3.7 | 3.2 | 4.6 |
| 2-磷酸丁烷-1,2,4-三羧酸钠 | 5.8 | 5.3 | 6.5 |
| 三乙醇胺 | 4.7 | 4.4 | 6.7 |

**制备方法**　将各组分原料混合均匀即可。

**产品应用**　本品是一种金属设备强效清洗剂。

**产品特性**　本产品集除油、去垢、除锈、防腐、渗透功能于一体，工件烘干进行电镀、喷漆、喷塑后不会发生点蚀现象；具有渗透力强、清洗彻底，处理过的工件表面防腐力和附着力强的特点；可延长产品使用寿命；可用于各种喷涂流水线前道工序，除油、防锈、钝化的金属加工行业都可以使用本产品将工件直接浸泡再清洗干净；节约了成本，比传统分步清洗和其他方法清洗工效高，可连续长期使用。

## 配方167　金属设备清洗剂

**原料配比**

| 原料 | 配比（质量份） | | 原料 | 配比（质量份） | |
|---|---|---|---|---|---|
| | 1# | 2# | | 1# | 2# |
| 脂肪醇聚氧乙烯醚 | 8 | 14 | 渗透剂 | 3 | 6 |
| 十二烷基硫酸钠 | 3 | 5 | 稳定剂 | 2.3 | 3.5 |
| 季铵盐木质素絮凝剂 | 3.2 | 4.6 | 聚丙烯酰胺 | 3.2 | 4.5 |
| 丙酸钙 | 1.2 | 3.6 | 氨基酸 | 2.4 | 4.6 |
| 二甲基甲酰胺 | 7 | 10 | 葡萄糖酸钠 | 2 | 5 |

| 原料 | 配比（质量份） | | 原料 | 配比（质量份） | |
|---|---|---|---|---|---|
| | 1# | 2# | | 1# | 2# |
| 蓖麻油钾皂 | 3 | 6 | 聚氧乙烯山梨糖醇酐单油酸酯 | 2 | 8 |
| 噻二唑类衍生物 | 3.4 | 5.6 | 铬酸盐 | 1.2 | 1.6 |
| 乙酸纤维素 | 2 | 3 | | | |

**制备方法**　将各组分原料混合均匀即可。
**产品应用**　本品是一种金属设备清洗剂。
**产品特性**　本产品具有高效清洁性和抗腐蚀性，对金属设备进行很好的保护。

## 配方168　金属设备高效清洗剂

**原料配比**

| 原料 | 配比（质量份） | | |
|---|---|---|---|
| | 1# | 2# | 3# |
| 椰油酸二乙醇酰胺 | 4.2 | 3.4 | 5.2 |
| 聚氧乙烯山梨糖醇酐单油酸酯 | 3.3 | 1.5 | 4.3 |
| 水 | 12 | 10 | 14 |
| 葡萄糖酸钠 | 10.5 | 8.4 | 11.5 |
| N-膦羧甲基亚氨基二乙酸 | 5.5 | 4.3 | 7.5 |
| 脂肪醇聚氧乙烯(7)醚 | 2.8 | 2.3 | 3.5 |
| 1,3-二甲基-2-咪唑啉酮 | 4.7 | 4.2 | 5.5 |

**制备方法**　将各组分原料混合均匀即可。
**产品应用**　本品主要用作金属设备的清洗剂。
**产品特性**　本产品具有经济高效的清洗效果，属浓缩型产品，可低浓度稀释使用；各成分经有效组合，产生了极好的协同增强作用，具有良好的脱脂、除油、防锈效果，且平均清洗成本低；安全性能好，不污染环境；节约能源，洗涤成本低；洗涤过程对金属设备无损伤，洗后对金属设备不腐蚀。

## 配方169　金属设备强力清洗剂

**原料配比**

| 原料 | 配比（质量份） | | |
|---|---|---|---|
| | 1# | 2# | 3# |
| 苯甲酸钠 | 3.3 | 2.5 | 4.3 |

续表

| 原料 | 配比(质量份) | | |
|------|------|------|------|
| | 1# | 2# | 3# |
| pH 调节剂磷酸氢二钠 | 2.5 | 2.3 | 3.5 |
| 增溶剂 | 5.6 | 4.5 | 6.6 |
| 乙二胺四乙酸四钠 | 7.8 | 7.1 | 8.3 |
| 消泡剂环氧丙烷 | 3.5 | 2.3 | 4.5 |
| 羟基乙酸钠 | 6.4 | 5.6 | 7.4 |
| 水 | 6.2 | 5.3 | 7.2 |
| 三聚磷酸钾 | 1.3 | 0.9 | 1.5 |

**制备方法**　将各组分原料混合均匀即可。

**产品应用**　本品主要用于金属设备的清洗。

**产品特性**　本产品清洗效率高，去污能力强；安全性能好，不污染环境；节约能源，洗涤成本低；洗涤过程对金属设备无损伤，洗后对金属设备不腐蚀；加入消泡剂后，有效地降低了泡沫层的厚度，降低了清洗的难度，不腐蚀黑色金属零件本身，清洗速度快，被清洗的机械设备表面质量好，不具有易燃易爆的特性，且对工作环境不会造成较大的不良影响，不含有害物质，对操作人员无毒害，具有较好的安全环保性。

## 配方170　金属设备防锈清洗剂

**原料配比**

| 原料 | 配比(质量份) | | |
|------|------|------|------|
| | 1# | 2# | 3# |
| 十二烷基三甲基硫酸铵 | 1.2 | 1 | 2 |
| 脂肪酸甲酯乙氧化物 | 2.3 | 2 | 3 |
| 羟乙基纤维素 | 1.2 | 1 | 2 |
| 聚氧丙基聚氧乙基甘油醚 | 2.3 | 2 | 3 |
| 羟甲基纤维素钠 | 6.7 | 6 | 7 |
| 天冬氨酸 | 4.5 | 4 | 5 |
| 脂肪醇二乙醇酰胺 | 7.8 | 7 | 8 |
| 对叔丁基苯甲酸 | 1.2 | 1 | 2 |
| 乙二醇单硬脂酸酯 | 2.3 | 2 | 3 |
| 焦磷酸钠 | 2.3 | 2 | 3 |
| 异构十三醇聚氧乙烯醚 | 1.2 | 1 | 2 |

**制备方法**　将各组分原料混合均匀即可。

**产品应用**　本品是一种金属设备清洗剂。

**产品特性**　本产品清洗效果好，可重复使用，无污染，具有防锈能力，金属设备清洗后可保持较长时间不生锈。

## 配方171　金属设备防蚀清洗剂

**原料配比**

| 原料 | 配比（质量份） | | |
|---|---|---|---|
| | 1# | 2# | 3# |
| 聚氧乙烯脂肪醇醚 | 4.2 | 3.4 | 5.2 |
| 二磷酸钠 | 5.5 | 4.8 | 7.5 |
| 高锰酸钾 | 5.7 | 4.5 | 6.7 |
| 椰油酰胺丙基甜菜碱 | 4.5 | 3.5 | 5.5 |
| 癸二酸 | 1.7 | 1.3 | 2.3 |
| 聚乙二醇辛基苯基醚 | 8.9 | 8.5 | 9.2 |
| 稳定剂丁基羟基茴香醚 | 0.7 | 0.5 | 0.8 |

**制备方法**　将各组分原料混合均匀即可。

**产品应用**　本品主要用于金属设备的清洗。

**产品特性**　清洗剂中选用二磷酸钠，能够提高对油污等有机污染物的溶解度，可溶解金属材料表面的有机污染物；清洗剂中加入的聚乙二醇辛基苯基醚，能够降低清洗剂的表面张力，增强清洗剂的渗透性，提高对金属材料表面的清洗效果，还能增强质量传递，保证清洗的均匀性，降低对金属材料表面的损伤。本品具有水溶性好、渗透力强、无污染等优点。清洗剂中选用的化学试剂，不污染环境，不易燃烧，属于非破坏臭氧层物质，清洗后的废液便于处理排放，能够满足环保三废排放要求。清洗剂呈碱性，不腐蚀金属设备，使用安全可靠，且制备工艺简单，操作方便。

## 配方172　金属设备无腐蚀清洗剂

**原料配比**

| 原料 | 配比（质量份） | | |
|---|---|---|---|
| | 1# | 2# | 3# |
| 妥尔油脂肪酸 | 6.5 | 5.3 | 8.5 |
| 蔗糖脂肪酸酯 | 4.8 | 2.5 | 5.8 |

续表

| 原料 | 配比（质量份） | | |
|---|---|---|---|
| | 1# | 2# | 3# |
| 精氨酸 | 5.6 | 3.5 | 8.6 |
| 膨润土 | 2.1 | 1.8 | 2.5 |
| 咪唑啉甜菜碱 | 5.9 | 5.5 | 6.8 |
| 增溶剂丁基醚衍生物 | 4.6 | 3.3 | 5.6 |
| 金属离子螯合剂 | 7.5 | 6.2 | 9.5 |

**制备方法**　将各组分原料混合均匀即可。

**产品应用**　本品主要用于不锈钢的材料、管线、容器等重要的化工设备的清洗脱脂。

**产品特性**　本产品特别适用于不锈钢的材料、管线、容器等重要的化工设备的清洗脱脂，清洗脱脂后表面有光泽不发乌，对金属设备的表面无侵蚀作用。本产品受酸碱、软硬水、海水的影响较小，去脂能力强，清洗效果好；无毒、不易燃；使用简单方便，可以减少污染，降低清洗成本。

## 配方173　金属设备液体清洗剂

**原料配比**

| 原料 | 配比（质量份） | | |
|---|---|---|---|
| | 1# | 2# | 3# |
| 丁二醇 | 6.7 | 5.2 | 8.7 |
| 2-羟基磷酰基乙酸 | 4.3 | 2.5 | 5.3 |
| 异构庚烷 | 4.3 | 2.7 | 7.3 |
| 分散剂脂肪酸聚乙二醇酯 | 6.2 | 5.2 | 8.3 |
| 石油磺酸钡 | 4.8 | 4.2 | 5.3 |
| 氨基苯磺酰胺 | 5.7 | 5.1 | 6.3 |
| 2-甲基丙磺酸 | 3.8 | 3.2 | 4.5 |
| 水 | 11 | 10 | 12 |

**制备方法**　将各组分原料混合均匀即可。

**产品应用**　本品主要用于金属设备的液体清洗。

**产品特性**　本产品具有强力渗透能力，能渗透到清洗物底层，能迅速溶解、清除附着于金属零配件表面的各种污垢和杂质，清洗时无再沉积现象，清洗过程对金属表面无腐蚀、无损伤，清洗速度快，清洗后金属表面洁净、光亮，金属表面质量好，能有效保障金属的加工精度。

## 配方174　金属设备用防腐蚀清洗剂

**原料配比**

| 原料 | 配比（质量份） | | |
|---|---|---|---|
| | 1 # | 2 # | 3 # |
| 棕榈蜡 | 11 | 10 | 12 |
| 石油烷基芳基磺酸盐 | 12 | 9 | 13 |
| 氨基三亚甲基膦酸 | 8 | 5 | 10 |
| 棕榈油脂肪酸甲酯磺酸钠 | 7 | 5 | 10 |
| 水 | 8 | 7 | 9 |
| 减磨保护剂二元醇双酯 | 2.5 | 2 | 3 |
| 油酸酰胺 | 2 | 1.5 | 3 |
| 表面活性剂多糖类硫酸酯盐 | 1.5 | 1 | 2 |

**制备方法**　将各组分原料混合均匀即可。

**产品应用**　本品是一种金属设备用防腐蚀清洗剂。

**产品特性**　本产品不含对人体和环境有害的亚硝酸盐，因此使用后的废弃液只需要将其 pH 调节到中性，即可以直接排放，符合污水排放标准，不会引起环境污染。本产品配方科学合理，生产工艺简单，不需要特殊设备，仅需要将上述原料在常温下进行混合即可；其清洗能力强，清洗时间短，节省人力和工时，提高工作效率，且具有除锈和防锈功效；该清洗剂呈碱性，对设备的腐蚀性较低，使用安全可靠，并有利于降低设备成本；清洗剂为水溶性液体，清洗后的废液便于处理排放，符合环境保护要求。

## 配方175　金属设备用高效清洗剂

**原料配比**

| 原料 | 配比（质量份） | | |
|---|---|---|---|
| | 1 # | 2 # | 3 # |
| 石油烷基芳基磺酸盐 | 3 | 8 | 6 |
| 氨基三亚甲基膦酸 | 2.3 | 4.7 | 3.5 |
| 水 | 1.2 | 6 | 4.5 |
| 减磨保护剂 | 3.5 | 6 | 5 |

续表

| 原料 | 配比（质量份） | | |
|---|---|---|---|
| | 1# | 2# | 3# |
| 油酸酰胺 | 3.2 | 5.5 | 4.3 |
| 表面活性剂 | 3 | 5 | 4 |
| 棕榈酸钾 | 1.3 | 4.5 | 3 |
| N-辛基吡咯烷酮 | 0.8 | 3.5 | 2.8 |
| 2-甲基戊烷 | 3.6 | 7 | 5.6 |
| 二甘醇油酸酯 | 1.5 | 6 | 3.5 |
| 乙氧氟草醚 | 1.5 | 4 | 3 |

**制备方法**　将各组分原料混合均匀即可。

**产品应用**　本品是一种金属设备用高效清洗剂。

**产品特性**　本产品清洗效率高，去污能力强；安全性能好，不污染环境。

## 配方176　金属设备用缓蚀清洗剂

**原料配比**

| 原料 | 配比（质量份） | | |
|---|---|---|---|
| | 1# | 2# | 3# |
| 二氯化锡 | 5.5 | 4.3 | 6.5 |
| 络合剂柠檬酸三钾 | 3.3 | 2.5 | 4.3 |
| 聚氧丙烯聚氧乙烯丙二醇醚 | 2.8 | 2.4 | 3.5 |
| 十二烷基醚硫酸钠 | 7.8 | 7.2 | 8.5 |
| 油酰肌氨酸十八胺 | 3.5 | 2.2 | 4.5 |
| 表面活性剂纤维素醚 | 3.9 | 3.5 | 4.3 |
| 无磷水软化剂 | 1.8 | 1.3 | 3.4 |
| 三异丙醇胺 | 5.2 | 4.5 | 6.2 |

**制备方法**　将各组分原料混合均匀即可。

**产品应用**　本品主要用于各种金属材料及制件加工前后的表面清洗、除锈、去污等处理。

**产品特性**　本产品具有优异的脱脂、洗涤和缓蚀、防锈功能，与其他组分复配后得到一种高效金属表面清洗液，具有除锈、清除表面油污和防锈的功能，清洗后能够在金属表面形成一层保护膜，防止金属表面清洗后在后续加工前的二次锈蚀，同时具有污染小、不含磷、对设备腐蚀性低等优点。

## 配方177    金属设备用浓缩型清洗剂

**原料配比**

| 原料 | 配比(质量份) | | |
| --- | --- | --- | --- |
| | 1# | 2# | 3# |
| 脂肪醇聚氧乙烯醚 | 5.2 | 4.3 | 6.2 |
| 乙二胺 | 6.3 | 5.1 | 7.3 |
| 十二烷基硫酸钠 | 4.3 | 3.4 | 5.3 |
| 硝酸铵 | 5.5 | 4.4 | 7.5 |
| 烷基酚聚氧乙烯醚 | 8.4 | 7.3 | 10.4 |
| 表面活性剂烷基磺酸盐 | 3.2 | 2.3 | 4.2 |
| 苯丙氨酸 | 4.4 | 3.7 | 5.4 |

**制备方法**    将各组分原料混合均匀即可。

**产品应用**    本品是一种金属设备用清洗剂。

**产品特性**    本产品具有高效的清洗效果,属浓缩型产品,可低浓度稀释使用;各成分经有效组合,产生了极好的协同增强作用,具有良好的脱脂、除油、防锈效果,且清洗成本低,安全性能好,不污染环境,节约能源;洗涤过程对金属设备无损伤,洗后对金属设备不腐蚀。

## 配方178    金属设备用清洗剂

**原料配比**

| 原料 | 配比(质量份) | | |
| --- | --- | --- | --- |
| | 1# | 2# | 3# |
| 四羟基乙二胺 | 6.5 | 5.3 | 8.5 |
| 多元醇聚氧乙烯醚羧酸酯 | 4.8 | 2.5 | 5.8 |
| 氢氧化钠 | 5.6 | 3.5 | 8.6 |
| 渗透剂 | 2.1 | 1.8 | 2.5 |
| 壬基酚醚磷酸甲酯乙醇胺盐 | 5.9 | 5.5 | 6.8 |
| 稳定剂硅酸镁铝 | 4.6 | 3.3 | 5.6 |
| 赖氨酸 | 7.5 | 6.2 | 9.5 |

**制备方法**    将各组分原料混合均匀即可。

**产品应用**    本品是一种金属设备用清洗剂。

**产品特性**    本产品不含对人体和环境有害的亚硝酸盐,因此使用后的废弃液只需要将其 pH 调节到中性，即可以直接排放，符合污水排放标准，不会引起环境污染。本产品配方科学合理，生产工艺简单，不需要特殊设备，仅需要将上述原料在常温下进行混合即可；其清洗能力强，清洗时间短，节省人力和工时，提高工作效率，且具有除锈和防锈功效；该清洗剂呈碱性，对设备的腐蚀性较低，使用安全可靠，并有利于降低设备成本；清洗剂为水溶性液体，清洗后的废液便于处理排放，符合环境保护要求。

## 配方179　金属设备用无损伤清洗剂

**原料配比**

| 原料 | 配比（质量份） | | |
|---|---|---|---|
| | 1# | 2# | 3# |
| 椰油酸单乙醇酰胺 | 5.2 | 4.3 | 6.2 |
| 聚马来酸酐 | 6.3 | 5.1 | 7.3 |
| 乙二胺四乙酸四钠 | 4.3 | 3.4 | 5.3 |
| 2-羧乙基膦酸 | 5.5 | 4.4 | 7.5 |
| 烷基酚聚氧乙烯醚 | 8.4 | 7.3 | 10.4 |
| 表面活性剂烷基磺酸盐 | 3.2 | 2.3 | 4.2 |
| 乙醇胺和三乙醇胺混合物 | 4.4 | 3.7 | 5.4 |

**制备方法**　将各组分原料混合均匀即可。

**产品应用**　本品是一种金属设备用无损伤清洗剂。

**产品特性**　本产品具有高效的清洗效果，属浓缩型产品，可低浓度稀释使用；各成分经有效组合，产生了极好的协同增强作用，具有良好的脱脂、除油、防锈效果，且平均清洗成本低；安全性能好，不污染环境，节约能源；洗涤过程对金属设备无损伤，洗后对金属设备不腐蚀。

## 配方180　金属设备用渣油清洗剂

**原料配比**

| 原料 | 配比（质量份） | | | | |
|---|---|---|---|---|---|
| | 1# | 2# | 3# | 4# | 5# |
| 辛基酚聚氧乙烯醚 | 3 | 5 | 7 | 9 | 10 |
| 脂肪醇聚氧乙烯醚硫酸钠 | 2 | 4 | 5 | 7 | 9 |
| 聚丙烯酸钠 | 1 | 2 | 3 | 6 | 8 |

续表

| 原料 | | 配比(质量份) | | | | |
|---|---|---|---|---|---|---|
| | | 1# | 2# | 3# | 4# | 5# |
| 聚磷酸盐 | 焦磷酸钠 | 4 | — | — | 8 | — |
| | 三聚磷酸钠 | — | 5 | — | — | 10 |
| | 四聚磷酸钠 | — | — | 6 | — | — |
| 次氨基三乙酸钠 | | 1 | 3 | 4 | 6 | 7 |
| 磷酸三丁酯 | | 2 | 3 | 5 | 7 | 8 |
| 六亚甲基四胺 | | 3 | 4 | 7 | 8 | 9 |
| 苄基三甲基氯化铵 | | 2 | 5 | 6 | 8 | 9 |
| 氨基磺酸 | | 1 | 2 | 3 | 7 | 8 |
| 乙二醇丁酯 | | 3 | 4 | 5 | 8 | 9 |
| 丙烯酸二甲氨基乙酯 | | 4 | 6 | 8 | 9 | 10 |
| 烯丙基三甲基氯化铵 | | 3 | 4 | 6 | 7 | 8 |
| 缓蚀剂 | 硅酸钠 | 2 | — | — | — | — |
| | 三乙醇胺 | — | 3 | — | — | — |
| | 苯乙醇胺 | — | — | 5 | — | 7 |
| | 苯并三氮唑 | — | — | — | 6 | — |
| 水 | | 5 | 7 | 9 | 10 | 12 |

**制备方法**

（1）将辛基酚聚氧乙烯醚、脂肪醇聚氧乙烯醚硫酸钠、聚丙烯酸钠和聚磷酸盐加至水中，40～60℃保温搅拌 20～30min，冷却至室温，得混合物Ⅰ；搅拌速度为 200～300 r/min。

（2）将次氨基三乙酸钠、磷酸三丁酯、六亚甲基四胺、苄基三甲基氯化铵、氨基磺酸和乙二醇丁酯混合，30～50℃保温搅拌 20～30min，冷却至室温，得混合物Ⅱ；其中搅拌速度为 200～300r/min。

（3）将步骤（1）所得混合物Ⅰ和步骤（2）所得混合物Ⅱ混合，再加入丙烯酸二甲氨基乙酯、烯丙基三甲基氯化铵和缓蚀剂，在氨气氛围下 30～40℃真空搅拌 10～20min，即得。真空搅拌的真空度为 0.1～0.25MPa。搅拌速度为 100～200 r/min。

**产品应用**  本品是一种金属设备用渣油清洗剂。

**产品特性**  本产品具有优良的清洗能力，常温下对金属表面渣油的脱脂率达 99.54%以上；符合低泡型金属清洗剂起泡高度≤5mm 的要求；在一定时间内具有良好的防锈能力；抗腐蚀性能优良，经过浸洗的金属试片的腐蚀量≤2mg，且表面光洁如新；高、低温稳定性良好，在高、低温的条件下都无分层的现象。该清洗剂为低泡型清洗剂。

## 配方181　金属设备油污清洗剂

**原料配比**

| 原料 | 配比(质量份) | | |
|---|---|---|---|
| | 1# | 2# | 3# |
| 脂肪醇聚氧乙烯醚 | 9 | 15 | 12 |
| 三乙醇胺 | 3 | 7 | 5 |
| 磷酸钠 | 2 | 5 | 3.5 |
| 氨基硅氧烷 | 1 | 3 | 2 |
| 钛白粉 | 2 | 5 | 3.5 |
| 乙二胺四乙酸 | 7 | 13 | 10 |
| 十二烷基硫酸钠 | 2 | 6 | 4 |
| 六亚甲基四胺 | 1 | 5 | 3 |
| 氨基三亚甲基膦酸 | 1.5 | 4 | 2.8 |
| 季铵盐木质素絮凝剂 | 2.5 | 6 | 4.6 |

**制备方法**　将各组分原料混合均匀即可。

**产品应用**　本品主要用作金属设备的油污清洗剂。

**产品特性**　本产品能够对设备表面进行彻底的去污，效率高，在清洗时能够连同切屑一起清理，清洗效果好。

## 配方182　金属水基清洗剂

**原料配比**

| 原料 | 配比(质量份) | | |
|---|---|---|---|
| | 1# | 2# | 3# |
| 硅油 | 3 | 4 | 5 |
| 环氧乙烷环氧丙烷共聚聚氧乙烯醚 | 14 | 13 | 12 |
| 三乙醇胺 | 5 | 6 | 7 |
| 乙基苯并三氮唑 | 23 | 22 | 20 |
| 工业盐酸 | 5 | 6 | 7 |
| 六甲基四胺 | 32 | 30 | 27 |
| 氢氧化钠 | 15 | 16 | 15 |
| 无水偏硅酸钠 | 9 | 8 | 8 |
| 高纯度葡萄糖酸钠 | 8 | 9 | 11 |

**制备方法**

（1）按质量份称取原材料如下：硅油 3～6 份，环氧乙烷环氧丙烷共聚聚氧乙烯醚 10～14 份，三乙醇胺 5～9 份，乙基苯并三氮唑 12～23 份，工业盐酸 5～7 份，六甲基四胺 21～32 份，氢氧化钠 15～17 份，无水偏硅酸钠 5～9 份，高纯度葡萄糖酸钠 8～12 份。

（2）将乙基苯并三氮唑加入到质量分数为 70% 的温度为 35℃ 的水中，得到基础液。

（3）用搅拌机搅拌基础液，同时依次缓慢加入硅油、环氧乙烷环氧丙烷共聚聚氧乙烯醚、三乙醇胺、六甲基四胺和葡萄糖酸钠，随后再搅拌 25min，并过滤，得混合液 A。

（4）继续搅拌混合液 A，同时依次缓慢加入工业盐酸和无水偏硅酸钠，随后再搅拌 20min，并过滤，得混合液 B。

（5）将混合液 B 放入蒸发器中，回转蒸馏 20min，提取上清液 B。

（6）将上清液 B 放入过滤离心机中在 1800r/s 转速下进行离心，时间为 10min，最终得到清洗液。

**产品应用**　本品是一种工业金属用水基清洗剂。

**产品特性**　本产品使用的环氧乙烷环氧丙烷共聚聚氧乙烯醚，可降低清洗过程中产生泡沫的泡沫强度，达到自行消泡，无须另行添加消泡剂，同时通过各组分的协同作用，使清洗和防锈效果均达到最佳，同时可在被清洗的金属表面形成憎水保护膜，保护被清洗的金属，制备时经多次搅拌和过滤，得到混合液 B，同时对混合液 B 进行蒸馏，使清洗剂洁净无杂质，提升了清洗剂的品质，且使用安全，并能有效地保证金属的光泽度。

## 配方183　金属水基强力清洗剂

**原料配比**

| 原料 | 配比（质量份） | | |
|---|---|---|---|
| | 1# | 2# | 3# |
| 硬树脂酸甘油单酯 | 4.3 | 2.7 | 5.3 |
| 活性氧化铝粉 | 4.8 | 4.2 | 5.6 |
| 烷醇酰胺 | 6.6 | 5.2 | 7.6 |
| 氨基三亚甲基磷酸 | 6.6 | 5.4 | 7.6 |
| 水 | 4.6 | 3.5 | 5.6 |
| 聚乙烯亚胺 | 4.5 | 3.2 | 5.6 |
| 分散剂聚环氧琥珀酸 | 6.3 | 5.6 | 7.3 |

**制备方法**　将各组分原料混合均匀即可。

**产品应用**　本品主要用作金属的水基清洗剂。

**产品特性**　本产品能显著降低水的表面张力，使工件表面容易润湿，且渗透力强；能更有效地改变油污和工件之间的界面状况，使油污乳化、分散、增溶，形成水包油型的微粒而被清洗掉；配方科学合理，清洗过程中泡沫少，清洗能力强、连续性好、速度快、使用寿命长，随着清洗次数增加，清洗液 pH 值降低；不含磷酸盐或亚硝酸盐，可直接在自然界完全生物降解为无害物质。

## 配方184　金属水基无腐蚀清洗剂

**原料配比**

| 原料 | | 配比（质量份） | | | | |
| --- | --- | --- | --- | --- | --- | --- |
| | | 1# | 2# | 3# | 4# | 5# |
| 脂肪醇聚氧乙烯醚 | | 15 | 5 | 8 | 8 | 5 |
| 油酸三乙醇胺 | | 0.1 | 0.5 | 0.2 | 0.1 | 0.2 |
| 柠檬酸 | | 1 | 5 | 4 | 1 | 4 |
| 增溶剂 | 聚乙二醇 | 1 | 0.5 | 0.4 | — | — |
| | 三乙醇胺 | — | — | 0.4 | 1 | — |
| | 吐温-80 | — | — | — | — | 0.2 |
| 缓蚀剂 | 巯基苯并噻唑 | 0.5 | — | — | 0.8 | — |
| | 巯基苯并噻唑和十六烷胺的混合物（1∶1） | — | — | 1.2 | — | — |
| | 苯并三唑 | — | 3.5 | — | — | 3.5 |
| 消泡剂 | 乳化硅油 | 0.4 | 0.6 | — | 1 | 0.4 |
| | 聚丙烯酰胺 | — | — | 0.6 | — | — |
| 还原剂 | 亚硫酸钠 | 2 | 0.5 | — | 2 | — |
| | 异抗坏血酸钠 | — | — | 0.8 | — | 0.8 |
| 水 | | 80 | 84.4 | 84.8 | 86.1 | 85.9 |

**制备方法**

（1）向反应釜中加入水，在常温下，边搅拌边加入柠檬酸和增溶剂，完全溶解后静置；

（2）向步骤（1）制备的溶液中分别加入脂肪醇聚氧乙烯醚和油酸三乙醇胺，边搅拌边加热至 40～50℃，再加入缓蚀剂、消泡剂及还原剂，继续搅拌至溶液分散均匀，静置冷却，即得金属水基清洗剂。

**产品应用**　本品是一种金属水基清洗剂。

**产品特性**　本产品化学性质稳定，对环境友好，符合绿色环保的要求，能使用在各种工业设备表面或内部的金属清洗过程中，能清洗、钝化一次完成，适应性广，具有优良的清洗性能，且制备工艺简单，效果明显，易于推广应用。本产品对金属无腐蚀，洗净力均≥92%，且在金属表面无残留。

## 配方185　金属水基高效清洗剂

**原料配比**

| 原料 | 配比（质量份） | | |
|---|---|---|---|
| | 1# | 2# | 3# |
| 硅油 | 5 | 4 | 3 |
| 环氧乙烷环氧丙烷共聚聚氧乙烯醚 | 12 | 13 | 14 |
| 三乙醇胺 | 6 | 7 | 9 |
| 乙基苯并三氮唑 | 15 | 16 | 20 |
| 工业盐酸 | 5 | 7 | 7 |
| 六甲基四氨 | 25 | 27 | 23 |
| 氢氧化钠 | 16 | 15 | 17 |
| 无水偏硅酸钠 | 6 | 6 | 6 |
| 高纯度葡萄糖酸钠 | 11 | 10 | 12 |

**制备方法**　将各组分原料混合均匀即可。

**产品应用**　本品是一种工业金属用水基清洗剂。

**产品特性**　本产品使用环氧乙烷环氧丙烷共聚聚氧乙烯醚，可以降低清洗过程中产生泡沫的泡沫强度，达到自行消泡，无须另行添加消泡剂，同时通过各组分的协同作用，使清洗和防锈效果均达到最佳，同时可在被清洗的金属表面形成憎水保护膜，保护被清洗的金属，清洗剂洁净无杂质，提升了清洗剂的品质，且使用安全，并能有效地保证金属的光泽度。

## 配方186　金属铜材料清洗剂

**原料配比**

| 原料 | | 配比（质量份） | | | | | |
|---|---|---|---|---|---|---|---|
| | | 1# | 2# | 3# | 4# | 5# | 6# |
| 磷酸盐 | 三聚磷酸钠 | 10 | — | — | 7 | — | — |
| | 磷酸钠 | — | 6 | — | — | 9 | — |
| | 二磷酸钠 | — | — | 6 | — | — | 9 |

续表

| 原料 | | 配比(质量份) | | | | | |
|---|---|---|---|---|---|---|---|
| | | 1# | 2# | 3# | 4# | 5# | 6# |
| 表面活性剂 | 聚合度为 20 的脂肪醇聚氧乙烯醚(0～20) | 5 | 5 | — | 6 | 5 | — |
| | 聚合度为 40 的脂肪醇聚氧乙烯醚(0～40) | — | — | 5 | — | — | 8 |
| pH调节剂 | 氢氧化钾 | 2 | | | 4 | | |
| | 氢氧化钠 | | | 3 | | | 3 |
| | 氨水 | | 3 | | | 3 | |
| 水 | | 加至100 | 加至100 | 加至100 | 加至100 | 加至100 | 加至100 |

**制备方法**　按照质量份称取磷酸盐、表面活性剂、pH 调节剂以及水，在室温下依次将磷酸盐、表面活性剂、pH 调节剂加入到水中，搅拌混合均匀，即成为清洗剂成品。

**产品应用**　本品是一种水基型的金属铜材料清洗剂。

**产品特性**

（1）本产品配方科学合理，生产工艺简单，不需要特殊设备，仅需要将上述原料在常温下进行混合即可；其清洗能力强，清洗时间短，节省人力和工时，提高工作效率，且具有除锈和防锈功效；该清洗剂呈碱性，对设备的腐蚀性较低，使用安全可靠，并有利于降低设备成本；该清洗剂为水溶性液体，清洗后的废液便于处理排放，符合环境保护要求。

（2）本产品金属铜材料清洗剂内由于不含有对人体和环境有害的亚硝酸盐，因此使用后的废弃液只需要将其 pH 值调节到中性，即可以直接排放，符合污水排放标准，不会引起环境污染。

（3）本产品金属铜材料清洗剂中含有表面活性剂能够使铜材经过清洗后在表面形成致密的保护膜，从而保证了清洗后的零件具有防锈的功能。

## 配方187　金属脱脂强力清洗剂

**原料配比**

| 原料 | 配比(质量份) | | |
|---|---|---|---|
| | 1# | 2# | 3# |
| 硅酸钾 | 8 | 12 | 10 |
| 焦磷酸钾 | 10 | 6 | 8 |
| 脂肪醇聚氧乙烯醚 | 6 | 4 | 5 |
| 癸醇聚氧乙烯醚硫酸钾 | 3.5 | 3 | 4 |

续表

| 原料 | 配比（质量份） | | |
|---|---|---|---|
| | 1# | 2# | 3# |
| 聚氧乙烯聚氧丙烯单丁基醚 | 1.5 | 3 | 2 |
| 苯并三氮唑 | 0.3 | 0.4 | 0.2 |
| 水 | 加至100 | 加至100 | 加至100 |

**制备方法**　将各种原料混合均匀即可得到本产品。

**产品应用**　本品主要用作压缩机生产过程中脱脂处理需要的金属脱脂剂。

**产品特性**

（1）本产品具有极强的清洗力，清洗力（4％，65℃）实验达到99％以上；

（2）本产品腐蚀性弱，对铸铁和黄铜的腐蚀性（实验外观）均为0级，对铸铁腐蚀量为1.12mg，对黄铜腐蚀量为0.56mg；

（3）本产品具有强的防锈能力，单片、叠片均为0级；

（4）本产品具有很好的产品稳定性，不易分层；

（5）本产品与冷媒、冷冻机油相容性好，适用于冷冻压缩机零部件的清洗；

（6）本产品不含对人体有害的物质，对人体无毒、无害，安全性好。

## 配方188　金属脱脂剂

**原料配比**

| 原料 | 配比（质量份） | | |
|---|---|---|---|
| | 1# | 2# | 3# |
| 聚氧乙烯聚氧丙烯单丁基醚 | 1 | 3 | 2 |
| 十二烷基苯磺酸钠 | 5 | 10 | 7 |
| 碳酸钠 | 6 | 10 | 8 |
| 磷酸三钠 | 10 | 15 | 12 |
| 异丙醇 | 5 | 8 | 6.5 |
| 水 | 40 | 50 | 45 |

**制备方法**　将各组分原料混合均匀即可。

**产品应用**　本品主要用于各金属表面以及金属零部件的清洗。

**产品特性**　本产品清洗性能优良、消泡性能好、低残留、对人体无毒无害。

## 配方189　金属防锈脱脂剂

**原料配比**

| 原料 | 配比(质量份) | | |
|---|---|---|---|
| | 1# | 2# | 3# |
| 碳酸钠 | 11 | 13 | 9 |
| 癸酸二乙醇胺 | 4 | 5 | 6 |
| 脂肪醇聚氧乙烯醚 | 6 | 4 | 4 |
| 聚氧乙烯聚氧丙烯单丁基醚 | 3 | 2 | 1.5 |
| 苯并三氮唑 | 0.7 | 0.5 | 1 |
| 水 | 加至100 | 加至100 | 加至100 |

**制备方法**　将各种原料混合均匀即可得到本产品。

**产品应用**　本品主要用作压缩机生产过程中脱脂处理需要的金属脱脂剂。

**产品特性**

(1) 本产品具有极强的清洗力，清洗力（4%，65℃）实验达到99%以上；

(2) 本产品腐蚀性低，对铸铁和黄铜的腐蚀性（实验外观）均为0级，对铸铁腐蚀量为1.20mg、对黄铜腐蚀量为0.60mg；

(3) 本产品具有强的防锈能力，单片、叠片均为0级；

(4) 本产品具有极强的消泡性能（≤1mL/10min），大大低于行业标准（≤5mL/10min）；

(5) 本产品原料均为水溶性很好的有机物，所以产品低残留、易漂洗，与冷媒、冷冻机油相容性好，适合于冷冻压缩机零部件的清洗；

(6) 本产品不含对人体有害的物质，对人体无毒、无害，安全性好。

## 配方190　金属脱脂清洗剂

**原料配比**

| 原料 | 配比(质量份) | | |
|---|---|---|---|
| | 1# | 2# | 3# |
| 柠檬酸钠 | 2 | 2.5 | 1.5 |
| 碳酸钠 | 1 | 1.2 | 1.2 |
| 戊二酸二甲酯 | 1 | 1.2 | 1.2 |
| 苯甲酸钠 | 1 | 1.3 | 1.3 |
| 聚α-烯烃合成油 | 1.5 | 1.8 | 1.8 |
| 有效生物菌群 | 2 | 2 | 2 |
| 纯净水 | 92.5 | 90 | 91 |

**制备方法**

（1）将纯净水倒进烧杯里，再放入柠檬酸钠、碳酸钠、戊二酸二甲酯、苯甲酸钠，在室温条件下用搅拌机以 25r/min 的速度搅拌 20min，使固体物质充分溶解；

（2）在步骤（1）所得溶液里放入生物菌群，并充分溶解；

（3）在步骤（2）所得溶液里放入聚 α-烯烃合成油，用搅拌机搅拌混合，搅拌速度 1025r/min；

（4）在室温的条件下步骤（3）所得溶液放置 48h，使生物菌群的活动性提高到最大值，即制得本产品所述清洗剂。

**产品应用**　本品是一种可用于废水处理的亲环境金属脱脂清洗剂。

**产品特性**

（1）本产品配比简单，成本低廉，不含挥发性有机溶剂，清洗效果好，且清洗过后的废水可自身生物分解，分解速度快，不污染环境。柠檬酸钠为有机盐，对人体无害，苯甲酸钠为金属防腐蚀剂，添加酵母菌、乳酸菌、光合细菌等组成有效生物菌群，防止金属氧化以及促进废水进行生物分解。使用蔬菜提取物和蓖麻油合成的聚 α-烯烃合成油（无毒的天然表面活性剂）。故本产品具有良好的生物分解性能，而且没有添加挥发性有机化合物及有机溶剂，因此可以生产出既亲环境又具有防锈性能的清洗剂。

（2）本产品使用了有效微生物菌群为原料，防止了各种环境污染并提高对金属的防锈性能，即对人体无害。

## 配方191　金属型材专用护理清洗剂

**原料配比**

| 原料 | 配比（质量份） | | | | | |
|---|---|---|---|---|---|---|
| | 1# | 2# | 3# | 4# | 5# | 6# |
| 椰子油烷基醇酰胺磷酸酯 | 2 | 10 | 3 | 9 | 4 | 8 |
| 丙二醇丁醚 | 12 | 18 | 13 | 17 | 14 | 16 |
| 蔗糖酯 | 6 | 13 | 7 | 12 | 8 | 11 |
| 纳米碳酸钙 | 12 | 18 | 13 | 17 | 14 | 16 |
| 三乙胺 | 6 | 12 | 7 | 11 | 8 | 10 |
| 十二烷基氨基丙酸 | 4 | 10 | 5 | 9 | 6 | 8 |
| 氯化钠 | 5 | 10 | 6 | 9 | 7 | 8 |
| 乙二醇 | 5 | 10 | 6 | 9 | 7 | 8 |
| 水 | 18 | 30 | 20 | 28 | 22 | 26 |

**制备方法**　按照配比，依次将椰子油烷基醇酰胺磷酸酯、丙二醇丁醚、蔗糖酯加入乙二醇中，升温至 40～45℃，搅拌均匀，再加入三乙胺和十二烷基氨基丙酸，恒温搅拌 20～60min，后依次加入纳米碳酸钙、氯化钠和水，搅拌均匀，待自然冷却，即得金属型材专用护理清洗剂。所述搅拌的速度为 100～300r/min。

**产品应用**　本品是一种金属型材专用护理清洗剂。

**产品特性**

（1）本产品将椰子油烷基醇酰胺磷酸酯、丙二醇丁醚、蔗糖酯、纳米碳酸钙、三乙胺、十二烷基氨基丙酸、氯化钠、乙二醇和水合理复配，所得清洗剂不仅对油污具有良好的去除作用，还对所清洗部件具有良好的护理作用；所得产品均具有优良的性能。

（2）本产品在清洗部件后，可在部件表面形成保护膜，以抵抗油污，可在至少 15 天内防止油污沉积，有效率达 90% 以上。

（3）本产品制备方法简单易行，适于大范围推广应用。

## 配方192　金属锈斑清洗剂

**原料配比**

| 原料 | 配比（质量份） | | |
| --- | --- | --- | --- |
| | 1# | 2# | 3# |
| 硝酸锌 | 15 | 14 | 15 |
| 磷酸 | 10 | 10 | 10 |
| 酒石酸 | 10 | 11 | 12 |
| 亚硝酸钠 | 3 | 3 | 3 |
| 三乙醇胺 | 5 | 4 | 5 |
| 碳酸钠 | 1.5 | 1.3 | 1.0 |
| 苯甲酸钠 | 5 | 4 | 3 |
| 水 | 加至 100 | 加至 100 | 加至 100 |

**制备方法**　将各组分原料依次加入反应容器中搅拌均匀即可。

**产品应用**　本品是一种机械工业清洗剂，主要用于金属锈斑清洗。

**产品特性**　使用本清洗剂清洗金属表面的锈斑时，可以将被有锈斑的金属浸泡在本清洗剂中约 10min，金属表面的锈斑即可立即消除，使用方便，简化了清洗工艺，缩短了工时，清洗成本低廉。

## 配方193    金属用水基清洗剂

原料配比

| 原料 | 配比（质量份） | | |
|------|------|------|------|
| | 1# | 2# | 3# |
| 烷基醇酰胺 | 1.8 | 1.5 | 2.8 |
| 羟基乙二胺 | 1.3 | 0.8 | 2.3 |
| 碳酸钠 | 2.4 | 1.2 | 3.4 |
| 阻垢分散剂 | 1.4 | 1.2 | 1.5 |
| 山梨糖醇单油酸酯 | 1.9 | 1.5 | 2.8 |
| 稳定剂油酸甲酯 | 5.4 | 3.1 | 6.4 |
| 酪氨酸 | 5.7 | 3.5 | 6.7 |

**制备方法**    将各组分原料混合均匀即可。

**产品应用**    本品是一种金属用水基清洗剂。

**产品特性**    本产品能显著降低水的表面张力，使工件表面容易润湿，渗透力强；能更有效地改变油污和工件之间的界面状况，使油污乳化、分散、卷离、增溶，形成水包油型的微粒而被清洗掉；配方科学合理，清洗过程中泡沫少，清洗能力强、连续性好、速度快、使用寿命长，随着清洗次数增加，清洗液 pH 值降低；不含磷酸盐或亚硝酸盐，可直接在自然界完全生物降解为无害物质。

## 配方194    金属油污表面清洗剂

原料配比

| 原料 | 配比（质量份） | 原料 | 配比（质量份） |
|------|------|------|------|
| 麦饭石粉 | 9 | 玉米蛋白粉 | 0.4 |
| 月桂醇磺基琥珀酸酯二钠 | 4 | 磷酸二氢钙 | 0.8 |
| 月桂醇聚醚硫酸酯钠 | 3 | 碳酸氢钠 | 0.4 |
| 甲基异噻唑啉酮 | 0.15 | 酒石酸钾钠 | 1.5 |
| 海藻胶 | 1.5 | 助剂 | 4 |
| 果胶 | 0.4 | 水 | 45 |
| 魔芋葡甘聚糖 | 1.5 | | |

助剂

| 原料 | 配比（质量份） | 原料 | 配比（质量份） |
|------|------|------|------|
| 葡萄皮渣 | 18 | 柠檬酸 | 3 |
| 草酸 | 3 | 三聚磷酸钠 | 1.5 |

| 原料 | 配比(质量份) | 原料 | 配比(质量份) |
|---|---|---|---|
| 丙二醇 | 4 | 石英粉 | 1.5 |
| 壬基酚聚氧乙烯醚 | 1.5 | 水 | 25 |

**制备方法**

(1) 将麦饭石粉、魔芋葡甘聚糖和玉米蛋白粉混合后研磨 1～2h，再加入 1/5～1/4 量的水，先超声分散 10～15min，再以 8000～10000r/min 转速高速匀浆 15～30min，得 A 组分；

(2) 将月桂醇磺基琥珀酸酯二钠、月桂醇聚醚硫酸酯钠和甲基异噻唑啉酮加入余量的水中以 800～1000r/min 转速搅拌 5～10min，再加入海藻胶和果胶在 60～80℃、同样转速下搅拌 20～30min，得 B 组分；

(3) 将 A 组分、B 组分和其余原料混合后以 800～1000r/min 转速搅拌 15～30min，分装后即得。

**原料介绍**　助剂的制备方法是：将葡萄皮渣与 1/3～1/2 量的水混合后搅拌均匀，超声处理 0.5～1h，再加入草酸、柠檬酸、三聚磷酸钠和丙二醇在 200～400r/min、60～80℃条件下处理 12～24h，过滤后将滤渣与余量的水混合，加入壬基酚聚氧乙烯醚和石英粉在 1000～1200r/min、60～80℃条件下处理 6～8h，再次过滤并将两次得到的滤液合并，将 pH 调至中性，即得。

**产品应用**　本品主要用于清洗表面油污较重的金属材料以及工件。

**产品特性**

(1) 通过配方与工艺的改进，增强了产品对金属表面油污的清洗作用，适用于清洗表面油污较重的金属材料以及工件，去油污效力强，且不造成二次污染，对材料表面性质的影响小。

(2) 通过添加麦饭石粉能有效吸附附着在金属表面的油污，既缩短了清洗时间，又使清洗更加彻底；且在金属清洗剂废水排放时能通过离心、过滤等方式分离大部分污染物，有利于减轻污水处理负担，更易达到排放标准。

(3) 清洗剂油污清洗率≥98％。

## 配方195　　金属油污防锈清洗剂

**原料配比**

| 原料 | 配比(质量份) | | |
|---|---|---|---|
| | 1# | 2# | 3# |
| 石油烃 | 30 | 45 | 40 |
| 乳化剂 | 5 | 10 | 8 |

续表

| 原料 | 配比（质量份） | | |
|------|------|------|------|
| | 1# | 2# | 3# |
| 苯甲酸二乙醇胺 | 3 | 8 | 8 |
| 表面活性剂 | 5 | 5 | 8 |
| 硅酸钠 | 5 | 12 | 15 |
| 乙醇胺 | 1 | 3 | 2 |
| 水 | 51 | 17 | 19 |

**制备方法**　将各组分原料混合均匀即可。

**产品应用**　本品主要用作清洗金属上油污的防锈清洗剂。

**产品特性**　本产品添加了苯甲酸二乙醇胺或钼酸二乙醇胺等除锈剂，在清洗金属零件油污的基础上，还可以除锈防锈。

## 配方196　金属油污常温清洗剂

**原料配比**

| 原料 | 配比（质量份） | | | | | |
|------|------|------|------|------|------|------|
| | 1# | 2# | 3# | 4# | 5# | 6# |
| 阴离子表面活性剂醇醚羧酸盐 | 14 | 15 | 16 | 16 | 15 | 14 |
| 非离子表面活性剂烷基多糖苷 | 42 | 43 | 44 | 42 | 44 | 43 |
| 草酸钠 | 3 | 4 | 3.5 | 3.5 | 3 | 4 |
| 助洗剂 EDTA 二钠 | 4 | 5 | 6 | 5 | 4.5 | 5 |
| 缓蚀剂十六烷胺 | 0.5 | 0.8 | 1.0 | 1.0 | 0.8 | 0.5 |
| 乙二醇 | 25 | 20 | 15 | 20 | 15 | 20 |
| 水 | 加至100 | 加至100 | 加至100 | 加至100 | 加至100 | 加至100 |

**制备方法**　按所述配方进行配料，先将乙二醇和水均匀混合，然后室温下将无机碱加入乙二醇和水的混合液中，无机碱完全溶解后，室温下依次加入阴离子表面活性剂、非离子表面活性剂、助洗剂及缓蚀剂，搅拌均匀即得到所述的金属油污清洗剂。

**原料介绍**　阴离子表面活性剂为醇醚羧酸盐。该类表面活性剂具有优良的增溶性、去污性、润湿性、乳化性、分散性和钙皂分散力，且耐酸碱、耐高温、耐硬水，可以在广泛的 pH 值条件下使用，并且易生物降解、无毒、使用安全。

　　非离子表面活性剂为烷基多糖苷。该类表面活性剂属于非离子表面活性剂，但是实际上兼具非离子和阴离子两种表面活性剂的特性，无浊点，水稀释后无凝胶现象，并且该类表面活性剂在自然界中能够完全生物降解，从而可以避免对环境造成污染，是一种绿色环保的表面活性剂。

助洗剂为 EDTA 二钠。

草酸钠碱性较为温和，对皮肤的刺激性小。

缓蚀剂为十六烷胺或十八烷胺中的一种。加入缓蚀剂可以有效地保护金属材料，可以防止或减缓金属材料腐蚀。

**产品应用**　本品主要用作金属油污清洗剂。

本产品在使用时需用水稀释 10～20 倍，然后将要清洗的金属零部件浸入到洗液中室温浸泡 30～60min，然后清洗，清洗后再水洗一次，最后烘干即可。

**产品特性**

（1）本产品不含磷，也不含 APEO 类表面活性剂，采用环保型的表面活性剂使得清洗剂整体而言绿色、环保无害，在低温、常温下具有较强的去污能力，是一种很好的金属油污清洗剂。

（2）本产品用环保型的表面活性剂取代以往的 APEO 类表面活性剂，使用的助洗剂也是无磷助剂，这样本产品的金属油污清洗剂环保、无污染并且清洗能力强。

## 配方197　金属油污清洗剂

**原料配比**

| 原料 | 配比（质量份） | | | | |
|---|---|---|---|---|---|
| | 1# | 2# | 3# | 4# | 5# |
| 氢氧化钠 | 10 | 12 | 14 | 16 | 18 |
| 碳酸钠 | 35 | 31.4 | 29 | 20 | 20 |
| 三聚磷酸钠 | 20.1 | 17 | 19 | 24 | 15 |
| 焦磷酸钠 | 12 | 11 | 10 | 9 | 8 |
| 偏硅酸钠 | 20 | 23 | 20 | 20 | 30 |
| 苯甲酸钠 | 1 | 3 | 5 | 8.3 | 5.8 |
| 平平加 | 0.8 | 0.9 | 1 | 0.8 | 1.2 |
| OP-10 | 1.2 | 0.9 | 1 | 0.9 | 0.8 |
| 月桂酸二乙醇酰胺 | 0.9 | 0.8 | 1 | 1 | 1.2 |

**制备方法**　将混合后的原料搅拌均匀，即可制成金属油污清洗剂。

**产品应用**　本品是一种金属油污清洗剂。

**产品特性**

（1）产品除油能力强，对金属表面油污清洗快速、高效，尤其对重油污特别有效，重油污清洗率在 90% 以上。

（2）产品中的任何一种成分对金属都没有腐蚀作用，因此对清洗对象没有任何损伤，对金属表面无腐蚀，防锈性达到 0 级。而且可以在清洗物表面形成保护膜，防止其再次氧化。

（3）产品具有低泡性能，泡沫少，便于清洗，可减少污水排放量。

（4）产品性能稳定，性价比优于国内同类产品，价格相当于国外同类产品的 40%。

（5）产品的生产方法简单，容易操作。

## 配方198　金属渣油水基清洗剂

**原料配比**

| 原料 | 配比（质量份） | | 原料 | 配比（质量份） | |
| --- | --- | --- | --- | --- | --- |
| | 1# | 2# | | 1# | 2# |
| 非离子型表面活性剂 | 0.5 | 10 | 复合缓蚀剂 | 0.4 | 10 |
| 阴离子型表面活性剂 | 1.0 | 20 | 消泡剂 | 0.1 | 3 |
| 助洗剂 | 1 | 5 | 水 | 97 | 52 |

**制备方法**　室温下，将上述非离子型表面活性剂、阴离子型表面活性剂进行预混合，静置 10min 后，再加入助洗剂、复合缓蚀剂、消泡剂、水，搅拌均匀，即得产品。

**原料介绍**　非离子型表面活性剂为聚氧乙烯壬基苯醚 NP-10、烷基酚聚氧乙烯醚 OP-10、椰子油烷醇酰胺 6501，优选 6501（椰子油烷醇酰胺）。

阴离子型表面活性剂为 α-烯烃磺酸盐 AOS、月桂醇聚氧乙烯醚硫酸钠 AES，优选 AOS（α-烯烃磺酸盐）。

助洗剂为 4A 型分子筛、聚丙烯酸钠、丙二醇丁醚、柠檬酸钠，优选丙二醇丁醚和柠檬酸钠的组合。

复合缓蚀剂为铬酸盐、钼酸盐、钒酸盐、亚硝酸盐、硼酸盐，优选铬酸盐。

消泡剂为二甲基硅油。

**产品应用**　本品主要用作金属渣油水基清洗剂。

**产品特性**　水基型清洗剂在常温条件下均具有很高的清洗率，可以很好地替代有机溶剂型清洗剂，对金属无腐蚀，使用时配制容易，操作简单，不燃烧，不爆炸，安全无毒。

## 配方199　　金属制件表面水基清洗剂

**原料配比**

| 原料 | 配比（质量份） | | | |
|---|---|---|---|---|
| | 1# | 2# | 3# | 4# |
| 氢氧化钠 | 2 | 3 | 2 | 4 |
| 硝酸钠 | 3 | 4 | 3 | 3 |
| 三聚磷酸钠 | 2 | 3 | 2 | 4 |
| 脂肪醇聚氧乙烯醚 | 0.6 | 0.4 | 0.6 | 0.8 |
| 十二烷基硫酸钠 | 0.5 | 0.3 | 0.5 | 0.7 |
| 乙二胺四乙酸 | 0.03 | 0.02 | 0.03 | 0.06 |
| 壬基酚聚氧乙烯醚 | 3 | 2 | 3 | 4 |
| 椰子油脂肪酸 | 3 | 2 | 3 | 4 |
| 水 | 加至1000 | 加至1000 | 加至1000 | 加至1000 |

**制备方法**　将各组分原料混合均匀即可。

**产品应用**　本品主要用于不锈钢等重金属以及铝合金等轻金属的清洗。

清洗方法有以下步骤：

（1）将盛有水基清洗剂的烧杯放入超声清洗器中，升温至40～70℃；

（2）将金属制件放入烧杯中，开启超声清洗5～10min；

（3）将清洗后的金属制件取出并用清水清洗、烘干即可。

**产品特性**

（1）本产品通过选择合适的组分及用量，从而能够同时适用于不锈钢等重金属以及铝合金等轻金属。

（2）本产品不但具有较好的除油效果，而且对制件表面腐蚀性较小，同时，清洗后的残液对环境污染较小。

## 配方200　　金属制品用防锈防腐蚀清洗剂

**原料配比**

| 原料 | 配比（质量份） | | |
|---|---|---|---|
| | 1# | 2# | 3# |
| 磷酸三钠 | 3.2 | 2.3 | 4.2 |
| 4-戊烯-2-醇 | 4.5 | 3.6 | 5.5 |
| 微乳化剂 | 4.2 | 3.5 | 5.2 |
| 氨基酸 | 4.9 | 4.6 | 5.7 |

| 原料 | 配比(质量份) | | |
| --- | --- | --- | --- |
| | 1# | 2# | 3# |
| 羧酸盐衍生物 | 4.8 | 4.2 | 5.6 |
| 消泡剂甘油聚氧丙烯醚 | 3.7 | 3.2 | 4.6 |
| 三聚硅酸钠 | 5.8 | 5.3 | 6.5 |
| 碳酸钠矾 | 4.7 | 4.4 | 6.7 |

**制备方法**　将各组分原料混合均匀即可。

**产品应用**　本品主要是一种金属制品用防锈防腐蚀清洗剂。

**产品特性**　本产品具有经济高效的清洗效果，属浓缩型产品，可低浓度稀释使用；各成分经有效组合，产生了极好的协同增强作用，具有良好的脱脂、除油、防锈效果，且平均清洗成本低；安全性能好，不污染环境；节约能源，洗涤成本低；洗涤过程对金属设备无损伤，洗后对金属设备不腐蚀。

# 配方201　金属制品用防锈清洗剂

**原料配比**

| 原料 | 配比(质量份) | | | | |
| --- | --- | --- | --- | --- | --- |
| | 1# | 2# | 3# | 4# | 5# |
| 无水磷酸三钠 | 5.5 | 4 | 6 | 7 | 4 |
| 4-甲基-4-戊烯-2-醇 | 7.5 | 5 | 8 | 6 | 5 |
| 硬脂酰乳酸钙 | 5.4 | 4 | 6 | 5 | 4 |
| N-酰基氨基酸型表面活性剂 | 5.7 | 4.2 | 6 | 7 | 7 |
| 醇醚羧酸盐 | 5.4 | 4.8 | 6 | 5 | 5 |
| 消泡剂 | 4.2 | 2.9 | 5 | 4 | 4 |
| 三聚硅酸钠 | 6.5 | 7.8 | 7 | | 6.5 |
| 碳酸钠矾 | 6.2 | 5.8 | 7 | 6 | 6 |

**制备方法**　将各组分原料混合均匀即可。

**产品应用**　本品是一种金属制品用防锈清洗剂。

**产品特性**　本产品属浓缩型产品，可低浓度稀释使用，使用较为安全，除油脱脂能力较强、泡沫较少，具有高效的清洗效果，各成分经有效组合，可产生极好的协同增强作用，具有良好的脱脂、除油、防锈效果，且平均清洗成本低；安全性能好，不污染环境；节约能源，洗涤成本低；洗涤过程对金属设备无损伤，洗后对金属设备不腐蚀，适宜推广应用。

## 配方202    金属制品防锈清洗剂

原料配比

| 原料 | 配比（质量份） | |
|------|------|------|
| | 1# | 2# |
| 甘醇酸 | 10～15 | 8～10 |
| 多元醇磷酸酯 | 5～20 | 1～10 |
| 阴离子表面活性剂琥珀酸单酯磺酸盐 | 2～5 | 2～5 |
| 甲苯酸 | 5～15 | 3～10 |
| 还原剂非金属氢化物 | 1～3 | 1～3 |
| 卡丁醇乙醚 | 1～15 | 1～20 |
| 硼酸单乙醇胺 | 3～7 | 3～20 |
| 消泡剂 | 8～15 | 8～15 |
| 乳化剂 | 1～5 | 1～5 |

**制备方法**    将各组分原料混合均匀即可。

**产品应用**    本品主要用于家居和工作间内金属制品的防护。

**产品特性**    本产品配方简单易操作，并且清洗效果强，具有良好的防锈性能。

## 配方203    金属制品强渗透清洗剂

原料配比

| 原料 | 配比（质量份） | | |
|------|------|------|------|
| | 1# | 2# | 3# |
| 烷基酚基聚氯乙烯醚 | 3.8 | 3.2 | 4.2 |
| 椰子油二乙醇酰胺 | 5.1 | 4.3 | 7.1 |
| 多元醇磷酸酯 | 7.5 | 6.4 | 9.5 |
| 缓蚀剂羧甲基壳聚糖 | 2.4 | 1.5 | 3.4 |
| 脂肪醇聚氧乙烯硫酸铵 | 8.9 | 8.5 | 9.8 |
| 顺丁烯二酸 | 1.9 | 1.5 | 2.9 |
| 阴离子表面活性剂脂肪醇聚氧乙烯(10)醚羧酸钠 | 4.8 | 2.5 | 6.8 |

**制备方法**    将各组分原料混合均匀即可。

**产品应用**    本品主要用作清洗金属制品的清洗剂。

**产品特性**    本产品具有极强的渗透性和优良的除油性，使用添加剂量少，清洗成本低，清洗能力强、速度快、易漂洗、可重复使用、无污染，具有防锈能力，清洗后工件表面质量好，处理成本较低；配制工艺简单，使用简便，具有低泡、高效、对金属表面无腐蚀、稳定性好、可增强清洁度的特点。

## 配方204　金属制品清洗剂

**原料配比**

| 原料 | 配比(质量份) | | 原料 | 配比(质量份) | |
|---|---|---|---|---|---|
| | 1# | 2# | | 1# | 2# |
| 磺化琥珀酸二辛酯盐 | 2.5 | 4.5 | 2-甲基丙磺酸 | 2.6 | 5.2 |
| 阴离子表面活性剂 | 4.5 | 6.5 | 无水磷酸三钠 | 3 | 6 |
| 甘氨酸 | 6 | 12 | 碳酸钠矾 | 3 | 7 |
| 纳米有机蒙脱土 | 8 | 16 | 水杨酸 | 2 | 4 |
| 硝酸钾 | 2 | 4 | 藻酸盐 | 5 | 7 |
| 聚醚改性硅油 | 2.5 | 4.2 | 碘化钾 | 1 | 3 |
| 柠檬油 | 3.8 | 5.6 | 醇醚羧酸盐 | 3 | 5 |
| 甘油单癸酸酯 | 4 | 5.2 | | | |

**制备方法**　将各组分原料混合均匀即可。
**产品应用**　本品是一种金属制品清洗剂。
**产品特性**　本产品可以减少污染，提高清洗性能，具有防锈和保护功能。

## 配方205　金属轴承水基清洗剂

**原料配比**
浓缩清洗剂

| 原料 | 配比(质量份) | | |
|---|---|---|---|
| | 1# | 2# | 3# |
| 三乙醇胺 | 19 | 17 | 15 |
| 乙醇胺 | 14 | 12 | 10 |
| 油酸三乙醇胺 | 18 | 14 | 10 |
| 石油磺酸钠 | 6 | 4 | 2 |
| 脂肪醇聚氧乙烯醚 | 5 | 3.5 | 2 |
| 乳化剂 | 4 | 3 | 2 |
| 椰子油二乙醇胺磷酸酯 | 16 | 13 | 10 |
| 纯水 | 14.8 | 27.85 | 40.9 |
| 苯并三氮唑 | 0.7 | 0.4 | 0.1 |

续表

| 原料 | 配比(质量份) | | |
|---|---|---|---|
| | 1# | 2# | 3# |
| EDTA | 1.5 | 1.25 | 1 |
| NaOH | — | 2 | 4 |
| Na₂CO₃ | — | 1 | 2 |
| 消泡剂 AF | 1 | 1 | 1 |

**浓缩漂洗剂**

| 原料 | 配比(质量份) | | |
|---|---|---|---|
| | 1# | 2# | 3# |
| 亚硝酸环己二胺 | 2 | 1.5 | 1 |
| 三乙醇胺 | 15 | 11 | 7 |
| 乙醇胺 | 15 | 12 | 9 |
| 油酸三乙醇胺 | 20 | 15 | 10 |
| 石油磺酸钠 | 8 | 6 | 4 |
| 苯并三氮唑 | 0.5 | 0.3 | 0.1 |
| 纯水 | 39.5 | 54.2 | 68.99 |

**制备方法**　清洗剂制备方法为:

(1) A组分:将三乙醇胺和乙醇胺的混合溶剂中加入油酸三乙醇胺和石油磺酸钠,室温搅拌溶解;在搅拌下再加入脂肪醇聚氧乙烯醚、乳化剂、椰子油二乙醇胺磷酸酯,搅拌30min形成棕色透明溶液。

(2) B组分:在纯水中加入苯并三氮唑、EDTA、NaOH、Na₂CO₃,室温搅拌溶解约10min,形成无色透明的水溶液。

(3) 将B组分倒入快速搅拌的A组分中,室温快速搅拌1h;最后加入消泡剂AF,形成浓缩的棕色黏稠清洗剂。

(4) 将浓缩的棕色黏稠清洗剂配成5%的工作剂。

其配套使用的漂洗剂制备方法为:

(1) 将亚硝酸环己二胺加入三乙醇胺和乙醇胺的混合溶剂中,室温搅拌30min,溶解形成透明溶液。

(2) 再加入油酸三乙醇胺和石油磺酸钠,室温搅拌20min,形成深棕色透明溶液。

(3) 将配有苯并三氮唑的纯水倒入上述棕色透明溶液中,室温搅拌30min,得到浓缩的透明漂洗剂。

(4) 将浓缩的透明漂洗剂配成1%的工作剂。

**产品应用**　本品主要用作金属轴承水基清洗剂。

金属轴承水基清洗剂和配套使用的漂洗剂使用方法及检测工艺：

（1）先用纯水将浓缩清洗剂配成 5％的工作液 1000mL；浓缩漂洗剂配成 1％的工作液 1000mL 待用。

（2）取 50 套轴承在超声波仪的配合下，室温清洗（30s/套），再在漂洗剂中室温漂洗（30s/套），热风烘干。

（3）清洁度或留污值测试：取 10 套已热风烘干的轴承，在超声波仪中用 1000mL 石油醚清洗两次，再用已恒重的滤纸抽滤，恒重、称量留污值为 0.045mg/套。

（4）防锈性能测试：取 8 套已热风烘干的轴承，在室内挂放 4 套，折叠 4 套，48h 后在放大镜下检查锈蚀合格；再取 4 套已热风烘干的轴承，在 35℃恒温恒湿环境中 24h 防锈检测，合格。

（5）振动值检测：取 30 套已热风烘干的轴承进行振动值检测，合格，再加入防锈油，室温放置 30 天后再检测振动值，合格。

**产品特性**

（1）本产品的金属轴承水基清洗剂和配套使用的漂洗剂，避免了清洗过程中或洗涤后轴承所受到的腐蚀，具有良好的防锈性和低腐蚀性等。

（2）本产品适用于自动化洗涤装置，也便于自动化洗涤操作。

（3）本产品具有浓缩化，浓缩化的清洗剂、漂洗剂用量少，节省包装，降低贮运费。

（4）本产品不含磷，有效地防止了环境污染。

（5）本产品的金属轴承水基清洗剂可以替代汽油、煤油和一般的水基清洗剂，所用原料易得，制造成本廉价，有效防止环境污染。

## 配方206　金属轴承用水基清洗剂

**原料配比**

| 原料 | | 配比（质量份） | | |
|---|---|---|---|---|
| | | 1# | 2# | 3# |
| 油酸三乙醇胺 | | 10 | 18 | 20 |
| 三乙醇胺 | | 12 | 14 | 15 |
| 单乙醇胺 | | 16 | 10 | 11 |
| 防锈剂苯并三氮唑 | | 0.2 | 0.3 | 0.05 |
| 烷基磺酸钠（石油磺酸钠） | 十四烷基磺酸钠 | 1 | — | — |
| | 十六烷基磺酸钠 | — | 0.5 | — |
| | 十八烷基磺酸钠 | — | — | 1 |

续表

| 原料 | | 配比（质量份） | | |
| --- | --- | --- | --- | --- |
| | | 1# | 2# | 3# |
| 脂肪醇聚氧乙烯醚-9 | 椰子油醇聚氧乙烯醚-9 | 3 | — | — |
| | 月桂醇聚氧乙烯醚-9 | — | 3 | — |
| | 十六醇聚氧乙烯醚-9 | — | — | 2 |
| 烷基酚聚氧乙烯醚-10 | 壬基酚聚氧乙烯醚-10 | 2 | — | — |
| | 辛基酚聚氧乙烯醚-10 | — | 3 | — |
| | 十二烷基酚聚氧乙烯醚-10 | — | — | 4 |
| 脂肪酸烷醇酰胺 | 月桂油酸二乙醇酰胺 | 3 | 5 | — |
| | 饱和油酸二乙醇酰胺（6503） | — | — | 6 |
| 纯水 | | 51.8 | 45 | 39.95 |
| 乙二胺四乙酸二钠 | | 1 | 1.2 | 1 |

**制备方法**

(1) 油相的制备：按照配方称取油酸三乙醇胺、三乙醇胺、单乙醇胺，然后加入防锈剂苯并三氮唑，搅拌溶解，再加入烷基磺酸钠，脂肪醇聚氧乙烯醚-9、烷基酚聚氧乙烯醚-10、脂肪酸烷醇酰胺，搅拌均匀，待用。

(2) 水相的制备：按量称取纯水，加入乙二胺四乙酸二钠，搅拌溶解。

(3) 将油相加入到水相中，搅拌均匀，静置12h，得到金属轴承水基清洗剂。

**原料介绍**　脂肪醇聚氧乙烯醚-9（简称AEO-9）是一类非离子表面活性剂，也是本配方中的主活性物成分，起到去污和乳化、分散的作用。其中脂肪醇的碳原子数目为12~18，乙氧基重复单元数目为9。脂肪醇聚氧乙烯醚包括但不限于月桂醇聚氧乙烯醚-9、椰子油醇聚氧乙烯醚-9、十二醇聚氧乙烯醚-9、十六醇聚氧乙烯醚-9或任意比例的混合物。

烷基酚聚氧乙烯醚-10（简称OP-10）也是非离子表面活性剂，是本配方中的助活性物成分，起到去污和乳化作用。其中烷基的碳原子数目为8~12，乙氧基重复单元数目为10。烷基酚聚氧乙烯醚-10包括但不限于壬基酚聚氧乙烯醚-10、辛基酚聚氧乙烯醚-10、十二烷基聚氧乙烯醚-10中的任一种或任意比例混合物。

脂肪酸烷醇酰胺属非离子表面活性剂，在本配方中也是作为助活性物成分，起到去油污和乳化作用。其中脂肪酸的碳原子数目为10~16。脂肪酸烷醇酰胺包括但不限于椰子油酸二乙醇酰胺、月桂油酸二乙醇酰胺、饱和油酸二乙醇酰胺的任一种或任意混合物。

烷基磺酸钠（又称石油磺酸钠）属于阴离子表面活性剂，在本配方中作为助活性物成分，起乳化、防锈作用，其中烷基的碳原子数目为 14～18。烷基磺酸钠包括但不限于十四烷基磺酸钠、十六烷基磺酸钠、十八烷基磺酸钠。

苯并三氮唑为防锈剂。

**产品应用**    本品是一种金属轴承水基清洗剂。

本产品可以用以清洗轴承以及轴承零配件，其清洗的方法为：将清洗剂配成 2%～10% 的工作液，将待洗轴承零件或成品放到清洗剂工作液中进行超声波清洗、漂洗、喷淋冲洗及干燥等工艺处理，使之完全达到轴承清洗度标准。清洗后成品轴承的振动值也达到轴承振动值标准。

**产品特性**    本产品完全不含有毒物质，对人体和环境不产生污染危害；针对轴承的材质，清洗后无残留物，成品清洗后手感噪声和振动值水平达到煤油清洗水平，而且原料易得，成本低廉，可以完全替代汽油、煤油。

## 配方207   金属专用清洗剂

**原料配比**

| 原料 | 配比（质量份） | | | | |
|---|---|---|---|---|---|
| | 1# | 2# | 3# | 4# | 5# |
| X-10 | 10 | 20 | 25 | 30 | 50 |
| 6501 | 10 | 20 | 25 | 30 | 50 |
| 十二烷基苯磺酸钠 | 5 | 10 | 12 | 15 | 25 |
| 柠檬酸 | 1 | 2 | 6 | 8 | 10 |
| 三聚磷酸钠 | 10 | 20 | 25 | 30 | 50 |
| $K_{12}$ | 0.5 | 0.8 | 2 | 3 | 5 |
| 净化水 | 400 | 500 | 600 | 700 | 800 |

**制备方法**    按比例将净化水和原料 X-10、6501、十二烷基苯磺酸钠、柠檬酸、三聚磷酸钠、$K_{12}$ 放入反应釜中开始搅拌，搅拌 30～40min 至物料混合均匀，然后加热 20～40min，温度升至 70～90℃，物料 pH 值达到 7～8；再将物料引入另一个反应釜，进行降温 1～3h，降温冷却至 10～25℃后，再将物料引入离心机进行离心，包装即得成品。

**产品应用**    本品是一种金属专用清洗剂。

**产品特性**    该金属专用清洗剂 pH 值为 7～8，属中性产品；使用 10kg 金属专用清洗剂代替 100kg 汽油，不仅成本低而且减排节能，并且工作环境无酸雾出现，不会污染操作环境，其废液无污染公害，符合流水线生产工艺要求，大大降低了使用成本，使用安全、高效。

## 配方208　金属组合件用清洗剂

**原料配比**

| 原料 | 配比(质量份) | | |
|---|---|---|---|
| | 1# | 2# | 3# |
| 三聚磷酸钠 | 1 | 2 | 1.2 |
| 嵌段聚氧乙烯聚氧丙烯醚 | 1 | 1 | 1 |
| 嵌段聚醚 | 19 | 19 | 19 |
| 丙三醇 | 1 | 1 | 1 |
| 脂肪醇聚氧乙烯醚 | 3 | 3 | 3 |
| 葡萄糖酸钠 | 8 | 8 | 8 |
| 聚醚羧酸盐 | 8 | 8 | 8 |
| 二乙烯三胺五乙酸钠 | 3 | 3 | 3 |
| 乙二胺四乙酸二钠 | 1 | 1 | 1 |
| 正丁醇 | 3 | 3 | 3 |
| 乙醇 | 1 | 1 | 1 |
| 烷基糖苷醚 | 9 | 9 | 9 |
| 乙二醇醚 | 4 | 4 | 4 |
| 水 | 80 | 80 | 80 |
| 乙二醇 | 2 | 2 | 2 |
| 苯甲酸钠 | 5 | 5 | 5 |
| 偏硅酸钠 | 6 | 6 | 6 |
| 脱水山梨糖醇聚氧乙烯醚 | 6 | 6 | 6 |
| 羧酸盐 | 7 | 7 | 7 |
| 异丙醇 | 2 | 2 | 2 |
| 苯三唑 | 1 | 1 | 1 |
| 十二醇 | 1 | 1 | 1 |
| 1,4-丁二醇 | 3 | 3 | 3 |

**制备方法**　将各组分原料混合均匀即可。

**产品应用**　本品主要用于黑色金属和有色金属以及两者构成的组合件的除油防锈清洗。

**产品特性**　本产品具有极强的清洗性能和较长的缓蚀周期，无残留，不造成变色，不产生腐蚀斑点等，且环保低泡，不含亚硝酸钠等物质，尤其适用于常温喷淋清洗。

## 配方209　金属组合件喷淋清洗剂

### 原料配比

| 原料 | | 配比(质量份) | | | | | |
|---|---|---|---|---|---|---|---|
| | | 1# | 2# | 3# | 4# | 5# | 6# |
| 环氧乙烷、环氧丙烷与羧酸及醇类的缩合反应物 | | 5 | 3 | 6 | 6 | 3 | 6 |
| 羧酸盐 | 己二酸 | 5 | — | — | — | — | 6 |
| | 癸二酸 | — | 3 | — | — | — | — |
| | 十一烷二酸 | — | — | — | 6 | — | — |
| | IRGACORL190 | — | — | — | 6 | — | — |
| | 二聚酸钾 | — | — | — | — | 3 | — |
| 嵌段聚醚 | 分子式为 $CH_3-O-(CH_2CH_2O)_{10}[CH_2CH(CH_3)O]_{15}CH_3$ 的嵌段聚醚 | 15 | — | — | — | — | — |
| | 分子式为 $H-(CH_2CH_2O)_{15}[CH_2CH(CH_3)O]_{15}CH_3$ 的嵌段聚醚 | — | 6 | — | — | — | — |
| | 分子式为 $CH_3O(CH_2CH_2O)_{20}[CH_2CH(CH_3)O]_{10}H$ 的嵌段聚醚 | — | — | 15 | — | — | — |
| | 分子式为 $CH_3O(CH_2CH_2O)_{30}[CH_2CH(CH_3)O]_{10}H$ 的嵌段聚醚 | — | — | — | 10 | — | — |
| | 分子式为 $CH_3O(CH_2CH_2O)_{10}[CH_2CH(CH_3)O]_{30}H$ 的嵌段聚醚 | — | — | — | — | 15 | — |
| | 分子式为 $CH_3O(CH_2CH_2O)_{20}[CH_2CH(CH_3)O]_{20}H$ 的嵌段聚醚 | — | — | — | — | — | 6 |
| 醇醚表面活性剂 | 脂肪醇聚氧乙烯醚 | 15 | — | — | 11 | 15 | 5 |
| | 脱水山梨糖醇聚氧乙烯醚 | — | 5 | — | — | — | — |
| | 烷基糖苷醚 | — | — | 15 | — | — | — |
| 葡萄糖酸钠 | | 3 | 0.5 | 5 | 3 | 0.5 | 5 |
| 二乙烯三胺五乙酸钠 | | 0.6 | 0.1 | 1 | 0.6 | 0.1 | 1 |
| 乙二胺四乙酸二钠 | | 0.1 | 0.05 | 0.2 | 0.2 | 0.2 | 0.05 |
| 偏硅酸钠 | | 2 | 0.5 | 3 | 2 | 0.5 | 0.5 |
| 苯甲酸钠 | | 2 | 0.5 | 3 | 2 | 3 | 0.5 |
| 苯三唑 | | 0.1 | 0.05 | 0.2 | 0.2 | 0.2 | 0.2 |
| 三乙醇胺 | | 0.7 | 0.3 | 1 | 1 | 0.3 | 1 |
| 醇类 | 乙醇 | 2 | — | — | — | — | — |
| | 异丙醇 | — | 1 | — | — | — | — |
| | 正丁醇 | — | — | 3 | — | — | — |
| | 十二醇 | — | — | — | 3 | — | — |
| | 乙二醇 | — | — | — | — | 1 | — |
| | 丙三醇 | — | — | — | — | — | 1 |
| 乙二醇醚 | | 2 | 1 | 3 | 2 | 3 | 1 |
| 水 | | 加至100 | 加至100 | 加至100 | 加至100 | 加至100 | 加至100 |

**制备方法**　将各组分原料混合均匀即可。

**产品应用**　本品主要用于黑色金属和有色金属以及两者构成的组合件的除油防锈清洗剂。

**产品特性**　本产品用独特的表面活性剂和缓蚀剂，增强除油去污力，同时对有色金属材料（如铜、铝、锌等）和黑色金属材料均无腐蚀性，清洗后的金属表面无色差，利用聚醚羧酸盐和长链羧酸盐配合表面活性剂对有色金属和黑色金属表面进行紧密的吸附成膜，从而提供稳定良好的缓蚀效果；利用嵌段聚醚和无机盐的配伍作用提供良好的润湿溶解和清洗力；嵌段聚醚和低泡表面活性剂保证了清洗剂的低泡性和分散润湿性，保证了喷淋清洗的顺利进行；对目前应用广泛的各种金属部件组成的组合件的清洗具有良好的清洗和防锈功能。本产品适用于黑色金属和有色金属以及两者构成的组合件的除油防锈清洗，具有极强的清洗性能和较长的缓蚀周期，无残留，不造成变色，不产生腐蚀斑点等，且环保低泡，不含磷、亚硝酸钠等物质，其废液处理容易，不会对环境造成污染，尤其适用于常温喷淋清洗，清洗过程中能量消耗少。清洗后，铜-铝组合件的缓蚀期超过10天；黄铜-铸铁组合件的缓蚀期超过7天；铝-铸铁组合件的缓蚀期超过7天；铜锡-铝-低碳钢组合件的缓蚀期超过10天。

## 配方210　具有防腐蚀功能的环保型金属清洗剂

**原料配比**

| 原料 | 配比（质量份） |
| --- | --- |
| 消泡剂磷酸三丁酯 | 2 |
| 阳离子表面活性剂氯化二硬脂基二甲基铵 | 8 |
| 阴离子表面活性剂甲苯基磺酸钠 | 6 |
| 非离子表面活性剂（商品名为 PLURONIC® 的硅表面活性剂） | 12 |
| 磷酸钠 | 20 |
| 硅酸钠 | 10 |
| 氯化-1-羟乙基-3-十六烷基咪唑 | 2 |
| ω,ω'-双(苯并咪唑-2-基)烷烃 | 2 |
| 水 | 加至100 |

**制备方法**　在水中按比例加入消泡剂、阳离子表面活性剂、阴离子表面活性剂、非离子表面活性剂、清洗主剂和缓蚀剂，搅拌30min左右，即得。

**原料介绍**　清洗主剂由磷酸钠和硅酸钠构成，磷酸钠和硅酸钠的质量比为（2～4）:1。

阳离子表面活性剂可以为氯化二硬脂基二甲基铵、氯化月桂基三甲基铵、甲硫酸烷基三甲基铵、氯化椰油基三甲基铵和西吡氯铵中的一种或几种混合。

阴离子表面活性剂可以为烷基羧酸盐和聚烷氧基羧酸盐、醇乙氧化物羧酸盐、壬基苯酚乙氧化物羧酸盐和类似物；磺酸盐，例如烷基磺酸盐、烷基苯磺酸盐、烷基芳基磺酸盐、磺化脂肪酸酯和类似物；硫酸盐，例如硫酸化醇、硫酸化醇乙氧化物、硫酸化烷基苯酚、烷基硫酸盐、磺基琥珀酸盐、烷基醚硫酸盐和类似物；磷酸酯，例如烷基磷酸酯和类似物。列举的阴离子表面活性剂包括烷基芳基磺酸钠，$\alpha$-烯基磺酸盐和脂肪醇硫酸盐。

所述非离子表面活性剂可以为例如氯—、苄基—、甲基—、乙基—、丙基—、丁基—和其他类似烷基封端的脂肪醇的聚乙二醇醚；不含聚亚烷基氧化物的非离子表面活性剂，例如烷基聚糖苷；脱水山梨醇和蔗糖酯及其乙氧化物；氧化胺，例如烷氧化乙二胺；醇烷氧化物，例如醇乙氧丙氧化物、醇丙氧化物、醇丙氧乙氧丙氧化物、醇乙氧丁氧化物和类似物；壬基苯酚乙氧化物、聚氧乙二醇醚和类似物；羧酸酯，例如甘油酯、聚氧亚乙基酯、脂肪酸的乙氧化和二元醇酯和类似物；羧酸酰胺，例如二乙醇胺缩合物、单烷醇胺缩合物、聚氧亚乙基脂肪酰胺和类似物；聚环氧烷嵌段共聚物，其中包括环氧乙烷/环氧丙烷嵌段共聚物，例如以商品名 PLURONIC⑧ 商购的那些（BASF-Wyandotte）和类似物；和其他类似的非离子化合物。也可使用有机硅表面活性剂，例如 ABIL-B8852。

缓蚀剂由氯化-1-羟乙基-3-十六烷基咪唑和 $\omega,\omega'$-双（苯并咪唑-2-基）烷烃构成。

氯化-1-羟乙基-3-十六烷基咪唑和 $\omega,\omega'$-双（苯并咪唑-2-基）烷烃的质量比为（1:1）~（1:2）。

氯化-1-羟乙基-3-十六烷基咪唑的制备方法具体为：

(1) 1-十六烷基咪唑的制备：将 1.79g 的咪唑和 3.8mL 的溴代十六烷在 35mL 的乙酸乙酯中混合，磁力搅拌 10min 混合均匀。将混合物倒入容量为 60mL 的聚四氟乙烯内衬中，将聚四氟乙烯内衬密封入不锈钢反应釜内，并放入数字式烘箱内，从室温加热至 120℃，恒温反应 16h 后自然冷却至室温。然后将混合物过滤取出滤液，用去离子水洗涤数次以除去没有参加反应的咪唑，用旋转蒸发仪将溶剂乙酸乙酯蒸出，所得产物 1-十六烷基咪唑在 70℃ 真空干燥箱中干燥 12h 至恒重，得到淡黄色液体，称量产物。

(2) 将 2.9g 的 1-十六烷基咪唑和 1mL 的 2-氯乙醇在 35mL 的乙酸乙酯中混合，磁力搅拌 10min 混合均匀，其中，反应物 2-氯乙醇过量，使 1-十六烷基咪唑充分反应，将混合物倒入容量为 60mL 的聚四氟乙烯内衬中，将聚四氟乙烯内衬密封入不锈钢反应釜内，并放入数字式烘箱内，从室温加热至 120℃，恒温反应 6h，自然冷却至室温。用旋转蒸发仪将溶剂和过量的反应物 2-氯乙醇蒸出，所得产物在 70℃ 真空干燥箱中干燥 12h 至恒重，得到的氯化-1-羟乙基-3-十六烷基咪唑为白色固体。

　　$\omega,\omega'$-双（苯并咪唑-2-基）烷烃的制备方法具体为：分别称取0.11mol邻苯二胺和0.05mol脂肪二酸，于研钵中充分研磨使其混合均匀，转移至烧瓶中。加入混酸，通氮，机械搅拌下加热回流反应。TLC跟踪监测至反应结束，约10h，倒入250mL烧杯中，静置冷却，用浓氨水调节pH＝7。于4℃下静置过夜，抽滤干燥，所得粗品用甲醇/水重结晶，得纯品。

　　消泡剂选自辛醇、矿物油、磷酸三丁酯中的一种或多种。

**产品应用**　本品是一种具有防腐蚀功能的环保型金属清洗剂。

**产品特性**　本产品具有低碱、低泡、环保的优势，在较低温度下即有很强去油效果，且腐蚀性非常低。

## 配方211　具有防锈功能的金属部件清洗剂

**原料配比**

| 原料 | 配比（质量份） | | |
| --- | --- | --- | --- |
| | 1# | 2# | 3# |
| 三聚磷酸钠 | 2.8 | 2.3 | 3.5 |
| 甲基环氧氯丙烷 | 4.7 | 2.3 | 5.7 |
| 支链仲醇聚氧乙烯醚 | 2.8 | 2.5 | 3.7 |
| 脂肪酸 | 2.2 | 1.5 | 3.2 |
| 烷基酚聚乙烯氧化物 | 2.4 | 1.2 | 3.4 |
| 水 | 5.5 | 4.5 | 6.5 |
| 乙醇 | 4.5 | 3.2 | 5.5 |

**制备方法**　将各组分原料混合均匀即可。

**产品应用**　本品是一种具有防锈功能的金属部件清洗剂。

**产品特性**　本产品泡沫少，可轻松地去除金属零配件或机械设备使用过程中的润滑油脂等难去除的污垢，同时金属零配件或机械设备清洗后暴露在空气中，能保持不生锈，对铁材、铜材、铝材、复合金属材料都有效，成本相对较低。

# 3
# 金属酸洗剂

## 配方01　不锈钢热轧退火线材混酸酸洗液

**原料配比**

| 原料 | | 配比（质量份） | | | |
|---|---|---|---|---|---|
| | | 1# | 2# | 3# | 4# |
| 盐酸 | | 22 | 8 | 17 | 20 |
| 氢氟酸 | | 0.1 | 2 | 1.2 | 1.6 |
| 缓蚀剂 | 乌洛托品、季铵盐、亚硝酸钠的等质量混合物 | 1 | — | — | — |
| | 乌洛托品、硫脲和苯甲酸钠的等质量混合物 | — | 0.1 | — | — |
| | 硫脲、苯甲酸钠和柠檬酸的等质量混合物 | — | — | 0.05 | — |
| | 乌洛托品和苯甲酸钠的等质量混合物 | — | — | — | 0.01 |
| 酸雾抑制剂 | 十二烷基磺酸钠 | 0.5 | — | — | — |
| | 十二烷基磺酸钠、苯磺酸盐、脂肪醇聚氧乙烯醚的等质量混合物 | — | 0.1 | — | — |
| | 十二烷基磺酸钠、脂肪醇聚氧乙烯醚的等质量混合物 | — | — | 0.25 | — |
| | 苯磺酸盐、脂肪醇聚氧乙烯醚的等质量混合物 | — | — | — | 0.4 |
| 水 | | 加至100 | 加至100 | 加至100 | 加至100 |

**制备方法**　将各组分原料混合均匀即可。

**产品应用**　本品主要用作400系不锈钢热轧退火线材混酸酸洗液。

　　酸洗方法包括如下步骤：将酸洗液注入酸洗槽中，将退火后的热轧线材整盘直接放入酸洗槽进行酸洗，酸洗温度为45～85℃，酸洗时间为10～40min。

**产品特性**　酸洗后的盘条表面光洁白亮，没有氧化铁皮残留，不需要进行后续钝化就能正常使用和存放。

## 配方02　不锈钢热轧退火线材盐酸酸洗液

**原料配比**

| 原料 | | 配比（质量份） | | | |
|---|---|---|---|---|---|
| | | 1# | 2# | 3# | 4# |
| 盐酸 | | 22 | 8 | 16 | 12 |
| 硝酸 | | 10 | 5 | 0.01 | 8 |
| 缓蚀剂 | 乌洛托品、季铵盐的等质量混合物 | 1 | — | — | — |
| | 乌洛托品、硫脲和柠檬酸等质量混合物 | — | 0.5 | — | — |
| | 硫脲、季铵盐和柠檬酸的等质量混合物 | — | — | 0.01 | — |
| | 乌洛托品、苯甲酸钠和亚硝酸钠等质量混合物 | — | — | — | 0.08 |

续表

| 原料 | | 配比（质量份） | | | |
|---|---|---|---|---|---|
| | | 1# | 2# | 3# | 4# |
| 表面活性剂 | 烷基苯磺酸钠 | 0.05 | 1 | — | — |
| | OP-10 | — | — | 0.6 | 0.1 |
| 促进剂 | 过氧化氢 | 1 | | | |
| | 氟化钠 | | 0.05 | 0.7 | 0.3 |
| 溶液稳定剂 | EDTA | 0.05 | — | — | 0.6 |
| | EDTA 二钠 | — | 1 | 0.35 | — |
| 水 | | 加至100 | 加至100 | 加至100 | 加至100 |

**制备方法**  将各组分混合均匀即可。

**产品应用**  本品是一种 400 系不锈钢热轧退火线材盐酸酸洗液。

酸洗工艺：将酸洗液注入酸洗槽中，将退火后的热轧线材整盘直接放入酸洗槽进行酸洗，酸洗温度为 70℃，酸洗时间为 1h，酸洗后进行冲洗和中和，热风吹干后即可存放。

**产品特性**  本产品酸洗后的盘条表面光洁白亮，没有氧化铁皮残留，不需要进行后续钝化就能正常使用和存放；酸洗过程稳定，表面呈轻微的磨砂面，适合拉拔。

## 配方03    安全环保的不锈钢酸洗液

**原料配比**

| 原料 | | 配比（质量份） | | |
|---|---|---|---|---|
| | | 1# | 2# | 3# |
| 酸 | 7%浓盐酸 | 70 | 60 | 60 |
| | 98%浓磷酸 | 10 | 10 | 10 |
| | 70%浓磷酸 | — | — | 5 |
| 缓蚀剂 | 三乙醇胺 | — | 0.1 | 0.2 |
| | 乌洛托品 | 0.2 | 0.2 | 0.1 |
| 抑雾剂 | 十二烷基硫酸钠 | 0.3 | — | 0.2 |
| | 平平加 O | — | 0.3 | 0.2 |
| 钝化剂 | 铝无铬钝化剂 | 0.2 | — | 0.1 |
| | RC-286 镁合金无铬钝化剂 | — | 0.2 | 0.1 |
| 水 | | 20 | 30 | 40 |

**制备方法**　在75～85℃下将缓蚀剂、抑雾剂、钝化剂与水混合，在50～60r/min条件下搅拌10～20min；然后冷却至室温，再加入酸组分，在50～60r/min条件下继续搅拌1～2min即得。

**产品应用**　本品是一种安全环保的不锈钢酸洗液。

**产品特性**

（1）缓蚀剂的加入有效阻止了酸对钢材的过分侵蚀，防止处理后的钢材出现氢脆的现象；同时节省了酸的消耗量，节约了成本。

（2）抑雾剂的加入起到了有效抑制酸雾的目的，防止大量酸雾的逸出对工人生命安全的影响以及对环境的污染；并同时能起到剥离锈层直接沉淀，防止酸直接溶解锈层，节约酸液使用量，并简化酸液后处理的目的。

（3）钝化剂的加入在钢管表面迅速氧化形成一层致密氧化层，能有效阻止金属被空气二次腐蚀，出于环保与安全考虑，不选用铬酸钝化剂。

## 配方04　氨基酸类复合缓蚀剂酸洗液

**原料配比**

| 原料 | | 配比（质量份） | | | | | | | | | |
|---|---|---|---|---|---|---|---|---|---|---|---|
| | | 1# | 2# | 3# | 4# | 5# | 6# | 7# | 8# | 9# | 10# |
| 酸洗液 | 1mol/L 稀盐酸 | 100000（体积份） | 100000（体积份） | — | — | — | — | — | — | — | — |
| | 0.8mol/L 稀盐酸 | — | — | 100000（体积份） | — | — | — | — | — | — | — |
| | 2mol/L 稀盐酸 | — | — | — | 100000（体积份） | 100000（体积份） | — | — | — | — | — |
| | 0.5mol/L 稀硫酸 | — | — | — | — | — | 100000（体积份） | 100000（体积份） | — | — | — |
| | 1mol/L 稀硫酸 | — | — | — | — | — | — | — | 100000（体积份） | 100000（体积份） | — |
| | 2mol/L 稀硫酸 | — | — | — | — | — | — | — | — | — | 100000（体积份） |
| 缓蚀剂 | 蛋氨酸 | 0.5 | — | 0.5 | 0.5 | — | 2 | 2 | 3.5 | — | 3.5 |
| | 半胱氨酸 | — | 0.5 | — | — | 0.5 | — | — | — | 3.5 | — |
| | 碘化钾 | 0.5 | 0.5 | 0.5 | 0.5 | 0.5 | 1 | 2 | 3.5 | 3.5 | 3.5 |
| | 十六烷基三甲基溴化铵 | 0.1 | 0.1 | 0.1 | 0.5 | 0.5 | 1 | 1 | 1 | 0.4 | 1 |

**制备方法**　将各组分原料混合均匀即可。

**产品应用**　本品是一种氨基酸类复合缓蚀剂酸洗液。

该缓蚀剂配合酸洗液用于工业酸洗，其应用方法为：酸洗液浓度为 0.1～2mol/L 的稀硫酸或稀盐酸，酸洗温度为 20～60℃，酸洗时间为 0.5～16h。

**产品特性**

(1) 本产品是一种以氨基酸为主要成分的复配缓蚀剂，氨基酸在水中的溶解性好，对环境无毒无害，可生物降解，缓蚀效率高，持续作用能力强，是一种很有发展潜力的绿色缓蚀剂；而且这种缓蚀剂高效、无毒无害、使用剂量小、生产成本较低，为缓蚀剂的安全及高效利用开辟了新的领域。

(2) 半胱氨酸或蛋氨酸中的 S、N 等杂原子上含有孤对电子，能与过渡金属原子中空的 d 轨道成键，有效地吸附在金属表面起到保护作用；在酸液中，碘盐中的碘离子可以优先吸附在金属表面，起到架桥作用；表面活性剂十六烷基三甲基溴化铵能增加保护膜的疏水性。

## 配方05　奥氏体不锈钢的酸洗液

**原料配比**

| 原料 | 配比(质量份) | | |
| --- | --- | --- | --- |
| | 1# | 2# | 3# |
| 98%的硝酸 | 38 | 40 | 39 |
| 氟化氢铵 | 3 | 5 | 4 |
| 铁片 | 0.2 | 0.4 | 0.3 |
| 水 | 55 | 57 | 56.7 |

**制备方法**　在适量水中缓慢加入 98% 的硝酸，待溶液冷却后继续加氟化氢铵、铁片，加水至配比量即成酸洗液。

**产品应用**　本品主要用作奥氏体不锈钢的酸洗液。

使用时将配制好的本酸洗液升温至 60～65℃，将试件浸泡在酸洗液中，根据试件大小设定浸泡时间为 20～25min，然后用流动清水冲洗即可。

**产品特性**

(1) 本产品配制、生产及溶液维护、调整等操作简单方便，产品配比合理，稳定性强，成本较低，腐蚀性以及危险性较小，使用方便。

(2) 本产品中氟化氢铵具有优良抑制钢铁在酸洗过程中析氢的能力，避免钢铁发生氢脆。

## 配方06　苯并咪唑类缓蚀剂碳钢酸洗液

**原料配比**

| 原料 | 配比（质量份） | | | | |
|---|---|---|---|---|---|
| | 1# | 2# | 3# | 4# | 5# |
| 酸洗液 1mol/L 稀盐酸 | 100000（体积份） | 100000（体积份） | 100000（体积份） | 100000（体积份） | 100000（体积份） |
| 缓蚀剂 1-丁基-2-(4-甲基苯基)苯并咪唑 | 5 | 10 | 15 | 20 | 25 |

**制备方法**　将各组分原料混合均匀即可。

**产品应用**　本品主要用于碳钢及其制品的酸洗。

使用方法：将缓蚀剂加入浓度为 1mol/L 的稀盐酸中；用加入缓蚀剂的酸液浸没、清洗钢材，其中浸没温度为 30℃，浸没时间为 24h。

**产品特性**

（1）本产品的缓蚀剂是一种苯并咪唑类有机化合物，此化合物分子中含有氮、杂环等原子或官能团，能有效地吸附在碳钢表面，起到缓蚀作用。

（2）本产品缓蚀剂为有机缓蚀剂，与目前常用的无机缓蚀剂相比，毒性小，对环境友好，不存在使用后的环境问题，符合绿色缓蚀剂发展的趋势。

（3）本产品缓蚀剂合成步骤简单，原料廉价易得，成本低。

（4）本产品用于碳钢表面酸洗，添加少量的缓蚀剂就能有效抑制金属材料在酸洗过程中金属的过度浸蚀（即有害腐蚀）以及酸液的过度消耗，与目前常用的缓蚀剂比较，具有用量低，缓蚀效率高，持续作用能力强，使用效果好的突出优点。

（5）本产品缓蚀剂能承受清洗条件的变化，如温度、酸液浓度等，不影响缓蚀剂的缓蚀效果，缓蚀性能稳定。

## 配方07　不含硝酸的不锈钢酸洗液

**原料配比**

| 原料 | | 配比（质量份） | | | | | | | | |
|---|---|---|---|---|---|---|---|---|---|---|
| | | 1# | 2# | 3# | 4# | 5# | 6# | 7# | 8# | 9# |
| 水① | | 500 | 500 | 500 | 500 | 500 | 500 | 500 | 500 | 500 |
| 硫酸 | | 100 | 150 | 200 | 300 | 200 | 300 | 50 | 100 | 75 |
| 铁盐 | 硫酸铁 | 10 | — | — | — | — | 15 | 50 | — | — |
| | 乙酸铁 | — | 15 | — | — | 25 | — | — | — | — |
| | 柠檬酸铁 | — | — | 25 | — | — | — | — | — | — |
| | 氯化铁 | — | — | — | 50 | — | — | — | 20 | 40 |

| 原料 | | 配比（质量份） | | | | | | | | |
|---|---|---|---|---|---|---|---|---|---|---|
| | | 1# | 2# | 3# | 4# | 5# | 6# | 7# | 8# | 9# |
| 氢氟酸 | | 30 | 50 | 100 | 80 | 100 | 75 | 100 | 30 | 50 |
| 过氧化氢 | | 1 | 5 | 10 | 20 | 40 | 25 | 100 | 75 | 50 |
| 缓蚀剂 | 乌洛托品 | 0.5 | — | — | — | — | 1.0 | 1.0 | — | — |
| | 苯硫脲 | — | — | — | — | — | 1.0 | — | — | — |
| | 二邻甲苯硫脲 | — | — | — | — | — | — | 1.0 | — | — |
| | 3-($\beta$-羟基乙氧基)-3-甲基-1-丁炔 | — | 2 | — | — | — | — | — | — | — |
| | 1-碘-3-($\beta$-羟基-2-乙氧基)-3-甲基-1-丁炔 | — | — | — | 1.5 | — | — | — | — | — |
| | 2-巯基苯并咪唑 | — | — | — | — | 1.5 | — | — | 1.0 | — |
| | 咪唑啉酰胺 | — | — | — | — | 1.5 | — | — | 1.0 | 1 |
| | 二苄基亚砜 | — | — | — | — | — | — | 1 | — | — |
| | 吡啶 | — | — | 1 | — | — | — | — | — | 1 |
| | 二邻甲苯硫脲 | 0.5 | — | — | — | — | — | — | — | — |
| | 苯并三唑 | — | — | — | 0.5 | — | — | — | — | — |
| | 正癸胺 | — | — | 0.5 | — | — | 1 | — | — | — |
| 稳定剂 | N-羟乙基乙二胺三乙酸 | — | — | — | — | — | — | — | 2.0 | — |
| | 葡萄糖酸 | — | — | — | — | 1.5 | — | — | 1.0 | — |
| | 硅酸钠 | 0.1 | — | — | — | — | — | — | — | — |
| | 硅酸镁 | — | — | — | — | — | 1.0 | — | — | — |
| | 聚丙烯酰胺 | — | — | 0.5 | — | — | — | 2.0 | — | — |
| | 二价锡盐 | — | — | — | — | — | — | 3.0 | — | — |
| | 柠檬酸钠 | — | — | 1.5 | — | — | — | 5 | — | — |
| | 二乙胺五乙酸 | — | — | — | 0.5 | — | — | — | — | — |
| | 硅酸镁 | — | 0.5 | — | — | — | — | — | — | — |
| | 脂肪酸镁盐 | — | — | — | — | — | 1.0 | — | — | 1.5 |
| | 酒石酸 | — | — | — | 1.5 | — | — | — | 1.0 | 1.5 |
| | 苹果酸 | — | — | — | — | 1.5 | — | — | — | — |
| | 羟乙酸 | — | — | — | — | — | 1.0 | — | — | — |
| 润湿剂 | 平平加 | — | — | — | — | 3 | — | 5 | — | 1 |
| | OP 乳化剂 | — | — | 1.5 | — | 2 | — | — | 1 | 1 |
| | 吐温-80 | 1 | — | — | — | — | 5 | — | — | — |
| | 曲通 X-100 | — | 0.5 | — | — | — | — | — | 1 | — |
| 水② | | 加至1000 | 加至1000 | 加至1000 | 加至1000 | 加至1000 | 加至1000 | 加至1000 | 加至1000 | 加至1000 |

**制备方法**　在酸洗槽中加入水，按比例依次加入硫酸和铁盐，加热至40～80 ℃，然后依次加入氢氟酸、过氧化氢、缓蚀剂、稳定剂和润湿剂和水，混合均匀即可。

**产品应用**　本品是涉及一种不锈钢酸洗液。

**产品特性**　本产品具有不含硝酸，酸洗速度快，质量好等优点，同时彻底解决了酸洗车间冒黄烟，以及废水含氮等一系列环境问题。

## 配方08　不锈钢表面氧化皮酸洗液

**原料配比**

| 原料 | | 配比（质量份） | | |
| --- | --- | --- | --- | --- |
| | | 1# | 2# | 3# |
| 稀硫酸 | | 200（体积份） | 200（体积份） | 200（体积份） |
| 辅助酸 | 草酸 | 3 | — | — |
| | 柠檬酸 | — | 3 | — |
| | 植酸 | — | — | 3 |
| 表面活性剂 | 椰子油脂肪酸 | 3 | — | 1.5 |
| | 壬基酚聚氧乙烯醚 | — | 3 | 1.5 |
| 光亮剂六偏磷酸钠 | | 3 | 3 | 3 |
| 缓蚀剂乌洛托品 | | 3 | 3 | 3 |
| 水 | | 加至1000 | 加至1000 | 加至1000 |

**制备方法**　将各组分原料混合均匀即可。

**产品应用**　本品是一种不锈钢表面氧化皮酸洗液。

　　使用方法：将不锈钢制件放入酸洗液中处理10～60min，以去除不锈钢表面的氧化皮，然后将酸洗后的不锈钢制件取出并放入水中超声清洗5～15min，最后将清洗后的不锈钢制件取出烘干即可。

**产品特性**

　　（1）本产品采用稀硫酸作为主要腐蚀成分，一方面避免了硝酸、盐酸、磷酸、氢氟酸等对环境的污染，另一方面还能够防止对不锈钢基体的过腐蚀。

　　（2）本产品通过添加环境友好型的柠檬酸、草酸、烟酸、植酸等辅助酸与硫酸配合使用，解决了单独使用硫酸效果不佳的问题，可以使得清洗后的不锈钢表面平整，且具有较好的光亮度。

　　（3）本产品通过添加椰子油脂肪酸和壬基酚聚氧乙烯醚还可以在去除不锈钢表面氧化皮的过程中去除不锈钢表面的油脂，使除油与去除表面氧化皮同时完成，简化了处理工艺。

## 配方09    不锈钢环保酸洗液

**原料配比**

| 原料 | | 配比(质量份) |
|---|---|---|
| 硝酸 | | 200~500 |
| 环保添加剂 | | 30~50 |
| 水 | | 770~450 |
| 酸洗溶解促进剂 | 乙二胺 | 1~5 |
| | 氨基三亚甲基膦酸 | 8~12 |
| 界面阻隔吸附剂 | 聚合乙二醇 | 0.5 |
| | 有机胺类抗静电剂 | 0.5~1 |
| | 二乙二醇 | 0.2~0.5 |
| 双气罩凝剂 | 聚氧丙烯嵌段聚合物 | 0.2~0.6 |
| | 食用级明胶 | 0.2~0.6 |
| 再生剂 | 硝酸异山梨醇酯(含 HLB 值在 20 以上的活性剂助溶) | 0.4~1 |
| | 硝酸钾 | 0.2~0.5 |
| | 硝酸铵 | 0.2~0.5 |
| 氧化补充剂过氧化脲 | | 1.2~2 |
| 氧化能量激活剂 | 液体过氧化氢 | 0.6~1.2 |
| | 固体过氧化氢 | 0.6~1.2 |
| 新型络合剂 | 柠檬酸氨基酸官能团衍生物 | 4~5 |
| | 酒石酸 | 2~3 |
| 络合催化剂羟基乙酸或其衍生物 | | 2 |
| 缓蚀剂 | 咪唑啉系列衍生物 | 0.1~0.2 |
| | 乌洛托品 | 0.4~0.5 |
| | 苯胺 | 0.2~0.4 |
| | 硫氰酸钠 | 0.1~0.2 |
| 抑雾剂 | 烷基糖苷 | 0.4~1 |
| | 配位笼型化合物 | 0~1 |
| 渗透剂 | 全氟辛基磺酸四乙基胺 | 0.04~0.2 |
| | 全氟烷基聚醚 | 0.04~0.1 |
| 钝化剂 | 硝酸钾 | 2 |
| | 固体过氧化氢 | 1~2 |
| | 羟基亚乙基二膦酸 | 2~6 |
| 光亮剂 | 氯化锡 | 0.2~0.3 |
| | 高聚合度环氧乙烷聚合物 | 0.2~0.3 |
| | 纤维素醚 | 0.2~0.3 |
| | 磺化水杨酸 | 0.2~0.3 |

环保添加剂

| 原料 | 配比（质量份） | 原料 | 配比（质量份） |
|---|---|---|---|
| 酸洗溶解促进剂 | 12～14 | 络合催化剂 | 2 |
| 界面阻隔吸附剂 | 1.2～2 | 缓蚀剂 | 0.8～1.2 |
| 双气罩凝剂 | 0.4～1.2 | 抑雾剂 | 0.4～2 |
| 再生剂 | 0.8～2 | 渗透剂 | 0.08～0.3 |
| 氧化补充剂 | 1.2～2 | 钝化剂 | 5～10 |
| 氧化能量激活剂 | 1.2～2.4 | 光亮剂 | 0.8～1.2 |
| 新型络合剂 | 6～8 | | |

**制备方法**

（1）按配方比例加入水；

（2）按配方比例加入环保添加剂；

（3）按配方比例加入硝酸；

（4）搅拌至完全溶解即可。

**原料介绍**　抑雾剂是各种消雾、吸雾、化雾成分的复配物。物质中除含黄烟吸收成分外，还含有特种结构的配位化合物、纳米粒度的笼形化合物。

这种特殊结构的配位化合物，具有良好的水溶性及酸溶性，该化合物可将有害的氧化氮系列气体吸收，转化为更易溶于水的大分子配位化合物，这样也可以进行消雾、化雾，间接消除了黄烟及酸雾。

还有一种纳米粒度的笼形化合物，它是一种多元环结构，通过三维空间相互连接，形成中间有空洞的多面体或中空笼形物，这种笼形化合物中同时存在许多相同的"笼"或"洞"，该"笼"的大小与氧化氮的体积基本相当，氮氧化物气体就可以通过物理吸附和化学吸附作用而被吸入"笼"内。

**产品应用**　本品是一种不锈钢环保酸洗液。

酸洗液的定量维护：

（1）槽液的维护概述：随着酸洗过程的进行，每个轮班应补加一定量的环保添加剂，来维护酸洗过程的正常进行。

经过数个轮班后，槽液已明显消耗，这时应补加原配比例的硝酸、环保添加剂。如酸洗效果降低，可加稍微过量比例的环保添加剂，来提高酸洗效果。

若维护过程中，槽液已明显含有大量污物及沉渣，这时应该沉降分离，将酸洗槽底部的淤渣清理干净，留上层清液添加原配比例的硝酸、环保添加剂、水，继续使用维护即可。

（2）槽液的定量配制与维护：随着酸洗过程的进行，硝酸逐渐消耗，添加剂也在消耗，需要定期按量补加。

**产品特性**　本产品在设计环保酸洗工艺时，已经预留出了工艺数据余量。硝酸的使用浓度有一个较宽的范围，添加剂的使用浓度有一个足够宽的范围，只要在此范围内就可进行操作，达到满意的酸洗效果。所以完全可根据经验参数进行简易维护。

## 配方10　不锈钢酸洗钝化膏

**原料配比**

| 原料 | | 配比（质量份） | | |
| --- | --- | --- | --- | --- |
| | | 1# | 2# | 3# |
| 腐蚀剂氟硅酸 | | 10 | 10 | 30 |
| 硝酸 | | 60 | 30 | 20 |
| 凝胶剂聚乙烯亚胺 | | 30 | 20 | 10 |
| 无机填料氟硅酸镁 | | 40 | 45 | 60 |
| 渗透剂 | 脂肪醇聚氧乙烯醚 | 1 | — | — |
| | 烷基醇聚氧乙烯醚 | — | 3 | — |
| | 椰子油脂肪酸二乙醇酰胺 | — | — | 5 |
| 交联剂环氧氯丙烷 | | 3～6 | 2～4 | 1～2 |

**制备方法**　按照以下配比称取原料：腐蚀剂10～30份、钝化剂20～60份、凝胶剂10～30份、无机填料40～60份和渗透剂1～5份，将称取的原料加入到聚四氟乙烯反应釜中，搅拌溶解后加入交联剂，其中交联剂的加入量为凝胶剂质量的10%～20%，然后继续搅拌均匀即制得果冻状不锈钢酸洗钝化膏。

**原料介绍**　氟硅酸作为腐蚀剂，在使用过程中不释放氟化氢，避免了对施工人员造成危害，且能够有效地解决产品放置过程中失效的问题。氟硅酸镁作为无机填料，在夏季需要增加氟硅酸镁的质量，以增加产品的黏度，在冬季需要减少氟硅酸镁的质量，以减少产品的黏度。渗透剂为非离子表面活性剂如脂肪醇聚氧乙烯醚、烷基醇聚氧乙烯醚或椰子油脂肪酸二乙醇酰胺中的一种或多种，加入渗透剂是为了降低膏状产品与工件间的表面张力，以加快反应速率。

**产品应用**　本品是一种不锈钢酸洗钝化膏。

使用方法：

（1）先将不锈钢表面油污处理干净；

（2）用刷子蘸取本产品涂抹于待清洗部位的表面，使产品厚度为2mm以上，保持15～30min即可；

（3）用碳酸钠或者氢氧化钙稀溶液清洗工件表面；

（4）最后用清水冲洗工件，至清洗液的pH接近中性为止。

**产品特性**　本产品在使用过程中不释放氢氟酸，对环境危害小，不伤皮肤，保证了施工人员的健康且有效地清除了不锈钢表面的各种氧化皮和锈迹，是一种绿色环保高效的产品。该酸洗钝化膏在操作过程中无氟化氢的释放，减少了对人体的危害，解决了不锈钢酸洗钝化过程中长期存在的氟化氢污染问题，该酸洗钝化膏的原料均为水溶性物质，清理简便快捷且无二次污染问题。

## 配方11　不锈钢酸洗钝化剂

**原料配比**

| 原料 | 配比(质量份) | | | | | |
|---|---|---|---|---|---|---|
| | 1# | 2# | 3# | 4# | 5# | 6# |
| 乙酸酐 | 1～5 | 5 | 2 | 4 | 3 | 4 |
| 磷酸氢二钠 | 10～19 | 19 | 11 | 18 | 12 | 16 |
| 鲸蜡硬脂醇硫酸酯钠 | 10 | 16 | 11 | 15 | 13 | 14 |
| 环氧硬脂酸辛酯 | 2 | 8 | 3 | 7 | 4 | 6 |
| 过氧化氢 | 3 | 10 | 4 | 9 | 5 | 8 |
| 硝酸钠 | 5 | 12 | 6 | 11 | 8 | 10 |
| 丙三醇 | 5 | 10 | 6 | 9 | 7 | 8 |
| 水 | 18 | 30 | 19 | 29 | 21 | 28 |

**制备方法**

（1）按照质量配比，依次将乙酸酐、磷酸氢二钠和鲸蜡硬脂醇硫酸酯钠加入丙三醇中，升温至 45～50℃，搅拌均匀，得混合物 A；搅拌的速度为 300～400r/min。

（2）将过氧化氢、硝酸钠依次加入水中，搅拌均匀，得混合物 B；搅拌的速度为 300～400r/min。

（3）将混合物 B 滴加至混合物 A 中，升温至 50～60℃，搅拌 2～5h，再加入环氧硬脂酸辛酯，搅拌均匀，即得不锈钢酸洗钝化剂。

**产品应用**　本品是一种不锈钢酸洗钝化剂。

**产品特性**

（1）本产品将乙酸酐、磷酸氢二钠、鲸蜡硬脂醇硫酸酯钠、环氧硬脂酸辛酯、过氧化氢、硝酸钠、丙三醇、水合理复配，所得酸洗钝化剂对不锈钢表面的氧化物具有极好的清除效果，清除率可高达 99% 以上，且可在不锈钢表面形成一层致密的氧化膜，可长时间保护不锈钢，以防止其表面再次生成氧化物；

（2）本产品性质温和，对不锈钢表面无刺激性，即使长时间使用，也不会对不锈钢产生损害；

（3）本产品制备方法简单易行，适合大范围推广应用。

## 配方12　不锈钢酸洗钝化液

**原料配比**

| 原料 | | 配比（质量份） | | |
| --- | --- | --- | --- | --- |
| | | 1# | 2# | 3# |
| 无机酸 | 30%的盐酸和98%的硝酸（2∶1） | 20 | — | — |
| | 焦磷酸钾和30%的盐酸（0.8∶1） | — | 50 | — |
| | 焦磷酸钾（固体）、98%的硫酸和30%的盐酸（1∶1∶1） | — | — | 30~40 |
| 渗透剂 | 渗透剂M | 15 | 10~15 | |
| | 渗透剂JFC | — | 8 | — |
| 氧化剂 | | 15 | 12 | 10~15 |
| 缓蚀剂 | | 50 | 30 | 30~40 |

**制备方法**　将无机酸、渗透剂、氧化剂和缓蚀剂混合，搅拌均匀，即可使用。

**产品应用**　本品是一种新型不锈钢酸洗钝化液，应用于化工设备、压力容器、制药设备、食品机械、航空航天有色金属零件、核工业设备和零件等的表面处理。本品对于不锈钢焊管、无缝管、食品卫生管、锅炉热交管、工业配管、大口径配管、固溶管的除油、除碳、酸洗钝化能一次完成。

使用时只需将配好的液体倒入水槽，常温浸泡10min左右，中途无须加水加热，并无须特定的加工设备和严格的附加条件，生产效率较高，有效降低成本。洗完的物品只需用清水冲洗即可。

**产品特性**

（1）本产品环保，无强烈刺激性气味，无毒性，使用过程中无黄色酸雾产生，既大大降低大气污染，改善劳动环境又为企业节省酸雾吸收塔的运行费用，不伤皮肤，对人体不产生危害。

（2）本产品使用简便，将配好的钝化液倒入水槽，常温浸泡即可，中途无须加热，节省加热费用，减低生产成本。

（3）本产品清洗速度快，既提高企业产量，又减少操作人员，从而大大提高经济效益。

（4）本产品使用后的残液可用常规处理方法处理，也可以用于治理印染废水，治理后的印染废水清晰透明达到回用标准，既省掉了企业自身的治污费用，又为印染企业减低了治污费用，既保护环境又节约了水资源。

## 配方13　不锈钢酸洗用钝化液

**原料配比**

| 原料 | 配比(质量份) | 原料 | 配比(质量份) |
|---|---|---|---|
| 硝酸(68%) | 330 | 渗透剂JFC | 15 |
| 水 | 550 | 钼酸钠 | 0.5 |
| 固体氢氟酸 | 100 | 甲苯硫脲 | 4 |
| 322H | 5 | | |

**制备方法**　将上述材料按次序边搅拌边添加即可。

**产品应用**　本品是一种不锈钢酸洗钝化液。

**产品特性**　本产品在使用过程中无强烈刺激性气味，无黄色酸雾产生，不伤皮肤，减少了大气污染，降低了成本，使用简便，将不锈钢酸洗钝化液倒入槽中，常温浸泡即可，无须加热，并且除油、除锈、除氧化皮、钝化一次完成。

## 配方14　不锈钢酸洗剂

**原料配比**

| 原料 | 配比(质量份) | |
|---|---|---|
| | 1# | 2# |
| 硫酸(质量浓度为96.0%) | 28 | 30 |
| 硝酸(质量浓度为66.0%) | 5 | 5 |
| 盐酸(质量浓度为37.0%) | 10 | 12 |
| 六亚甲基四胺 | 0.15 | 0.2 |
| 十二烷基硫酸钠 | 0.1 | 0.1 |
| 乙辛基酚聚氧乙烯(10)醚 | 0.08 | 0.1 |
| 水 | 加至100 | 加至100 |

**制备方法**　将各组分按照比例搅拌均匀。

**产品应用**　本品主要用于Cr、Ni、Mo合金含量较高的不锈钢表面氧化铁鳞的去除。

　　使用方法：加热温度随着待酸洗钢种中合金元素镍含量提高而降低，将耐蚀不锈钢浸入其中，浸泡8～15min，捞出用清水冲洗干净即可。

**产品特性**　本产品是在传统的热浓硫酸酸洗剂中，加入盐酸、硝酸和适量添加剂，由于盐酸属于强还原性酸，有很高的电离度，能够有效地溶解铁鳞中的氧化铁，为硫酸穿越铁鳞层提供了通道，促进了硫酸的机械剥离作用。硝酸具有较强的氧化性，可使不锈钢表面铁鳞中难与酸洗液发生反应的 $Cr_2O_3$ 结构发生变化，加快了硫酸渗入铁鳞底部的速度，增强酸洗效果。同时为了减缓不锈钢基体腐蚀，防止吸氢和酸雾挥发扩散，加入了适量添加剂。本产品以合理、精确的比例混合得到硫酸、硝酸、盐酸和添加剂的混合溶液与传统的硫酸溶液相比，前者与铁鳞反应好，清洗能力强，对金属基体腐蚀较轻，加之缓蚀剂对钢材的保护作用，可获得优良的表面质量。本品采用不锈钢酸洗剂代替现用的硫酸，可显著缩短酸洗时间，酸洗效率提高了 4～5 倍，酸洗后的表面光洁白净，无铁鳞残留，解决了耐蚀不锈钢的批量工业生产的瓶颈问题之一。本品尤其适用于作为 Cr、Ni、Mo 合金含量较高的不锈钢表面铁鳞去除化学酸洗剂。

## 配方15　不锈钢酸洗替代剂

**原料配比**

| 原料 | | 配比（质量份） | | | | | | | | |
|---|---|---|---|---|---|---|---|---|---|---|
| | | 1# | 2# | 3# | 4# | 5# | 6# | 7# | 8# | 9# |
| 浓度为10%～20%的硝酸溶液 | | 160（体积份） | 250（体积份） | 200（体积份） | 250（体积份） | 200（体积份） | 330（体积份） | 280（体积份） | 140（体积份） | 330（体积份） |
| 抑雾剂 | 高级脂肪醇聚氧化乙烯醚（烷基碳数为10～12,环氧乙烷加成数为5） | 1.0 | — | — | — | — | — | — | — | — |
| | 高级脂肪醇聚氧化乙烯醚（烷基碳数为16～18,环氧乙烷加成数为8） | — | 2 | — | — | — | — | — | 2.2 | — |
| | 高级脂肪胺聚氧化乙烯醚（烷基碳数为18,环氧乙烷加成数18） | — | 2 | — | — | — | — | — | — | — |
| | 高级脂肪酸聚氧化乙烯醚（烷基碳数为24～26,环氧乙烷加成数20） | — | — | 3.2 | — | — | — | — | — | — |
| | 高级脂肪酸聚氧化乙烯醚（烷基碳数为16～18,环氧乙烷加成数16） | — | — | — | 2 | — | 4 | — | — | — |
| | 高级脂肪醇聚氧化乙烯醚（烷基碳数为20～24,环氧乙烷加成数10） | — | — | — | 2.8 | 2.8 | — | 2 | 2.8 | — |
| | 高级脂肪酸聚氧化乙烯醚（烷基碳数为16～18,环氧乙烷加成数14） | — | — | — | — | — | 2.2 | — | — | — |
| | 高级脂肪酸聚氧化乙烯醚5（烷基碳数为16～18,环氧乙烷加成数为12） | — | — | — | — | — | — | — | — | 5 |

| 原料 | | 配比(质量份) | | | | | | | | |
|---|---|---|---|---|---|---|---|---|---|---|
| | | 1# | 2# | 3# | 4# | 5# | 6# | 7# | 8# | 9# |
| 抑雾剂 | 十二烷基硫酸酯 | 1 | — | — | — | — | — | — | 4 | — |
| | 辛烷苯磺酸钠 | — | — | 3 | — | — | — | — | — | — |
| | 十八烷基磺酸钠 | — | 6 | — | 4 | — | — | — | — | 5 |
| | 十六烷基硫酸酯 | — | — | — | — | 6 | — | — | — | — |
| | 十四烷基磺酸钠 | — | — | — | — | — | 6 | — | — | — |
| | 十二烷基磺酸钠 | — | — | — | — | — | — | 2 | — | — |
| 氢氟酸替代剂 | 二氟氢化钠 | 50 | — | — | — | — | — | — | — | — |
| | 二氟氢化铵 | — | — | — | — | 52 | — | — | 48 | — |
| | 二氟氢化钾 | — | — | 100 | — | — | 52 | — | 32 | — |
| | 二氟氢化钠 | — | — | — | 50 | 48 | — | — | — | — |
| | 氯化铵 | — | — | — | 3 | — | — | — | — | — |
| | 氟化铵 | — | — | — | 50 | — | — | 50 | 5 | — |
| | 氟化钾 | — | — | — | — | — | — | — | — | 50 |
| | 氟化钠 | — | — | — | — | — | 48 | — | — | — |
| 稳泡剂 | 尿素 | — | 2.0 | — | — | — | 3 | — | — | — |
| | 丙二胺 | — | — | 2.4 | — | — | — | — | — | — |
| | 氨水 | — | — | — | — | 5 | — | — | — | 2 |
| | 丙二胺 | — | — | — | — | — | — | — | 2 | — |
| | 乙二胺 | 2 | — | — | — | — | 2 | 5 | — | — |
| 水 | | 640(体积份) | 600(体积份) | 600(体积份) | 600(体积份) | 600(体积份) | 660(体积份) | 520(体积份) | 660(体积份) | 600(体积份) |

**制备方法**　在不锈钢酸洗槽中预先加入水，搅拌，按照质量分数依次加入10%～20%硝酸、5%～10%氢氟酸替代剂，0.2%～1.0%非离子型表面活性剂、0.1%～0.3%阴离子型表面活性剂、0.2%～1%稳泡剂，加热至40～80℃，混合均匀后即可得到不锈钢酸洗替代剂。

**产品应用**　本品主要涉及一种不锈钢酸洗替代剂。

使用方法：直接投入酸洗槽中即可，将温度加热至40～80℃。具体用量可根据酸洗槽的容积大小、液面面积、酸液浓度、酸液温度、酸液的新旧程度等具体条件而定，其最终考核指标是以不锈钢表面是否清洁干净、酸液表面能均匀覆盖10～20mm厚的泡沫，并能有效地控制酸雾逸出而定。

**产品特性**

（1）本产品主要用于不锈钢表面酸洗，起到除油、除锈、去氧化皮、缓蚀、抑雾等功效，实现除油、除锈二合一，同时促进顽固氧化皮的清除，特别是热轧、退化、回火过程中生成的高温难清除氧化皮，大大缩短清洗时间，同时防止氢脆的产生；大大降低金属的腐蚀速度，最终使产品表面清洁干净，形成均匀的银白色亚光结构，适用于各种型号的不锈钢；同时可以抑制酸雾的逸出，大大改善生产环境。

（2）本产品在 $HNO_3$ 溶液中，加入氢氟酸替代剂。氟化物为二氟氢化钠、二氟氢化钾、二氟氢化铵、氟化钠、氟化钾、氟化铵中的一种或多种。相对于直接投加 HF 溶液，通过反应产生的 HF 更为安全，具有释放速度稳定、极少挥发、对周围环境影响小等特点，在溶液中同步产生的 HF 具有较强的渗透作用，可很快达到钢铁基体氧化膜的表面，会使铁氧化物的溶解速度大大提高，除掉氧化膜后发生析氢反应，利用新生态氢的还原和氢气的剥离作用，达到进一步去除氧化膜的目的，从而加速酸液的除锈功能。

（3）另外，通过加入抑雾剂在机械搅拌和化学反应等过程中作用，酸液表面可迅速生成一层致密的泡沫，泡沫层稳定且存在时间较长，从而抑制酸雾的逸出，改善操作环境，降低酸液的消耗。抑雾剂中复合表面活性剂具有强烈的乳化和分散能力，可保证酸洗液有足够润湿和渗透性能，加快清洗速度，同时还可以去除残留在钢铁表面少量的油污，提高线材酸洗质量。稳泡剂具有稳定酸液中泡沫的作用，可大大延长泡沫的存在时间。

（4）本产品具有组分简单和不含有机溶剂等特点，而且成膜速度快、成膜厚度厚且稳定，酸雾抑制效率高，特别在不锈钢混酸酸洗时高硝酸浓度条件下具有显著的抑酸雾效果。

## 配方16　不锈钢铁轨酸洗钝化处理剂

**原料配比**

| 原料 | | 配比（质量份） | | |
| --- | --- | --- | --- | --- |
| | | 1# | 2# | 3# |
| 酸洗液 | 硝酸 | 5 | 6 | 8 |
| | 氟化钠 | 2.5 | 1.5 | 2 |
| | 盐酸 | 0.6 | 0.5 | 0.8 |
| | 柠檬酸铵 | 0.3 | 0.4 | 0.5 |
| | 巯基乙酸 | 0.3 | 0.6 | 0.5 |
| | 2-巯基苯并噻唑 | 0.2 | 0.2 | 0.3 |
| | 过氧化氢 | 0.6 | 0.5 | 0.5 |
| | 高锰酸钾 | 0.5 | 0.7 | 0.8 |
| | 水 | 60 | 55 | 50 |

续表

| 原料 | | 配比（质量份） | | |
| --- | --- | --- | --- | --- |
| | | 1# | 2# | 3# |
| 清洗液 | 脂肪醇聚氧乙烯醚 | 6 | 5 | 8 |
| | 椰子油烷醇酰胺 | 10 | 8 | 9 |
| | 油酸三乙醇胺 | 4 | 3 | 2 |
| | 单乙醇胺 | 8 | 8 | 8 |
| | 苯并三氮唑 | 0.7 | 0.5 | 1 |
| | 乙二胺四乙酸二钠 | 1 | 1 | 2 |
| | 水 | 70.3 | 74.5 | 70 |
| 钝化液 | 重铬酸钠 | 3 | 4 | 5 |
| | 硝酸 | 26 | 25 | 27 |
| | 水 | 71 | 71 | 68 |
| 中和液 | 重铬酸钠 | 4 | 5 | 6 |
| | 水 | 96 | 95 | 94 |

**制备方法**　将各组分混合均匀即可。

**产品应用**　本品是一种不锈钢铁轨酸洗钝化处理剂。

（1）酸洗：将清洗过和去过油污的不锈钢铁轨工件完全浸在酸洗液中，浸泡 30～120min。

（2）超声波清洗：将酸洗处理后的不锈钢铁轨工件置入清洗篮，再放入装有清洗液的超声波清洗机内，清洗 15～20min；清洗结束，拿出清洗篮，将不锈钢铁轨工件用水清洗至清洗篮没有气泡和浑浊现象即可，再用气枪吹干后放入烤箱烘干，烘干条件为 100～120℃，12～15min。

（3）钝化：将烘干后的不锈钢铁轨工件放进钝化处理箱的装有钝化液的钝化池中，进行钝化处理 25～35min；钝化过程中，向钝化池内充入空气；钝化结束后，从钝化池中取出不锈钢铁轨工件，滴滤钝化液 1～2min。

（4）中和：将钝化过的不锈钢铁轨工件放入装有中和液的中和池中，中和 25～35min。

**产品特性**

（1）本处理方法通过酸洗、超声波清洗、钝化、中和工艺彻底保证了不锈钢铁轨表面的清洁，使不锈钢铁轨表面形成一层致密的氧化膜，有效提高了钝化后的不锈钢铁轨的抗腐蚀能力，长期不生锈（可长达 20 年之久），并使钝化的不锈钢铁轨表面美观，尤其适用于 304、316 型不锈钢铁轨工件的清洗。

（2）酸洗液、钝化液对环境的污染小，操作安全。

## 配方17 不锈钢铸件表面氧化膜成形酸洗钝化液

**原料配比**

| 原料 | 配比(质量份) | 原料 | 配比(质量份) |
|------|------|------|------|
| 70%硝酸 | 400 | 30%氢氟酸 | 200 |
| 30%盐酸 | 200 | 水 | 200 |

**制备方法** 将各组分原料混合均匀即可。

**产品应用** 本品是一种不锈钢铸件表面氧化膜成形酸洗钝化液。

不锈钢铸件表面氧化膜成形工艺,包括如下步骤:

(1)用水清洗不锈钢铸件;

(2)用上述酸洗钝化液酸洗处理不锈钢铸件;

(3)用水清洗不锈钢铸件;

(4)用上述酸洗钝化液酸钝化处理不锈钢铸件;

(5)用水清洗不锈钢铸件。

**产品特性** 本产品清除性能强,使不锈钢铸件表面形成一层致密的氧化膜,提高不锈钢铸件的抗腐蚀能力。

## 配方18 船舶金属表面酸洗剂

**原料配比**

| 原料 | 配比(质量份) | | | |
|------|------|------|------|------|
| | 1# | 2# | 3# | 4# |
| 0.8mol/L 的稀硫酸或者稀盐酸 | 35 | 48 | 40 | 36 |
| 氨基硫脲 | 3.2 | 0.9 | 2.5 | 2.3 |
| 羧基纤维素盐 | 15 | 12 | 14 | 13 |
| 松香胺聚氧乙烯醚 | 12 | 10 | 12 | 11 |
| OP 表面活性剂 | 15 | 8 | 10 | 9 |
| 苯并三氮唑 | 35 | 25 | 30 | 28 |
| 咪唑啉 | 15 | 12 | 15 | 14 |
| 碘化钾 | 9 | 5 | 8 | 7 |

**制备方法**

(1)按照组分所述的质量份称取原料组分;

(2)将上述原料放在反应釜中加热混配均匀,加热至 158℃高速搅拌 30～60min 即可。

**产品应用**　本品主要用作船舶金属表面酸洗剂。

**产品特性**　本产品中除去金属表面的氧化铁锈后，通过稀酸进一步与钢基体反应，为了防止稀酸过度腐蚀金属，采用羧基纤维素盐、松香胺聚氧乙烯醚、OP表面活性剂和苯并三氮唑，改变腐蚀电化学过程的阴极反应或者阳极反应的活化能，从而阻止阴、阳极反应，通过氨基硫脲、咪唑啉和碘化钾对钢表面形成密封保护薄膜，能有效清洗和抑制金属中有害腐蚀，并且能形成后期防护。

## 配方19　电厂锅炉除垢酸洗液

### 原料配比

| 原料 | 配比（质量份） | | 原料 | 配比（质量份） | |
|---|---|---|---|---|---|
| | 1# | 2# | | 1# | 2# |
| 柠檬酸 | 22 | 25 | 氨水 | 3 | 2 |
| 缓蚀剂 SH-40 | 53 | 52 | 乙醇 | 2 | 3 |

**制备方法**　将各组分原料混合均匀即可。

**产品应用**　本品是一种锅炉除垢酸洗液。

**产品特性**　本产品配方合理，使用效果好，生产成本低。

## 配方20　多功能金属酸洗剂

### 原料配比

| 原料 | 配比（质量份） | | |
|---|---|---|---|
| | 1# | 2# | 3# |
| 硫酸 | 30 | 40 | 35 |
| 硝酸 | 20 | 10 | 15 |
| 盐酸 | 40 | 60 | 50 |
| LK-45 型缓蚀剂 | 30 | 10 | 20 |
| 乙醇 | 0.5 | 1 | 0.75 |

**制备方法**　将各组分原料混合均匀即可。

**产品应用**　本品是一种多功能金属酸洗剂。

**产品特性**　本产品的优点是提高酸洗表面质量，简化酸洗工序，缩短酸洗时间，减轻酸洗造成的环境污染，降低酸洗成本。

## 配方21　多功能铝材缓蚀抛光酸洗剂

**原料配比**

| 原料 | | 配比（质量份） | | |
|---|---|---|---|---|
| | | 1# | 2# | 3# |
| 无机酸 | 磷酸 | 49 | 58 | 42 |
| | 硫酸 | 28 | 20 | 40 |
| | 硝酸 | 2 | — | 0.5 |
| | 氢氟酸 | — | — | 0.5 |
| 复配缓蚀剂 | 2-巯基苯并噻唑、2-羟基苯并噻唑 | 5 | — | — |
| | 2-甲基苯并咪唑、苯并三氮唑 | — | 5 | — |
| | 2-甲基苯并噻唑、2-硫醇基苯并噻唑 | — | — | 6 |
| 无机缓蚀剂 | 钨酸钠 | 0.2 | — | — |
| | 偏硅酸钠 | 1.3 | — | — |
| | 钼酸钠 | — | — | 1.7 |
| | 三聚磷酸钠 | — | 1.2 | — |
| 络合剂 | 葡萄糖酸钠 | — | — | 1 |
| | 酒石酸 | 2 | — | — |
| | 柠檬酸 | — | 3 | — |
| 表面活性剂 | 聚醚 | — | — | 2 |
| | 脂肪醇聚氧乙烯醚-9（AEO9） | 2 | — | — |
| | PEG400 | — | 2 | — |
| 微量高价金属离子盐 | 氯化铁 | — | 0.07 | — |
| | 硫酸铝 | — | — | 0.1 |
| | 五水硫酸铜 | 0.05 | — | 0.05 |
| | 溶剂水 | 加至100 | 10.73 | 6.15 |

**制备方法**

（1）将复配缓蚀剂、无机缓蚀剂、络合剂、表面活性剂、微量高价金属离子盐与水均匀混合后，开启电动搅拌器，充分搅拌至其溶解，得到组分A；

（2）将无机酸混合，开启电动搅拌器，充分搅拌至其混合均匀，得到组分B；

（3）将组分A添加到组分B中并搅拌至均匀，得到均一透明液体。

**产品应用**　本品是一种多功能铝材缓蚀抛光酸洗剂，适用于常规的铝及其合金，以及部分对清洗要求高的材料。

**产品特性**

（1）本产品的复配缓蚀剂，通过相互之间的协同效应，降低腐蚀，对铝材及其合金酸洗具有很好的缓蚀作用，扩大铝材酸洗剂的使用范围。

（2）本产品可以快速高效地清洗铝材表面，起到除油、除污、增加光亮以及钝化等效果。清洗后可恢复铝材本身的光亮、清洁，对铝材无腐蚀。

（3）本品能快速提高铝材的光泽度，常温条件下可达到近似电化学抛光的效果，并能去除毛刺，清洗后，可防止铝材变色。

## 配方22　多金属高效固体酸洗液

**原料配比**

| 原料 | | 配比（质量份） | |
| --- | --- | --- | --- |
| | | 1# | 2# |
| 酸洗液 | 稀硫酸（浓度为50%） | 10000 | — |
| | 稀HCl（浓度为3%） | — | 10000 |
| 缓蚀剂 | | 1 | 1 |

**缓蚀剂**

| 原料 | 配比（质量份） | | 原料 | 配比（质量份） | |
| --- | --- | --- | --- | --- | --- |
| | 1# | 2# | | 1# | 2# |
| 天津若丁 | 60 | 60 | 苯并三氮唑 | 10 | 10 |
| 乌洛托品 | 10 | 10 | 十二烷基苯磺酸钠 | 10 | 10 |
| 硫脲 | 10 | 10 | | | |

**制备方法**　将各组分原料混合均匀即可。

**产品应用**　本品主要用于碳钢、不锈钢、铜、锌、铝、钛等多种金属或合金的酸洗。

**产品特性**

（1）本产品的作用机理是依靠分子吸附作用在金属表面形成分子定向排列的保护膜，以防止金属被腐蚀介质所腐蚀。根据分子吸附作用力的性质，一般认为有物理吸附和化学吸附，且以化学吸附为主。本产品的上述主要物质共同作用，产生协同效果。

（2）本产品中的缓蚀剂是一种多组分、含表面活性剂的复配缓蚀剂，它具有协同效果，用量少、携带方便，适用于碳钢、不锈钢、铜、锌、铝、钛等多种合金或金属，有很好的实用价值。

## 配方23　钢材化学前处理用酸洗液

**原料配比**

| 原料 | 配比(质量份) | | |
|---|---|---|---|
| | 1# | 2# | 3# |
| 硫酸 | 101 | 120 | 135 |
| 硫氰酸钾 | 3 | 3 | 3 |
| 二乙烯四胺六乙酸 | 3 | 3 | 3 |
| 盐酸乙醚 | 3 | 3 | 3 |
| 二邻甲苯硫脲 | 3 | 3 | 3 |
| 水 | 加至1000 | 加至1000 | 加至1000 |

**制备方法**　将各组分原料混合均匀即可。

**产品应用**　本品是一种用于钢材除油、除锈、磷化工艺的酸洗液。

工艺流程如下：酸洗—脱脂—水洗—磷化。

四道工序时间分别为：酸洗3～5min，脱脂3～5min，水洗1min，磷化3～5min。以上四道工序均在常温下进行。常温的温度范围为5～30℃。

在脱脂工序中，所用脱脂液中采用粗粒碱，工业级纯度大于99％，既可作酸中和试剂，又可当脱脂剂；在脱脂液中碱的浓度为25％～45％。

酸洗工序中采用的表面活性剂为阴离子表面活性剂脂肪醇聚氧乙烯醚硫酸钠，在酸液中浓度为10g/L。

脱脂工序中采用的表面活性剂为阴离子表面活性剂聚丙烯酰胺，在脱脂液中质量分数为0.1％～0.5％，解决常温工艺对活性剂要求。

磷化采用钼酸盐铁系磷化液，无须升温就可使磷化膜完整，耐腐蚀性等指标要达到要求。

**产品特性**　本产品工艺简单，工序少，节约水80％左右，无须外部加热设备，可降低设备投资，正常运行节电70％左右，且工件磷化效果好，达到防腐工艺要求。

## 配方24　钢丝酸洗液

**原料配比**

| 原料 | 配比(质量份) | | | |
|---|---|---|---|---|
| | 1# | 2# | 3# | 4# |
| 磷酸三丁酯 | 0.009 | — | 0.16 | 0.18 |
| 苯硫脲 | — | 0.05 | 0.03 | 0.07 |
| 氟化氢铵 | — | 0.16 | 0.10 | 0.13 |
| 盐酸 | 14 | 18 | 18 | 20 |

**制备方法**　将各组分原料混合均匀即可。

**产品应用**　本品是一种能够减缓酸洗过程中盐酸对钢丝基体的腐蚀，能抑制钢丝吸氢有效避免钢丝发生"氢脆"的酸洗液、适用于胎圈钢丝镀前处理。

胎圈钢丝镀前表面处理方法，包括以下步骤：

（1）选取直径为1.55mm的高强度回火钢丝放线；

（2）经化学碱洗2.5s，化学碱洗液中含质量分数为8%的氢氧化钠、5.4%的碳酸钠及2%碳酸氢钠，其中，氢氧化钠作为碱洗液的主要成分，碳酸钠与碳酸氢钠作pH缓冲剂，碱洗液的温度为（65±5）℃。经化学碱洗去除钢丝在前道工序中表面残留的磷化膜、干拉润滑剂及油污，然后经水冲洗。

（3）将步骤（2）所得钢丝经预盐酸洗5s，活化钢丝表面，预盐酸洗液中含质量分数为8%的盐酸、0.08%的十二烷基苯磺酸钠与0.05%十二烷基硫酸钠，其中十二烷基苯磺酸钠与十二烷基硫酸钠作为表面活性剂加入，酸洗液温度为（60±2）℃。

（4）将步骤（3）所得钢丝经主盐酸洗2.6s，去除钢丝表面的氧化皮，并在钢丝表面形成凹凸点，主盐酸洗液中盐酸质量分数为18%，主盐酸洗液中添加0.05%苯硫脲与0.16%的氟化氢铵，其中苯硫脲与氟化氢铵作为酸洗缓蚀剂加入，酸洗液温度为（60±2）℃，然后经水冲洗，洗去钢丝表面残留的酸液和残渣。

将镀前表面处理后的胎圈钢丝，经化学镀锡青铜、水洗、烘干即可。

**产品特性**　本品对钢丝进行酸洗，能够减缓酸洗过程中盐酸对钢丝基体的腐蚀，能抑制钢丝吸氢有效避免钢丝发生"氢脆"现象，提高酸洗液的利用率，酸洗后钢丝的机械强度稳定，经化学镀后，钢丝与橡胶的黏合力、附胶率均较高。

## 配方25　钢铁基体化学镀铜的除锈酸洗前处理液

**原料配比**

| 原料 | 配比（质量份） | | |
| --- | --- | --- | --- |
| | 1# | 2# | 3# |
| 硫酸 | 9 | — | 4 |
| 盐酸 | — | 10 | 6 |
| 磷酸 | 17 | 20 | 17 |
| 酒石酸 | 2 | — | 2 |
| 柠檬酸 | — | 3 | — |
| 乙二胺四乙酸四钠 | 0.5 | — | — |
| 十二烷基硫酸钠 | 0.1 | 0.3 | 0.15 |

续表

| 原料 | 配比（质量份） | | |
|------|------|------|------|
| | 1# | 2# | 3# |
| 烷基酚聚氧乙烯醚 | 0.1 | — | 0.1 |
| 草酸 | 1 | 2 | 1.5 |
| 硫脲 | 1 | — | 0.8 |
| 乌洛托品 | 0.3 | 1 | 0.5 |
| 氯化亚锡 | — | 0.2 | 0.1 |
| 水 | 加至100 | 加至100 | 加至100 |

**制备方法** 在搅拌的条件下，向水中缓慢加入配方剂量的硫酸，待硫酸完全稀释后，再徐徐向溶液中加入配方剂量的盐酸、氯化亚锡和磷酸，最后加入配方剂量的络合剂和草酸，充分搅拌后，得备用澄清液；在搅拌的条件下，向剩余的水中加入配方剂量的缓蚀剂、十二烷基硫酸钠和烷基酚聚氧乙烯醚，继续搅拌并加热升温至60~70℃，待各组分充分溶解后，加入备用澄清液，保持60~70℃的温度，继续搅拌，待溶液慢慢冷却后，停止搅拌，即得除锈酸洗前处理液产品。

**原料介绍** 络合剂选自柠檬酸、酒石酸、植酸和乙二胺四乙酸及其盐中的一种或多种；缓蚀剂选自硫脲和乌洛托品中的一种或两种。

**产品应用** 本品是一种钢铁基体化学镀铜的除锈酸洗前处理液。

**产品特性** 本产品利用缓蚀剂和还原剂氯化亚锡加入到除锈酸洗前处理液中，达到有效阻止酸对钢铁基体表面的腐蚀；利用十二烷基硫酸钠和烷基酚聚氧乙烯醚的渗透、增溶和清洗功能，迅速有效地去除锈蚀和氧化物，并达到有效抑制酸雾的效果；同时，与络合剂和酸液等协调作用，大大简化了工艺，提高了效率。

## 配方26  高合金耐蚀钢的酸洗液

**原料配比**

| 原料 | | 配比（质量份） | | | | |
|------|------|------|------|------|------|------|
| | | 1# | 2# | 3# | 4# | 5# |
| 盐酸 | | 22 | 8 | 18 | 12 | 14 |
| 硫酸 | | 4 | 10 | 6 | 8 | 7 |
| 磷酸 | | 0.5 | 1 | 0.5 | 0.6 | 1 |
| 缓蚀剂 | 柠檬酸、苯甲酸钠的等质量混合物 | 0.5 | 0.1 | — | — | — |
| | 季铵盐、柠檬酸的等质量混合物 | — | — | 0.4 | — | — |
| | 季铵盐、苯甲酸钠的等质量混合物 | — | — | — | 1 | — |
| | 苯甲酸钠 | — | — | — | — | 0.2 |

续表

| 原料 | | 配比(质量份) | | | | |
|---|---|---|---|---|---|---|
| | | 1# | 2# | 3# | 4# | 5# |
| 表面活性剂 | 烷基苯磺酸钠 | 0.05 | 0.1 | — | 0.08 | 0.12 |
| | OP-10 | — | — | 0.15 | — | — |
| 溶液稳定剂 | EDTA | 0.15 | — | — | 0.14 | — |
| | EDTA 二钠 | — | 0.05 | 0.1 | — | 0.09 |
| 水 | | 加至 100 | 加至 100 | 加至 100 | 加至 100 | 加至 100 |

**制备方法**　将各组分原料混合均匀即可。

**产品应用**　本品是一种高合金耐蚀钢的酸洗液。

酸洗方法，包括如下步骤：将酸洗液注入酸洗槽中，将退火后的热轧线材整盘直接放入酸洗槽进行酸洗，酸洗温度为 45～85℃，酸洗时间为 30～40min；酸洗后冲洗，进行硝酸钝化，钝化后进行水洗，水洗后浸入 5%～10% NaOH 或 $Na_2CO_3$ 溶液 1～5min。

**产品特性**　采用本产品酸洗后的盘条酸洗效果好，酸洗后表面洁白、美观，没有过酸洗和欠酸洗的现象，解决了这种耐蚀钢不能使用硝酸和磷酸洗的技术难题，环保，且对后续的处理进行了改进，经过后处理的盘条可以存放较长时间。

## 配方27　高透明度高黏度不锈钢酸洗钝化膏

**原料配比**

| 原料 | | 配比(质量份) | | | | |
|---|---|---|---|---|---|---|
| | | 1# | 2# | 3# | 4# | 5# |
| 腐蚀剂 | 氢氟酸(40%) | 15 | — | — | 8 | 12 |
| | 氟化氢钠 | — | — | — | 10 | — |
| | 氢氟酸(45%) | — | 15 | 19 | — | — |
| 钝化剂 | 硝酸(50%) | 30 | — | — | — | 28 |
| | 硝酸(68%) | — | 21 | 35 | — | — |
| | 硫酸(98%) | — | — | — | 20 | — |
| | 过氧化氢(20%) | — | — | — | — | 4 |
| | 重铬酸钾 | — | — | — | 5 | — |
| 无机填料 | 六水硝酸镁 | 35 | 20 | — | — | — |
| | 七水硫酸镁 | — | — | 15 | 16 | — |
| | 氟化镁 | — | — | 8 | — | — |
| | 硫酸钡 | — | — | — | 30 | 32 |

| 原料 | | 配比（质量份） | | | | |
|---|---|---|---|---|---|---|
| | | 1# | 2# | 3# | 4# | 5# |
| 缓蚀剂 | 钼酸钠 | — | 1 | — | 2 | — |
| | 偏硅酸钠 | — | — | 3 | — | — |
| | 苯并三氮唑 | 3 | — | — | — | — |
| | 乌洛托品 | — | 0.5 | — | — | — |
| | 硫脲 | — | — | — | — | 0.7 |
| 增稠剂 | 硬脂酸钙 | — | — | 0.5 | — | — |
| | 羧甲基纤维素钠 | — | — | — | 0.5 | — |
| | 甲基纤维素钠 | — | — | — | — | 0.3 |
| | 三聚磷酸钠 | 0.5 | — | — | — | — |
| | 草酸钙 | — | 2 | — | — | — |
| 水 | | 16.5 | 25.5 | 18.5 | 24.5 | 23 |

**制备方法**

（1）准备原料：腐蚀剂、钝化剂、无机填料、缓蚀剂、增稠剂、水。

（2）将钝化剂与无机填料、部分水均匀混合后，开启电动搅拌器，充分搅拌至各原材料完全分散或溶解为止。

（3）将缓蚀剂加入到上述溶液中，并补充剩余的水，搅拌均匀即可。

（4）向上述溶液中，先快速加入一部分腐蚀剂，此时形成均一透明的溶液；接着缓缓慢加入剩余的腐蚀剂，直至钝化膏完全透明成型为止。

（5）最后向膏体中加入增稠剂，分散均匀即可制得高透明度高黏度不锈钢酸洗钝化膏。

**产品应用**　本品主要用于电焊、氩弧焊的任何不锈钢焊疤与不锈钢设备及工件。

**产品特性**　本产品外观具有更高的透明度与黏稠度，便于观察抛光进度；适用于电焊、氩弧焊的任何不锈钢焊疤与不锈钢设备及工件，具有更高效的抛光效果与快速的抛光速率；不腐蚀基材，光亮度高，无白斑与麻点，同时可以降低酸洗钝化膏的成本。按上述配比配制的高透明度高黏度不锈钢酸洗钝化膏，外观具有高的透明度与黏度；可以在 5～10min 内除去电焊的焊疤；在 10～20min 内除去氩弧焊的焊疤；对锈迹很厚的不锈钢，可以在 20min 内完全抛光。按上述配比配制得的高透明度高黏度不锈钢酸洗钝化膏，可以有效增加不锈钢制品的抗腐蚀能力，同时对基材无伤害。

## 配方 28　高效一步法不锈钢酸洗钝化膏

**原料配比**

| 原料 | 配比(质量份) | | | | | |
|------|------|------|------|------|------|------|
| | 1# | 2# | 3# | 4# | 5# | 6# |
| 三聚磷酸钠 | 2 | 1.7 | 1.6 | 2.0 | 1.5 | 1.8 |
| 硬脂酸镁 | 2 | 1.9 | 1.5 | 2.0 | 1.5 | 1.6 |
| 硝酸镁 | 38 | 36 | 36.5 | 38 | 35 | 36 |
| 氢氟酸 | 10 | 10 | 9.2 | 10 | 9 | 9.6 |
| 硝酸 | 13 | 12.4 | 12.2 | 13 | 12 | 12.3 |
| 缓蚀剂乌洛托品 | — | — | — | 0.2 | 0.2 | 0.2 |
| 增稠剂硫酸钡 | 35 | 38 | 39 | 34.8 | 40.8 | 38.5 |

**制备方法**　将各组分原料混合均匀即可。

**产品应用**　本品是一种可一步完成不锈钢酸洗钝化的产品。

**产品特性**　本产品不锈钢酸洗钝化膏，酸洗与钝化一步完成，酸洗速度快，酸洗、钝化效果达到国家标准。由于本配方中严格限制所使用的有害元素的含量，对焊缝的有害影响小，从而使酸洗钝化膏的使用达到高效、安全的效果。配方中添加缓蚀剂，可有效抑制焊缝被腐蚀。本产品同时克服了酸洗钝化颜色不一致的问题，质量稳定，在不同季节酸洗钝化效果无差异。

## 配方 29　锆材酸洗液

**原料配比**

| 原料 | 配比(质量份) | | |
|------|------|------|------|
| | 1# | 2# | 3# |
| 氢氟酸 | 10 | 5 | 12 |
| 硝酸 | 70 | 60 | 75 |
| 水 | 20 | 15 | 25 |
| Lan-826 酸洗缓蚀剂 | 0.5 | 0.1 | 1 |

**制备方法**　在低于 32℃ 的条件下将各组分原料混合均匀配制锆材酸洗液。

**产品应用**　本品是一种锆材酸洗液。锆材酸洗液的酸洗方法如下：

（1）将锆材制品表面清洁，如将表面的灰尘用抹布擦除干净，保持锆材制品处于通风厂房内。

（2）配制酸洗溶液，并将溶液搅拌均匀，保持随用随配，在室温条件，尤其是低于 32℃的条件下配制。硝酸浓度会有 10%的偏移但并不影响使用，反应速率与使用时温度（环境温度等）有关系。

（3）将溶液均匀地喷涂到设备表面。喷涂酸洗溶液的量为每平方分米 4mL；溶液在 10～20℃的条件下 10min 内施用。喷涂酸洗溶液在风罩内进行，风罩的出风进行吸附处理。

（4）待锆材表面产生黄色烟雾并逐渐消失时用水对锆材表面进行冲洗，直至表面烟雾完全消失。为节约后处理费用，采用 0.2～0.5MPa 压力的水雾喷淋的方法，水雾喷淋的水量是酸洗溶液的 6～10 倍。

（5）将设备表面整体用水再次冲洗。

**产品特性**　本产品工艺简单，成本较低，且工人操作方便、灵活，随用随配，酸洗的效率高，尤其是从根本上解决了锆材及其焊缝表面的氧化膜问题，大大提高了设备的耐蚀性能和设备的使用寿命。

## 配方30　锆及锆合金铸件酸洗液

**原料配比**

| 原料 | 配比（质量份） | | 原料 | 配比（质量份） | |
|---|---|---|---|---|---|
| | 1# | 2# | | 1# | 2# |
| 68%的硝酸 | 22 | — | 60%的氢氟酸 | — | 3 |
| 70%的硝酸 | — | 28 | 水 | 加至 100 | 加至 100 |
| 55%的氢氟酸 | 2 | | | | |

**制备方法**　将各组分原料混合均匀即可。

**产品应用**　本品主要用作锆及锆合金铸件酸洗液。酸洗工艺，包括以下步骤。

（1）在酸洗槽加入由硝酸和氢氟酸配制而成的酸洗液；

（2）将经过打磨、抛丸的铸件装入橡胶篮中，在装有按步骤（1）配制的酸洗液的酸洗槽中浸泡 5～6min；

（3）将步骤（2）中经过酸洗处理的铸件取出后迅速放入 10～20℃清水池中浸泡 5min，并晃动铸件；

（4）将按照步骤（3）清洗过的铸件在橡胶垫上用压缩空气吹干，然后可对铸件表面缺陷进行补焊；

（5）然后再将经过步骤（4）处理的铸件装在橡胶篮中，再在装有按步骤（1）配制的酸洗液的另一个酸洗槽中浸泡 5～6min；

（6）将步骤（5）中经过第二次酸洗处理的锆铸件取出后迅速放入 10～20℃清水中浸泡 5min，并晃动铸件，使表面的酸洗液快速稀释；

（7）最后将铸件取出放在清洁的橡胶垫上用压缩空气吹干。

**产品特性**　本产品操作工艺简单，不需要特殊设备，投资少，成本低廉；酸洗液能够有效去除锆铸件表面的污染层，并形成很好的钝化膜，保持金属成光亮银白色；能有效去除锆铸件表面的铁离子。

## 配方31　锅炉清洗的酸洗液

**原料配比**

| 原料 | 配比（质量份） | | | | |
|---|---|---|---|---|---|
| | 1# | 2# | 3# | 4# | 5# |
| 盐酸 | 3.0 | 8.0 | 5.0 | — | — |
| 柠檬酸 | — | — | — | 3.0 | — |
| 氨基磺酸 | — | — | — | — | 10.0 |
| 乌洛托品 | 0.08 | 0.25 | 0.16 | 0.18 | 0.25 |
| 二甲苯硫脲或硫脲 | 0.04 | 0.15 | 0.10 | 0.10 | 0.15 |
| 硫氰酸盐 | 0.05 | 0.01 | 0.03 | 0.05 | 0.01 |
| 十二～十六烷基苄基氯化物或溴化物 | 0.12 | 0.03 | 0.08 | 0.08 | 0.03 |
| 表面活性剂十二烷基二羟乙基甜菜碱 | 0.12 | 0.05 | — | — | 0.05 |
| 表面活性剂十二烷基甜菜碱 | — | — | 0.09 | 0.09 | — |
| 水 | 加至100 | 加至100 | 加至100 | 加至100 | 加至100 |

**制备方法**　将各组分原料混合均匀即可。

**产品应用**　本品主要用于锅炉清洗。使用方法，包括以下步骤：

（1）连接锅炉清洗系统，调试锅炉水压至符合要求，隔离与清洗无关的系统；与清洗范围内设备、管道相连的阀门须关闭严密，汽包内不宜清洗的装置，如旋风分离器，须拆除，水位计及所有仪表，取样、加药等管道等须关闭。另外，若过热器不参加清洗应采取保护措施（如充保护液）。

（2）锅炉上水至汽包低水位，升温至45℃左右，循环，循环过程中加入酸洗液。

（3）温度控制在45～95℃，时间控制在2～10h。

**产品特性**

（1）本产品的酸洗缓蚀剂通过选择合适的成分，充分利用了各组分的协同缓蚀效应。

（2）原料来源容易，制备方法简单，使用操作方便。

（3）加入少量即可起缓蚀作用，静态腐蚀速度低于0.4g/(m² · h)，并不会产生针状点蚀或扩大加深原始的腐蚀斑痕。

（4）清洗后试片光亮，不残留有害薄膜，无明显镀铜现象。

（5）溶垢能力强，不会在85℃内快速分解、变质，耐长期存放。

（6）废液无恶臭，毒性低，符合排放标准。

　　（7）当炉前系统和炉本体的清洗采用不同的酸洗剂时（比如炉前系统采用柠檬酸清洗，而锅炉本体采用盐酸清洗），本产品缓蚀剂可同时适用，而不需要采用两种不同的缓蚀剂。

## 配方32　锅炉水处理设备酸洗除锈垢剂

**原料配比**

| 原料 | 配比(质量份) | | 原料 | 配比(质量份) | |
|---|---|---|---|---|---|
| | 1# | 2# | | 1# | 2# |
| 硝酸 | 18 | 15 | 硫氰酸钾 | 0.4 | 0.1 |
| 苯胺 | 0.5 | 0.8 | 水 | 96 | 93 |
| 乌洛托品 | 0.6 | 0.9 | | | |

**制备方法**　将各组分原料混合均匀即可。

**产品应用**　本品主要用作锅炉水处理设备酸洗除锈垢剂。

**产品特性**　本产品配方合理，使用效果好，生产成本低。

## 配方33　锅炉水处理设备酸洗剂

**原料配比**

| 原料 | 配比(质量份) | | 原料 | 配比(质量份) | |
|---|---|---|---|---|---|
| | 1# | 2# | | 1# | 2# |
| 盐酸 | 8 | 6 | 乙二醇 | 0.5 | 10.9 |
| 乌洛托品 | 0.8 | 0.5 | 水 | 95 | 91 |

**制备方法**　将各组分原料混合均匀即可。

**产品应用**　本品是一种锅炉水处理设备酸洗剂。

**产品特性**　本产品配方合理，使用效果好，生产成本低。

## 配方34　含有复配钝化剂的酸洗液

**原料配比**

| 原料 | 配比(质量份) | | |
|---|---|---|---|
| | 1# | 2# | 3# |
| 浓度为50%的工业硝酸 | 1000 | 1000 | 1000 |
| 40%的氢氟酸 | 200 | 150 | 300 |

续表

| 原料 | | 配比（质量份） | | |
|---|---|---|---|---|
| | | 1# | 2# | 3# |
| 缓蚀剂 | 乌洛托品 | 40 | 2.0 | 10 |
| | 氨基磺酸 | 40 | 2.0 | 3 |
| | 氨基磺酸钠 | 100 | 1.0 | 2 |
| 光亮剂 | 三甘醇 | 20 | 1.0 | 1.2 |
| | 香豆素 | 10 | 1.0 | 0.5 |
| | 糖精 | 10 | 0.4 | 0.5 |
| | 甘油 | 10 | 0.4 | 1 |
| | 烷烃类表面活性剂 | 40 | 1.0 | 1.5 |
| 水 | | 410 | 840 | 680 |

**制备方法**　将硝酸和氢氟酸按比例混合，将由缓蚀剂、光亮剂等成分组合而成的钝化剂依上述比例在水中溶解，然后加入到硝酸-氢氟酸中，搅拌均匀后在 5～50℃下反应 5～50h，待反应完成后用水稀释至所需浓度。

**产品应用**　本品是一种对各种钢材进行清洗的含复配钝化剂的酸洗液。

　　将受腐蚀的不锈钢铸件置于上述配制的酸洗液中浸泡，视铸件表面情况及浸泡 10～120min，至铸件表面银亮后捞出，清水冲净即可。

**产品特性**

（1）本产品适用于各种钢材（尤其适用于 304、316 型精密不锈钢铸件）的酸洗钝化，能在很短的时间（10～20min）内使原先发黑发暗的铸件变得银亮光洁，铸件内外表面一样光亮美观，而铸件本身不受任何损伤，并在铸件表面形成一层致密的钝化膜，使铸件长期存放仍能保持银亮美观、不生锈斑。本产品的另一特点是酸雾很小，有利于环保及操作人员身体健康，酸洗量大，酸处理成本低，且可有效缩短酸洗频率，降低酸耗。

（2）经本产品处理后的铸件表面银亮美观，色泽均匀。且因铸件表面形成钝化薄层，故不易再次腐蚀生锈。本产品成本不高，且处理效果明显优于常用处理剂。

## 配方35　环保型不锈钢酸洗钝化膏

**原料配比**

| 原料 | 配比（质量份） | 原料 | 配比（质量份） |
|---|---|---|---|
| 硝酸镁 | 15 | 氢氟酸 | 4 |
| 氟化氢铵 | 4 | 去离子水 | 10 |
| 硝酸 | 2（体积份） | | |

**制备方法**　称取硝酸镁，加入去离子水 6 份，使硝酸镁充分溶解于水中，然后，加入氟化氢铵，使其充分搅拌溶解，再次加入硝酸和氢氟酸，并使其充分搅拌溶解，再次加入去离子水 4 份，静置 2h 后，即可使用。

**产品应用**　本品是一种环保型不锈钢酸洗钝化膏。

操作人员必须穿戴必要的防护用具，才能进行不锈钢设备内部和外部表面酸洗钝化处理工序的施工。

不锈钢设备酸洗钝化处理工序的施工完成后，需用水对不锈钢设备的内部和外部表面进行冲洗，将未反应的酸洗钝化膏和反应后的残液、残渣冲洗干净，不锈钢设备酸洗钝化工序必须在专用场地施工，产生的废水集中回收在专用的废水回收池中，首先应测定废水的 pH 值，来确定使用石灰粉的量进行中和处理。废水回收池中的废水经沉淀可以循环使用。

**产品特性**　本产品刺激性气味非常小，对于操作者进行简单防护即可达到保护目的，再经后期对酸洗钝化后的残液和残渣的处理，又能够达到保护环境的要求，对酸洗钝化处理后的不锈钢表面进行蓝点检验均为合格。由于废水回收池中的废水经沉淀后可以循环使用，固体沉淀物在积攒到一定量的时候，再集中清理，交由有有害物体处理资质的单位集中处理，因此，对环境不造成任何危害，达到保护环境的目的。

## 配方36　环境友好型碳钢酸洗液

**原料配比**

<table>
<tr><th colspan="2" rowspan="2">原料</th><th colspan="10">配比（质量份）</th></tr>
<tr><th>1#</th><th>2#</th><th>3#</th><th>4#</th><th>5#</th><th>6#</th><th>7#</th><th>8#</th><th>9#</th><th>10#</th></tr>
<tr><td rowspan="4">酸洗液</td><td>0.5mol/L 盐酸</td><td>1000（体积份）</td><td>1000（体积份）</td><td>—</td><td>—</td><td>—</td><td>—</td><td>—</td><td>—</td><td>—</td><td>—</td></tr>
<tr><td>1mol/L 盐酸</td><td>—</td><td>—</td><td>1000（体积份）</td><td>1000（体积份）</td><td>—</td><td>—</td><td>—</td><td>—</td><td>—</td><td>—</td></tr>
<tr><td>0.6mol/L 盐酸</td><td>—</td><td>—</td><td>—</td><td>—</td><td>1000（体积份）</td><td>1000（体积份）</td><td>—</td><td>—</td><td>—</td><td>—</td></tr>
<tr><td>0.1mol/L 硫酸</td><td>—</td><td>—</td><td>—</td><td>—</td><td>—</td><td>—</td><td>1000（体积份）</td><td>1000（体积份）</td><td>1000（体积份）</td><td>1000（体积份）</td></tr>
<tr><td rowspan="3">缓蚀剂</td><td>苯戊酮-O-1-(1′,3′,4′-三氮唑)亚甲基肟</td><td>0.35</td><td>0.20</td><td>—</td><td>—</td><td>—</td><td>0.20</td><td>0.25</td><td>0.25</td><td>—</td><td>—</td></tr>
<tr><td>4-氟基苯乙酮-O-1-(1′,3′,4′-三氮唑)亚甲基肟</td><td>—</td><td>0.20</td><td>0.35</td><td>0.20</td><td>—</td><td>—</td><td>—</td><td>—</td><td>—</td><td>0.10</td></tr>
<tr><td>4-甲氧基苯乙酮-O-1-(1′,3′,4′-三氮唑)亚甲基肟</td><td>—</td><td>—</td><td>—</td><td>0.20</td><td>0.40</td><td>0.20</td><td>—</td><td>0.20</td><td>0.30</td><td>0.30</td></tr>
</table>

续表

| 原料 | | 配比（质量份） | | | | | | | | | |
|---|---|---|---|---|---|---|---|---|---|---|---|
| | | 11# | 12# | 13# | 14# | 15# | 16# | 17# | 18# | 19# | 20# |
| 酸洗液 | 0.5mol/L 硫酸 | 1000（体积份） | 1000（体积份） | — | 1000（体积份） | — | — | — | — | 1000（体积份） | 1000（体积份） |
| | 1mol/L 盐酸 | — | — | 1000（体积份） | — | — | — | — | — | — | — |
| | 0.5mol/L 盐酸 | — | — | — | — | 1000（体积份） | 1000（体积份） | 1000（体积份） | 1000（体积份） | — | — |
| 缓蚀剂 | 苯戊酮-$O$-1-(1',3',4'-三氮唑)亚甲基肟 | — | 0.15 | 0.20 | 0.10 | — | — | 0.01 | — | 0.01 | 1 |
| | 4-氟基苯乙酮-$O$-1-(1',3',4'-三氮唑)亚甲基肟 | 0.40 | 0.25 | 0.20 | 0.30 | — | 0.01 | 1 | 0.01 | 1 | 0.01 |
| | 4-甲氧基苯乙酮-$O$-1-(1',3',4'-三氮唑)亚甲基肟 | — | — | 0.25 | 0.20 | 0.25 | — | — | 1 | 0.99 | 0.99 |

**制备方法**　将各组分原料混合均匀即可。

**产品应用**　本品主要用作碳钢及其制品酸洗液。将酸液浸没清洗钢材，浸没温度为室温，时间为1～4h。

**产品特性**

（1）本产品涉及的三氮唑类缓蚀剂是具有三氮杂环类的化合物，此化合物分子内含有氮、氧、氟、杂环等原子或原子团，能有效地吸附于碳钢表面，起到缓蚀作用。

（2）本产品缓蚀剂为三氮唑类化合物及其衍生物，合成步骤简单，原料廉价易得，成本低，属绿色型缓蚀剂。

（3）本产品缓蚀剂为三氮唑类化合物，为有机缓蚀剂，与目前常用的无机缓蚀剂相比，无毒无害，环境友好，不存在使用后的环境问题；对环境和生物无毒无害，符合绿色缓蚀剂发展的趋势。

（4）本产品用于碳钢表面酸洗，添加少量的缓蚀剂就可有效抑制金属材料在酸洗过程中金属的过度浸蚀（即有害腐蚀）以及酸液的过度消耗，与目前常用的缓蚀剂比较，具有用量低、缓蚀效率高、持续作用能力强、使用效果好、可反复使用的突出优点。

（5）本产品能承受清洗条件的变化，如清洗剂浓度、温度、流速等，不影响缓蚀剂的缓蚀效果，缓蚀性能稳定。

（6）本产品缓蚀剂能有效防止在酸洗过程中酸对碳钢材料的腐蚀，具有用量低、缓蚀效率高、缓蚀性能稳定、合成简单的突出优点。

## 配方37　黄铜表面钝化预处理的酸洗液

**原料配比**

| 原料 | 配比(质量份) | | |
|---|---|---|---|
| | 1# | 2# | 3# |
| 70%硫酸 | 370(体积份) | 390(体积份) | 380(体积份) |
| 85%磷酸 | 220(体积份) | 180(体积份) | 200(体积份) |
| 乙酸 | 120(体积份) | 140(体积份) | 130(体积份) |
| 草酸 | 24 | 20 | 22 |
| 苯并三氮唑 | 3 | 5 | 4 |
| 1-苯基-5-巯基四氮唑 | 2 | 1 | 1.5 |
| 明胶 | 2 | 4 | 3 |
| 聚乙二醇 | 5 | 3 | 4 |
| 过氧化氢 | 20 | 24 | 22 |
| OP-10 | 26 | 22 | 24 |
| 水 | 加至1L | 加至1L | 加至1L |

**制备方法**　在反应釜中加入适量的水,然后加入硫酸和磷酸,搅拌至溶解,然后加入苯并三氮唑和1-苯基-5-巯基四氮唑,搅拌6～10min使其均匀,然后依次加入乙酸、草酸、明胶、聚乙二醇、过氧化氢和OP-10,待前一种物质溶解后加入后一种物质,全部加完后搅拌6～10min,然后加入余量的水定容。

**产品应用**　本品是一种黄铜表面钝化预处理的酸洗液。

**产品特性**

(1) 本产品的酸洗液中不含有铬,不含硝酸和盐酸,避免酸洗过程中释放出大量的 $NO_2$ 和氯气,对环境友好。

(2) 除了复配几种酸之外,添加苯并三氮唑、1-苯基-5-巯基四氮唑、明胶、聚乙二醇以及过氧化氢进行复配,使得酸洗过程稳定,快速,且酸洗抛光活化效果好,为后续钝化打下良好基础。

## 配方38　具有缓蚀效果的铜基材酸洗液

**原料配比**

| 原料 | | 配比 | | | | | | |
|---|---|---|---|---|---|---|---|---|
| | | 1# | 2# | 3# | 4# | 5# | 6# | 7# |
| 酸液 | 0.5mol/L 硝酸 | 1000(体积份) | — | — | — | — | — | 1000(体积份) |
| | 0.5mol/L 稀硝酸和 0.5mol/L 稀硫酸 | — | 100000(体积份) | — | — | — | — | — |

续表

| 原料 | | 配比 | | | | | | |
|---|---|---|---|---|---|---|---|---|
| | | 1# | 2# | 3# | 4# | 5# | 6# | 7# |
| 酸液 | 0.5mol/L 稀硫酸 | — | — | 10000 (体积份) | — | 10000 (体积份) | — | — |
| | 0.5mol/L 稀盐酸和 0.5mol/L 稀硝酸 | — | — | — | 100000 (体积份) | — | — | — |
| | 1mol/L 硫酸 | — | — | — | — | — | 100000 (体积份) | — |
| 缓蚀剂 | 2-（4-氯苯基)-3-环丙基-1-(1H-1,2,4-三唑-1-基)丁-2-醇/mol | $10^{-3}$ | $10^{-3}$ | $10^{-3}$ | $10^{-3}$ | $10^{-3}$ | $10^{-3}$ | $10^{-3}$ |

**制备方法**　将各组分原料混合均匀即可。

**产品应用**　本品是一种具有缓蚀效果的铜基材酸洗液，涉及印制电路板制造中电镀铜前酸洗/微蚀处理工艺，具体地说是用以防止印制电路板面的铜及其制品在酸洗/微蚀过程中酸介质对金属铜的过腐蚀的一种具有缓蚀效果的铜基材酸洗液。

**产品特性**　本产品是采用常规作为植物杀菌剂用的环唑醇［2-(4-氯苯基)-3-环丙基-1-(1H-1,2,4-三唑-1-基）丁-2-醇]作为缓蚀剂加入酸液中配制成具有缓蚀效果的铜基材酸洗液。该酸洗液中缓蚀剂用量少，原料廉价易得，能够在阳光下自然降解，不存在使用后的环境问题，符合绿色缓蚀剂发展的趋势；并且缓蚀效率高，可达到80%～99%，缓蚀性能稳定。另外酸洗液中酸液为硝酸、硫酸或盐酸的一种或多种的组合，适用性强；在不同的温度和浓度下均具有良好的缓蚀性能。

## 配方39　抗生素类碳钢酸洗清洗液

**原料配比**

| 原料 | | 配比（质量份) | | | | | | | | | | | |
|---|---|---|---|---|---|---|---|---|---|---|---|---|---|
| | | 1# | 2# | 3# | 4# | 5# | 6# | 7# | 8# | 9# | 10# | 11# | 12# |
| 酸洗液 | 0.1mol/L 稀盐酸 | 1000 (体积份) | 10000 (体积份) | — | — | — | — | — | — | — | — | — | — |
| | 0.5mol/L 稀盐酸 | — | — | 10000 (体积份) | 1000 (体积份) | — | — | — | — | — | — | — | — |
| | 1mol/L 稀盐酸 | — | — | — | — | 1000 (体积份) | 1000 (体积份) | — | — | — | — | — | — |
| | 0.1mol/L 稀硫酸 | — | — | — | — | — | — | 1000 (体积份) | 1000 (体积份) | — | — | — | — |

续表

| 原料 | | 配比（质量份） | | | | | | | | | | | |
|---|---|---|---|---|---|---|---|---|---|---|---|---|---|
| | | 1# | 2# | 3# | 4# | 5# | 6# | 7# | 8# | 9# | 10# | 11# | 12# |
| 酸洗液 | 0.8mol/L 稀硫酸 | — | — | — | — | — | — | — | — | 1000（体积份） | 1000（体积份） | — | — |
| | 1mol/L 稀硫酸 | — | — | — | — | — | — | — | — | — | — | 1000（体积份） | 1000（体积份） |
| 缓蚀剂 | 头孢曲松 | 0.30 | 0.15 | 0.30 | 0.15 | 0.30 | 0.20 | 0.20 | 0.15 | 0.40 | 0.20 | 0.40 | 0.20 |
| | 阿莫西林 | 0.30 | 0.15 | 0.30 | 0.15 | 0.30 | 0.20 | 0.20 | 0.15 | 0.40 | 0.20 | 0.40 | 0.20 |

**制备方法**　将各组分原料混合均匀即可。

**产品应用**　本品主要用作碳钢酸洗清洗液。

使用时，将清洗液浸没钢材，浸没温度为室温，时间为 0.5～4h。

**产品特性**

（1）本产品用于碳钢及其产品的表面清洗，能防止在清洗过程中金属的过度浸蚀和酸液的过度消耗，具有用量低、效率高、持续作用能力强的突出优点。

（2）本产品的原理在于头孢曲松、阿莫西林具有氨基、羰基、羧基、吡啶环、噻唑环等原子或原子团，能有效地吸附于碳钢表面，起到缓蚀作用。

## 配方40　硫脲类碳钢酸洗清洗液

**原料配比**

| 原料 | | 配比（质量份） | | | | | | |
|---|---|---|---|---|---|---|---|---|
| | | 1# | 2# | 3# | 4# | 5# | 6# | 7# |
| 酸洗液 | 0.5mol/L 盐酸 | 1000（体积份） | 1000（体积份） | — | — | — | — | — |
| | 1mol/L 盐酸 | — | — | 1000（体积份） | 1000（体积份） | — | — | — |
| | 0.1mol/L 硫酸 | — | — | — | — | 1000（体积份） | — | — |
| | 0.5mol/L 硫酸 | — | — | — | — | — | 1000（体积份） | — |
| | 1mol/L 硫酸 | — | — | — | — | — | — | 1000（体积份） |

| 原料 | | 配比（质量份） | | | | | | |
|------|------|------|------|------|------|------|------|------|
| | | 1# | 2# | 3# | 4# | 5# | 6# | 7# |
| 缓蚀剂 | 1-N-[1'-(1',2',4'-三氮唑)]乙酰基-4-N-(3″,5″-二甲基)苯甲酰氨基硫脲 | 2 | 0.15 | — | 0.20 | 0.001 | 0.10 | 0.50 |
| | 1-N-[1'-(1',2',4'-三氮唑)]乙酰基-4-N-苯甲酰氨基硫脲 | — | 0.15 | 0.50 | 0.20 | — | 0.10 | 0.40 |

**制备方法**　将各组分原料混合均匀即可。

**产品应用**　本品主要用于碳钢及其制品酸洗清洗液。使用时将清洗液浸没清洗钢材，浸没温度为室温，时间为 0.5～4h。

**产品特性**

（1）本产品缓蚀剂的成分是硫脲类化合物，该类物质具有无毒无害、易合成、原料廉价易得的特点，并且采用本产品清洗碳钢及其产品的表面，能防止在酸洗过程中基体金属的过度浸蚀和酸液的过度消耗，其用量低、效率高、持续作用能力强。

（2）本产品的原理在于硫脲类衍生物是以碳硫双键为标志性官能团的化合物，能通过硫原子有效地吸附于碳钢表面，起到缓蚀作用。

（3）本产品缓蚀剂为有机缓蚀剂，与目前常用的无机缓蚀剂相比，不存在使用后的环境问题，对环境和生物无毒无害，符合缓蚀剂发展的趋势，具有良好的应用前景。

## 配方41　铝合金钎焊后用的酸洗液

**原料配比**

| 原料 | 配比（体积份） |
|------|------|
| 58%～62% HNO₃ | 15 |
| 48% HF | 0.6 |
| 去离子水 | 137 |

**制备方法**　将各组分原料混合均匀即可。

**产品应用**　本品是一种铝合金钎焊后用的酸洗液。本品的使用方法包括以下内容：

（1）将尚未完全冷却的工件放入热水中，利用热冲击来崩脱钎剂；

（2）将工件放入已配制好的酸洗液中，浸洗 1min；

（3）将酸洗完的工件取出，用清水冲洗干净；

（4）对工件做表面钝化处理，以免工件表面再次发生氧化。

**产品特性**　本产品成分配制简单、制造成本低、使用方法简单易掌握，能有效去除铝合金钎焊后工件表面生成的氧化物，是一种低成本高质量的铝合金钎焊后用的酸洗液。

## 配方42　铝及铝合金表面前处理酸洗液

**原料配比**

| 原料 | 配比（质量份） | | |
| --- | --- | --- | --- |
| | 1# | 2# | 3# |
| 浓硝酸 | 15（体积份） | 7（体积份） | 50（体积份） |
| 过氧化氢 | 200（体积份） | 100（体积份） | 70（体积份） |
| 硝酸钠 | — | 5 | 5 |
| 水 | 加至1000 | 加至1000 | 加至1000 |

**制备方法**　首先向容器中加入酸洗液所需总量一半的水；再按每升酸洗液加入7～50mL浓硝酸和50～200mL过氧化氢，并按每升酸洗液加入5g量的硝酸钠（如需要）；随后加水至所述酸洗液所需的总量，搅拌均匀即可。

**产品应用**　本品主要用于各种铝及铝合金的酸洗，能较好地解决多盲螺孔件表面前处理后螺孔内残存碱洗液和酸洗液的问题。

使用方法为浸泡，使用温度为室温（15～35℃），浸泡时间0.5～20min。

应用：将多盲螺孔件在酸洗液中20～25℃浸泡0.5min，取出后多盲螺孔件表面光滑、无酸液残留，经长期使用，发现其较使用浓硝酸等强酸洗液浸泡处理的同批次其他多盲螺孔件更为经久耐用。

**产品特性**

（1）本产品适用于各种铝及铝合金，能较好地解决多盲螺孔件表面前处理后螺孔内残存碱洗液和酸洗液的问题。该酸洗液较稳定，适合大规模生产。

（2）产品质量优良：经长期试验，未出现电镀、氧化螺纹孔口腐蚀、变色等质量问题，零件尺寸没有超差，粗糙度不受影响。

（3）生产效率高：零件不需要返工、返修和人工反复冲洗等复杂工序操作，节省人工操作成本，有效提高生产效率。

（4）比较环保并且成本较低：低浓度的酸洗液替代传统浓硝酸酸洗液，没有黄色酸雾，减少对操作者和环境的危害，由于是低浓度，所以成本也比较低。

（5）溶液稳定容易维护：溶液使用寿命较长。溶液成分相对简单，制备方法简便，条件温和，容易生产。

## 配方43　铝质换热器酸洗液

**原料配比**

| 原料 | 配比(质量份) | 原料 | 配比(质量份) |
|---|---|---|---|
| 酸液(以工业盐酸为例) | 2~7 | 表面活性剂 | 0.10~0.30 |
| 苯胺 | 0.05~0.15 | 深井水或软水 | 加至100 |
| 丙三醇 | 0.05 | | |

**制备方法**

(1) 加药顺序：在酸洗液系统中先充满水，加入表面活性剂，使其质量分数为0.10%~0.30%，在循环过程中加入苯胺，使其质量分数为0.05%~0.15%，加入丙三醇，使其质量分数为0.05%，然后，再加入工业盐酸，使HCl质量分数为2%~7%。

(2) 工艺过程控制

① 温度控制：-5~50℃。循环过程中，温度控制在30~50℃，不必过高。停车清洗，在低于室温下仍然可进行。

② 时间控制：视系统内垢量多少而定，一般为1~2h。

③ 药量控制：系统内软垢量多，可提高表面活性剂浓度，同时将酸液浓度，稍加提高；系统内硬垢多，可将酸液浓度提高到上限，同时增加苯胺浓度，稍加提高表面活性剂浓度。

④ 监控分析：按一般酸洗要求的标准方法进行监测，酸洗过程中，按分析补加酸液，视软垢脱落情况补充表面活性剂，但不补加苯胺。

⑤ 动态试片：纯铝腐蚀率<0.05g/(m²·h)；不锈钢腐蚀率<0.2g/(m²·h)。

**原料介绍**　本产品中的表面活性剂，是去油酸缓蚀剂，有渗透、吸附、分散、发泡作用。这种表面活性剂可以是单一组分如十二~十八烷基苯硝酸或十一~十八烷基苯磺酸钠或十五烷基磺酰氯或十二烷基硫酸钠或其中某几种的混合物，但最好是复合型表面活性剂，如Y-2型及C型复合碳铵添加剂等等。

苯胺既是缓蚀剂，又是表面活性剂的消泡剂。

**产品应用**　本品主要用于铝质、不锈钢等换热设备的化学清洗。

**产品特性**

(1) 配方简单，药品廉价易得；

(2) 费用低，只是通常方法的1/6；

(3) 操作简便，节约时间，可用于单机清洗或不停车清洗；

(4) 酸洗前，不需进行碱洗，酸洗后，不需碱煮及钝化硬膜处理；

(5) 本产品的一个最突出的特点，就是不但用盐酸可以酸洗不锈钢及铝质换热设备以及该种设备内的各种硬垢，而且对清洗悬浮固体、生物污泥及其他有机沉积物有特效。

（6）本产品以苯胺作为缓蚀剂和消泡剂，以表面活性剂为去油酸缓蚀剂和助剂，利用苯胺、丙三醇与阴离子表面活性剂的协调作用，解决了不能以盐酸酸洗不锈钢及铝质换热设备的问题。该铝质换热器酸洗缓蚀剂不但能清洗不锈钢及铝质换热设备内的各种硬垢，而且对于清除软垢有特殊效果。

## 配方44　绿色苯甲酸类杂环碳钢酸洗液

**原料配比**

| 原料 | | 配比(质量份) | | | | | | | | |
|---|---|---|---|---|---|---|---|---|---|---|
| | | 1# | 2# | 3# | 4# | 5# | 6# | 7# | 8# | 9# |
| 酸洗液 | 0.5mol/L 盐酸 | 1000(体积份) | 1000(体积份) | 1000(体积份) | 1000(体积份) | 1000(体积份) | 1000(体积份) | 1000(体积份) | — | — |
| | 1mol/L 盐酸 | — | — | — | — | — | — | — | 1000(体积份) | 1000(体积份) |
| 缓蚀剂 | 3,5-二甲基苯甲酸-1,2,4-三氮唑-1-甲基酯 | 0.30 | — | 0.15 | 0.30 | 0.30 | — | 0.15 | 0.30 | — |
| | 4-氯-苯甲酸-1,2,4-三氮唑-1-甲基 | — | 0.30 | 0.15 | — | — | 0.30 | 0.15 | — | 0.30 |

| 原料 | | 配比(质量份) | | | | | | | | | |
|---|---|---|---|---|---|---|---|---|---|---|---|
| | | 10# | 11# | 12# | 13# | 14# | 15# | 16# | 17# | 18# | 19# | 20# |
| 酸洗液 | 1mol/L 盐酸 | 1000(体积份) | 1000(体积份) | — | — | — | — | — | — | — | — | — |
| | 0.4mol/L 硫酸 | — | — | 1000(体积份) | 1000(体积份) | 1000(体积份) | 1000(体积份) | 1000(体积份) | 1000(体积份) | 1000(体积份) | — | — |
| | 0.5mol/L 硫酸 | — | — | — | — | — | — | — | — | — | 1000(体积份) | 1000(体积份) |
| 缓蚀剂 | 3,5-二甲基苯甲酸-1,2,4-三氮唑-1-甲基酯 | 0.30 | — | — | 0.20 | 0.15 | 0.20 | — | 0.20 | 0.15 | 0.20 | 0.20 |
| | 4-氯-苯甲酸-1,2,4-三氮唑-1-甲基 | — | 0.30 | 0.20 | — | 0.20 | — | 0.20 | — | 0.20 | — | — |

**制备方法**　将各组分原料混合均匀即可。

**产品应用**　本品主要用作碳钢及其制品酸洗液。使用时将清洗液浸没待清洗钢材，浸没温度为 25～60℃，时间为 3～6h。

**产品特性**

（1）本产品中的缓蚀剂能有效防止在酸洗过程中酸对碳钢的腐蚀，具有用量低、缓蚀效率高、缓蚀性能稳定的突出优点。

（2）本产品涉及的苯甲酸杂环类缓蚀剂是具有苯甲酸杂环类的化合物，此化合物还含有三氮杂环，分子内含有氮原子、苯环、C＝N双键等原子和原子团，能有效地吸附于碳钢表面，起到缓蚀作用。

（3）本产品缓蚀剂有效成分为苯甲酸杂环类化合物及其衍生物，合成步骤简单，原料廉价易得，成本低，属绿色型缓蚀剂。

（4）本产品缓蚀剂有效成分为苯甲酸杂环类化合物，为有机缓蚀剂，与目前常用的无机缓蚀剂相比，无毒无害，环境友好，不存在使用后的环境问题，符合绿色缓蚀剂发展的趋势。

（5）本产品能承受清洗条件的变化，如清洗剂浓度、温度、流速等，不影响缓蚀剂的缓蚀效果，缓蚀性能稳定。

（6）本产品用于碳钢表面酸洗，添加少量的缓蚀剂就可有效抑制金属材料在酸洗过程中金属的过度浸蚀（即有害腐蚀）以及酸液的过度消耗，具有用量低、缓蚀效率高、持续作用能力强、使用效果好、可反复使用的突出优点。

## 配方45　绿色高效酸洗液

**原料配比**

| 原料 | 配比（质量份） | | | |
|---|---|---|---|---|
| | 1# | 2# | 3# | 4# |
| 0.1mol/L 盐酸 | 1000（体积份） | — | — | — |
| 0.5mol/L 盐酸 | — | 1000（体积份） | — | — |
| 0.5mol/L 硫酸 | — | — | 1000（体积份） | — |
| 1mol/L 硫酸 | — | — | — | 1000（体积份） |
| 缓蚀剂 | 0.20 | 0.20 | 0.50 | 1 |

**制备方法**　将各组分原料混合均匀即可。

**产品应用**　本品主要用于锌、锌铝合金或锌铝合金镀层钢材及其产品的工业酸洗，用以防止锌、锌铝合金或锌铝合金镀层钢材及其产品在酸洗过程中不必要的全面腐蚀和局部腐蚀。

酸洗温度保持在25℃左右，加入待清洗金属，浸没0.5～3h即可。

**产品特性**

（1）本产品具有价格便宜，用量低，缓蚀效率高，持续作用能强的突出优点。本产品为一种天然植物提取物，对环境和生物无毒无害，符合酸洗缓蚀剂发展的趋势，具有良好的应用前景。

（2）本产品中的小檗碱分子是具有杂环的大环化合物，分子内含有杂环、氮、氧等原子或原子团，能有效地吸附在锌铝合金及锌铝合金镀层钢材表面，起到缓蚀作用。

（3）本产品缓蚀剂为天然物质提取物，为无毒无害的绿色物质，不存在使用后的环境问题，符合酸洗缓蚀剂发展的趋势，具有良好的应用前景。

（4）本产品的缓蚀剂具有用量低、缓蚀效率高、持续作用能力强的突出优点，可反复使用。

## 配方46　绿色三氮唑类碳钢酸洗液（一）

**原料配比**

| 原料 | | 配比（质量份） | | | | | | | | | | | | | | | |
|---|---|---|---|---|---|---|---|---|---|---|---|---|---|---|---|---|---|
| | | 1# | 2# | 3# | 4# | 5# | 6# | 7# | 8# | 9# | 10# | 11# | 12# | 13# | 14# | 15# | 16# |
| 酸洗液 | 0.5mol/L 盐酸 | 1000（体积份） | 1000（体积份） | — | — | — | — | — | — | — | — | — | 1000（体积份） | — | — | — | — |
| | 1mol/L 盐酸 | — | — | 1000（体积份） | 1000（体积份） | — | — | — | — | — | — | — | — | — | — | — | — |
| | 0.8mol/L 盐酸 | — | — | — | — | 1000（体积份） | 1000（体积份） | — | — | — | — | — | — | — | — | — | — |
| | 0.1mol/L 硫酸 | — | — | — | — | — | — | 1000（体积份） | 1000（体积份） | 1000（体积份） | — | — | — | — | — | 1000（体积份） | 1000（体积份） |
| | 0.5mol/L 硫酸 | — | — | — | — | — | — | — | — | — | 1000（体积份） | 1000（体积份） | — | 1000（体积份） | 1000（体积份） | — | — |
| 缓蚀剂 | 4-甲基苯乙酮-O-1'-(1',3',4'-三氮唑)亚甲基肼 | 0.30 | 0.20 | — | 0.20 | 0.35 | 0.20 | — | 0.15 | 0.20 | 0.35 | 0.20 | — | 1 | 0.01 | 0.01 | 0.002 |
| | 1-(4'-N,N-二甲基苯亚甲基亚氨基)-2-巯基-5-[1"-(1",3",4"-三氮唑)亚甲基]-1,3,4-三氮唑 | — | 0.20 | 0.40 | 0.20 | — | 0.20 | 0.15 | 0.20 | — | — | 0.15 | 2 | 0.01 | 1 | — | — |

**制备方法**　将各组分原料混合均匀即可。

**产品应用**　本品主要用于碳钢及其制品的酸洗液。使用时将酸液浸没待清洗钢材；浸没温度为室温，时间为 1～4h。

**产品特性**

（1）本产品中的缓蚀剂能有效防止在酸洗过程中酸对碳钢的腐蚀，具有用量低、缓蚀效率高、缓蚀性能稳定的突出优点。

（2）本产品涉及的三氮唑类缓蚀剂是具有三氮杂环类的化合物，此化合物分子内含有氮原子、苯环、C═N 双键等原子和原子团，能有效地吸附于碳钢表面，起到缓蚀作用。

（3）本产品缓蚀剂为三氮唑类化合物及其衍生物，合成步骤简单，原料廉价易得，成本低，属绿色型缓蚀剂。

（4）本产品缓蚀剂为三氮唑类化合物，为有机缓蚀剂，无毒无害，环境友好，不存在使用后的环境问题，符合绿色缓蚀剂发展的趋势。

（5）本产品用于碳钢表面酸洗，添加少量的缓蚀剂就可有效抑制金属材料在酸洗过程中金属的过度浸蚀（即有害腐蚀）以及酸液的过度消耗，具有用量低、缓蚀效率高、持续作用能力强、使用效果好、可反复使用的突出优点。

（6）本产品能承受清洗条件的变化，如清洗剂浓度、温度、流速等，不影响缓蚀剂的缓蚀效果，缓蚀性能稳定。

## 配方47　绿色三氮唑类碳钢酸洗液（二）

**原料配比**

| 原料 | | 配比（质量份） | | | | | | | | | | |
|---|---|---|---|---|---|---|---|---|---|---|---|---|
| | | 1# | 2# | 3# | 4# | 5# | 6# | 7# | 8# | 9# | 10# | 11# |
| 酸洗液 | 0.5mol/L 盐酸 | 1000（体积份） | 1000（体积份） | — | — | — | — | — | — | — | — | — |
| | 1mol/L 盐酸 | — | — | 1000（体积份） | 1000（体积份） | — | — | — | — | — | — | — |
| | 0.8mol/L 盐酸 | — | — | — | — | 1000（体积份） | 1000（体积份） | — | — | — | — | — |
| | 0.1mol/L 硫酸 | — | — | — | — | — | — | 1000（体积份） | 1000（体积份） | 1000（体积份） | — | — |
| | 0.5mol/L 硫酸 | — | — | — | — | — | — | — | — | — | 1000（体积份） | 1000（体积份） |
| 缓蚀剂 | 1-氨基-2-巯基-5-[1'-(1',2',4'-三唑)]-亚甲基-1H-1,3,4-三唑 | 0.30 | 0.10 | — | 0.10 | 0.35 | — | — | 0.20 | 0.20 | 0.35 | 0.15 |

| 原料 | | 配比(质量份) | | | | | | | | | | |
|---|---|---|---|---|---|---|---|---|---|---|---|---|
| | | 1# | 2# | 3# | 4# | 5# | 6# | 7# | 8# | 9# | 10# | 11# |
| 缓蚀剂 | 1-氨基-2-巯基-5-[17-(1′,2′,4′-三唑)]-亚甲基-1H-1,3,4-唑-1-苯-2-[5-(1′,2′,3′,5′-四唑-亚甲基)-1,3,4-噁二唑]硫烷基乙酮 | — | — | — | — | — | 0.20 | | | | | |
| | 1-苯-2-[5-(1′,2′,3′,5′-四唑,亚甲基)-1,3,4-噁二唑]硫烷基乙酮 | — | 0.10 | 0.40 | 0.10 | | 0.20 | 0.15 | 0.15 | | | 0.20 |

**制备方法**　将各组分原料混合均匀即可。

**产品应用**　本品主要用于碳钢及其制品酸洗液。使用时将酸液浸没待清洗钢材，浸没温度为室温，时间为1～4h。

**产品特性**

（1）本产品缓蚀剂能有效防止在酸洗过程中酸对碳钢的腐蚀，具有用量低、缓蚀效率高、缓蚀性能稳定的突出优点。

（2）本产品涉及的三氮唑类缓蚀剂是具有三氮杂环类的化合物，此化合物分子内含有氮原子、苯环、C＝N双键等原子和原子团，能有效地吸附于碳钢表面，起到缓蚀作用。

（3）本产品缓蚀剂为三氮唑类化合物及其衍生物，合成步骤简单，原料廉价易得，成本低，属绿色型缓蚀剂。

（4）本产品缓蚀剂为三氮唑类化合物，为有机缓蚀剂，无毒无害，环境友好，不存在使用后的环境问题，符合绿色缓蚀剂发展的趋势。

（5）本产品用于碳钢表面酸洗，添加少量的缓蚀剂就可有效抑制金属材料在酸洗过程中金属的过度浸蚀（即有害腐蚀）以及酸液的过度消耗，具有用量低、缓蚀效率高、持续作用能力强、使用效果好、可反复使用的突出优点。

（6）本产品能承受清洗条件的变化，如清洗剂浓度、温度、流速等，不影响缓蚀剂的缓蚀效果，缓蚀性能稳定。

## 配方48　尿嘧啶类碳钢酸洗液

**原料配比**

| 原料 | | 配比(质量份) | | | | | | | | | | | | |
|---|---|---|---|---|---|---|---|---|---|---|---|---|---|---|
| | | 1# | 2# | 3# | 4# | 5# | 6# | 7# | 8# | 9# | 10# | 11# | 12# | 13# |
| 酸液 | 0.5mol/L盐酸 | 1000(体积份) | 1000(体积份) | — | — | — | — | — | — | — | — | — | — | — |

| 原料 | | 配比(质量份) | | | | | | | | | | | | |
|---|---|---|---|---|---|---|---|---|---|---|---|---|---|---|
| | | 1# | 2# | 3# | 4# | 5# | 6# | 7# | 8# | 9# | 10# | 11# | 12# | 13# |
| 酸液 | 0.5mol/L 硫酸 | — | — | — | — | — | — | — | — | — | — | — | — | 1000(体积份) |
| | 1mol/L 盐酸 | — | — | 1000(体积份) | 1000(体积份) | — | — | — | — | — | — | — | 1000(体积份) | — |
| | 1mol/L 硫酸 | — | — | — | — | — | — | 1000(体积份) | — | — | 1000(体积份) | — | — | — |
| | 0.1mol/L 硫酸 | — | — | — | — | 1000(体积份) | 1000(体积份) | — | 1000(体积份) | — | — | — | — | — |
| | 0.8mol/L 硫酸 | — | — | — | — | — | — | — | — | 1000(体积份) | — | — | — | — |
| | 0.8mol/L 盐酸 | — | — | — | — | — | — | — | — | — | — | 1000(体积份) | — | — |
| 缓蚀剂 | 2,5-二硫代尿嘧啶 | 2 | 0.15 | — | 0.20 | — | — | — | — | 0.10 | 0.30 | 0.10 | 0.20 | 0.20 |
| | 尿嘧啶 | — | 0.15 | — | 0.20 | — | — | 1 | 0.40 | 0.10 | 0.15 | — | 0.10 | 0.10 |
| | 2-硫代尿嘧啶 | — | — | 0.50 | — | — | 0.10 | — | 0.50 | 0.10 | — | — | 0.10 | 0.10 |
| | 5-氨基尿嘧啶 | — | — | — | — | 0.001 | 0.10 | — | — | — | 0.15 | 0.10 | 0.10 | 0.10 |

**制备方法**　将各组分原料混合均匀即可。

**产品应用**　本品主要用作碳钢及其制品的酸洗液。使用时用清洗液浸没待清洗钢材，浸没温度为室温，时间为 0.5～4h。

**产品特性**

（1）来源广泛，本产品中的缓蚀剂为尿嘧啶及其衍生物，是遗传物质核酸的组成部分，因而广泛用于自然界中，原料易得，成本较低。

（2）本产品中的缓蚀剂为有机缓蚀剂，不存在使用后的环境问题，对环境和生物无毒无害，符合缓蚀剂发展的趋势，具有良好的应用前景。

（3）本产品用于碳钢及其产品的酸洗，可有效抑制金属基体在酸中的有害腐蚀以及酸液的过度消耗，具有用量低、效率高、持续作用能力强的突出优点，可反复使用。

## 配方49　清洁锅炉的酸洗剂

**原料配比**

| 原料 | 配比（质量份） | | |
|---|---|---|---|
| | 1# | 2# | 3# |
| 十六烷基二甲基苄基氯化铵 | 2 | 3 | 5 |
| 硫氰酸铵 | 0.5 | 0.7 | 0.8 |
| 十二烷基苯磺酸钠 | 0.2 | 0.3 | 0.35 |
| 氟硅酸 | 1 | 3 | 5 |
| 硅酸钠 | 1 | 2 | 3 |
| 乙二胺四乙酸 | 0.2 | 0.25 | 0.3 |
| 盐酸 | 5 | 7 | 8 |
| 四氮杂金刚烷 | 0.3 | 0.4 | 0.5 |
| 水合肼 | 0.3 | 2 | 5 |
| 磷酸 | 2 | 5 | 7 |
| 水 | 70 | 75 | 80 |

**制备方法**　将各组分原料混合均匀即可。

**产品应用**　本品是一种清洁锅炉的酸洗剂。

**产品特性**　本产品性质稳定、清除水垢能力强。

## 配方50　去除钢管表面氧化铁的酸洗液

**原料配比**

| 原料 | | 配比（质量份） | | | | |
|---|---|---|---|---|---|---|
| | | 1# | 2# | 3# | 4# | 5# |
| 盐酸 | | 500（体积份） | 300（体积份） | 800（体积份） | 400（体积份） | 700（体积份） |
| 磷酸 | | 15（体积份） | 18（体积份） | 10（体积份） | 15（体积份） | 12（体积份） |
| 若丁 | | 10 | 9 | 15 | 12 | 13 |
| 复合添加剂 | | 1 | 0.5 | 1.5 | 0.8 | 1.2 |
| 水 | | 加至1000 | 加至1000 | 加至1000 | 加至1000 | 加至1000 |
| 复合添加剂 | 十二烷基磺酸钠 | 0.15 | 0.15 | 0.10 | 0.13 | 0.11 |
| | 异丙醇 | 8 | 10 | 4 | 8 | 6 |
| | 柠檬酸 | 3 | 4 | 1.5 | 3 | 2 |
| | 水 | 加至1000 | 加至1000 | 加至1000 | 加至1000 | 加至1000 |

**制备方法**　先将盐酸、磷酸和若丁倒入预先加入水的容器里，混合均匀，然后加入复合添加剂，搅拌均匀即可。

复合添加剂的配制方法：依次将称量好的十二烷基磺酸钠、异丙醇、柠檬酸倒入70℃的温水中，然后在70℃恒温条件下进行机械搅拌1～2h即可形成复合添加剂。

**产品应用**　本品是一种去除钢管表面氧化铁的酸洗液。

当钢管热镀锌前需要将钢管表面的氧化铁去除掉，钢管在这种酸洗液中浸泡酸洗15～25min，使钢管表面呈灰白色，露出钢铁基体，即可进入清水漂洗、浸粘助镀剂溶剂等工序。

**产品特性**

(1) 本产品的酸洗液可在室温下对钢管表面进行酸洗，提高酸洗速度，降低盐酸酸洗液中铁离子的含量，减少热镀锌锌液中锌渣的产生；加入的添加剂起到抑制酸雾的作用，减少酸洗液消耗，同时对钢管有缓蚀作用，不产生过腐蚀；同时有利于降低生产成本。

(2) 本产品酸洗液比单独用盐酸去除钢管表面的氧化铁速度快，其主要原因是加入了磷酸和有机添加剂。

(3) 本产品中加入十二烷基磺酸钠、异丙醇、柠檬酸后，起到了抑制酸雾的挥发逸出，减少了酸洗液消耗，同时对钢管有缓蚀作用，不产生过腐蚀。

(4) 本产品在室温下去除钢管表面氧化铁速度快，除锈率高于98%，比使用传统的盐酸酸洗效率有较大提高，同时降低了生产成本。

(5) 本产品在酸洗过程中不会形成难以清除的泡沫，钢管在水中很容易漂洗干净，利于后道工序的黏溶剂助镀处理，提高了金属锌液与钢管表面的浸润性，进而提高了热镀锌镀层与钢管表面的结合力，同时降低了镀锌层漏镀，提高镀锌层的合格率。

## 配方51　去除高温合金热轧板氧化层的擦拭型酸洗液

**原料配比**

| 原料 | 配比（质量份） | | 原料 | 配比（质量份） | |
| --- | --- | --- | --- | --- | --- |
| | 1# | 2# | | 1# | 2# |
| 盐酸 | 66～88 | 66 | 氢氟酸 | 15～23 | 23 |
| 过氧化氢 | 50～67 | 50 | 水 | 加至1000 | 加至1000 |

**制备方法**　将各组分原料混合均匀即可。

**产品应用**　本品是一种去除高温合金热轧板氧化层的擦拭型酸洗液，使用方法如下：

（1）热轧板表面清理：擦除热轧板表面的灰尘及其他污染物。

（2）酸洗过程：采用耐酸布在试片表面涂抹一层 1～2mm 的酸洗液，2～5min 后，待无大量氧气气泡生成，即主要成分过氧化氢分解结束后，擦除反应完全的酸洗液，然后再涂抹一层 1～2mm 的新鲜酸洗液，如此反复进行，直到试片表面氧化层洗净为止；根据热轧板表面的去除情况，加大局部位置擦拭的力度及频率，加大酸洗液膜厚度，最大不超过 4mm。

（3）热轧板清洗：用水冲洗 3min，洗毕自然晾干。若热轧板表面局部未洗净，可增大酸洗液膜厚度，液膜厚度最大不超过 4mm。

**产品特性**

（1）本产品酸洗效果明显，酸洗之后的热轧板表面光亮均匀；酸洗过程中无有毒产物生成，减少环境污染，安全性高；不需要酸洗设备投入，可降低生产成本。

（2）本产品酸洗过程的产物为水、氧气等，相比于含有硝酸的酸洗液，其产物安全、无毒，同时该酸洗液中过氧化氢浓度偏低，酸洗液可以在很宽的温度范围内保持稳定，消除了喷溅现象的发生，因此相比于过氧化氢浓度高的酸洗液，其使用过程安全性高。

（3）本产品不需要酸洗设备，无场地限制，节约生产成本，酸洗效率高，且处理后的热轧板表面光亮均匀，酸洗效果明显。

## 配方52　去除镍及镍合金表面氧化皮的酸洗液

**原料配比**

| 原料 | 配比（体积份） | | | |
| --- | --- | --- | --- | --- |
| | 1# | 2# | 3# | 4# |
| 55%的氢氟酸 | 26.7 | 13 | 45 | 20 |
| 67%的硝酸 | 13.3 | — | — | — |
| 68%的硝酸 | — | 30 | — | — |
| 65%的硝酸 | — | — | 11 | 20 |
| 水 | 60 | 57 | 44 | 40 |

**制备方法**　将各组分原料混合均匀即可。

**产品应用**　本品是一种去除镍及镍合金表面氧化皮的酸洗液。

酸洗方法为：将表面有氧化皮的镍或镍合金浸入酸洗液中，在温度为 35～45℃ 的条件下浸泡 5～30min，取出后用高压水冲洗去除镍或镍合金表面的氧化皮，然后将去除表面氧化皮的镍或镍合金表面烘干。高压水的压力为 2～5MPa，流量为 20～50L/min。

**产品特性**

（1）本产品的酸洗液配方简单，成本低，效率高，可通过浸泡直接将镍或镍合金表面氧化皮去除干净，不需要先对镍或镍合金表面进行机械处理，避免了对镍或镍合金表面的损伤。

（2）本产品方法简单，通过控制酸洗工艺的酸洗液配比、酸洗温度和酸洗时间等参数，得到表面光亮度很好的镍及镍合金加工材料，可有效解决因机械法预先处理而产生的表面粗糙度和尺寸精度差的问题，还可减少机械处理时造成的金属损失。

（3）本产品的酸洗液和酸洗方法适合于纯镍、镍铬合金、镍铬钼合金的酸洗。

（4）本酸洗液和酸洗方法可完全去除热轧态纯镍板材表面的氧化皮，不需要先对板材表面进行机械处理，避免了对板材表面的损伤，去除氧化皮后的板材表面光滑且光亮度很好。

## 配方53　去除热轧耐蚀合金氧化皮的酸洗液

**原料配比**

| 原料 | 配比（质量份） | | | |
| --- | --- | --- | --- | --- |
| | 1# | 2# | 3# | 4# |
| 硫酸 | 10 | 45 | 50 | 40 |
| 盐酸 | 110 | 100 | 120 | 100 |
| 硝酸 | 50 | 50 | 60 | 75 |
| 水 | 加至1000 | 加至1000 | 加至1000 | 加至1000 |

**制备方法**　将各组分原料混合均匀即可。

**产品应用**　本品是一种去除热轧耐蚀合金氧化皮的酸洗液。

去除热轧耐蚀合金氧化皮的酸洗方法包括下述的步骤：

（1）将耐蚀合金在本酸洗液中浸泡，浸泡温度为20～90℃，浸泡时间为1～120min；酸洗液在20～90℃范围内去除热轧耐蚀合金表面氧化皮，随着酸洗液温度升高去除氧化皮所用的时间减少，去除氧化皮的速度加快。用最高的温度90℃所用的时间不少于1min，用最低的温度20℃，所用的时间为120min。

（2）将酸洗后的耐蚀合金用尼龙刷或辊刷刷洗干净，然后水洗、晾干。耐蚀合金包括双相不锈钢S32205、S32750，超级奥氏体不锈钢N08904与N08028的任一种及类似的高合金含量的耐蚀合金。

**产品特性**　本酸洗液能减少氢氟酸带来的环境污染，对耐蚀合金表面不易发生局部腐蚀，可显著提高酸洗速度；本产品去除耐蚀合金氧化皮的酸洗方法采用一步酸洗法，不使用硝酸＋氢氟酸混酸酸洗，减少环境污染，酸洗表面不易产生局部腐蚀；在普通不锈钢酸洗产线的基础上进行生产，易于实现。

## 配方54　三氮唑类碳钢酸洗液

**原料配比**

| 原料 | | 配比(质量份) | | | | | | | | | | | | | |
| --- | --- | --- | --- | --- | --- | --- | --- | --- | --- | --- | --- | --- | --- | --- | --- |
| | | 1# | 2# | 3# | 4# | 5# | 6# | 7# | 8# | 9# | 10# | 11# | 12# | 13# | 14# |
| 酸洗液 | 0.5mol/L 盐酸 | 1000(体积份) | 1000(体积份) | — | — | — | — | — | — | — | — | — | — | — | — |
| | 1mol/L 盐酸 | — | — | 1000(体积份) | 1000(体积份) | — | — | — | — | — | — | — | — | 1000(体积份) | — |
| | 0.8mol/L 盐酸 | — | — | — | — | 1000(体积份) | 1000(体积份) | — | — | — | — | — | — | — | — |
| | 0.1mol/L 硫酸 | — | — | — | — | — | — | 1000(体积份) | 1000(体积份) | — | — | — | — | — | — |
| | 0.5mol/L 硫酸 | — | — | — | — | — | — | — | — | — | — | 1000(体积份) | 1000(体积份) | — | 1000(体积份) |
| | 0.1mol/L 硫酸 | — | — | — | — | — | — | — | — | 1000(体积份) | 1000(体积份) | — | — | — | — |
| 缓蚀剂 | 3,4-二氯苯乙酮-$O$-1'-(1',3',4'-三氮唑)亚甲基肟 | 0.30 | — | — | — | — | 0.20 | 0.15 | 0.15 | — | — | — | 0.15 | 0.20 | 0.10 |
| | 4-氯苯乙酮-$O$-1'-(1',3',4'-三氮唑)亚甲基肟 | — | 0.15 | 0.40 | 0.20 | — | — | — | — | — | 0.20 | 0.35 | 0.25 | 0.10 | 0.10 |
| | 2,5-二氯苯乙酮-$O$-1-(1,3,4-三氮唑)亚甲基肟 | — | — | — | 0.20 | 0.30 | 0.20 | — | 0.20 | 0.25 | 0.20 | — | — | 0.10 | 0.20 |

**制备方法**　将各组分原料混合均匀即可。

**产品应用**　本品主要用作碳钢及其制品的酸洗液。使用时将清洗液浸没待清洗钢材，浸没温度为室温，时间为1～4h。

**产品特性**

(1) 本产品缓蚀剂能有效防止在酸洗过程中酸对碳钢材料的腐蚀，具有用量低、缓蚀效率高、缓蚀性能稳定、合成简单的突出优点。

(2) 本产品涉及的三氮唑类缓蚀剂是具有三氮杂环类的化合物，此化合物还含有二氮杂环，分子内含有氮、氧、氯、杂环等原子或原子团，能有效地吸附于

3 / 金属酸洗剂 263

碳钢表面，起到缓蚀作用。

（3）本产品缓蚀剂为三氮唑类化合物及其衍生物，合成步骤简单，原料廉价易得，成本低，属绿色型缓蚀剂。

（4）本产品缓蚀剂为三氮唑类化合物，为有机缓蚀剂，无毒无害，环境友好，不存在使用后的环境问题。

（5）本产品用于碳钢表面酸洗，添加少量的缓蚀剂就可有效抑制金属材料在酸洗过程中金属的过度浸蚀（即有害腐蚀）以及酸液的过度消耗，具有用量低、缓蚀效率高、持续作用能力强、使用效果好、可反复使用的突出优点。

（6）本产品能承受清洗条件的变化，如清洗剂浓度、温度、流速等，不影响缓蚀剂的缓蚀效果，缓蚀性能稳定。

## 配方55　三唑类碳钢酸洗液

**原料配比**

| 原料 | | 配比（质量份） | | | | | | | | | | | |
|---|---|---|---|---|---|---|---|---|---|---|---|---|---|
| | | 1# | 2# | 3# | 4# | 5# | 6# | 7# | 8# | 9# | 10# | 11# | 12# |
| 酸洗液 | 0.6mol/L 盐酸 | 1000（体积份） | 1000（体积份） | — | — | — | — | — | — | — | 1000（体积份） | 1000（体积份） | — |
| | 1mol/L 盐酸 | — | — | 1000（体积份） | 1000（体积份） | — | — | — | — | — | — | — | — |
| | 0.1mol/L 硫酸 | — | — | — | — | 1000（体积份） | 1000（体积份） | 1000（体积份） | — | — | — | — | — |
| | 0.8mol/L 硫酸 | — | — | — | — | — | — | — | 1000（体积份） | — | — | — | — |
| | 1mol/L 硫酸 | — | — | — | — | — | — | — | — | 1000（体积份） | — | — | — |
| | 0.5mol/L 硫酸 | — | — | — | — | — | — | — | — | — | — | — | 1000（体积份） |
| 缓蚀剂 | 1-[4,5-二氢-3-(4-氟苯基吡唑)-1-基]-2-(1氢-1,2,4-三唑-1-基)乙酮 | 0.30 | 0.15 | — | — | — | 0.10 | 0.50 | 0.30 | 0.15 | 0.10 | 0.10 | 0.10 |
| | 1-[4,5-二氢-3-(4-氯苯基吡唑)-1-基]-2-(1$H$-1,2,4-三唑-1-基)乙酮 | — | — | — | — | 0.001 | — | 0.50 | — | 0.15 | 0.10 | 0.20 | 0.20 |

续表

| 原料 | | 配比(质量份) | | | | | | | | | | | |
|---|---|---|---|---|---|---|---|---|---|---|---|---|---|
| | | 1# | 2# | 3# | 4# | 5# | 6# | 7# | 8# | 9# | 10# | 11# | 12# |
| 缓蚀剂 | 1-(4,5-二氢-3-苯基吡唑-1-基)-2-(1氢-1,2,4-三唑-1-基)乙酮 | — | 0.15 | — | 0.20 | — | — | — | — | — | — | 0.10 | 0.10 |
| | 1-[4,5-二氢-3-(2,4-二氯苯基吡唑)-1-基]-2-(1氢-1,2,4-三唑-1-基)乙酮 | — | — | 0.35 | 0.40 | — | 0.10 | — | — | 0.30 | 0.10 | 0.10 | 0.10 |

**制备方法**　将各组分原料混合均匀即可。

**产品应用**　本品主要用作碳钢及其制品的酸洗液。使用时将清洗液浸没待清洗钢材；浸没温度为室温，时间为1～4h。

**产品特性**

(1) 本产品中的三唑衍生物是具有三氮杂环类的化合物，此化合物还含有二氮杂环，分子内含有氮、氧、氟、氯、杂环等原子或原子团，能有效地吸附于碳钢表面，起到缓蚀作用。

(2) 本产品缓蚀剂为三唑及其衍生物，合成步骤简单，原料廉价易得，成本低；属环保型缓蚀剂，且应用效率高。

(3) 本产品缓蚀剂为三唑类化合物，是有机缓蚀剂，无毒无害，环境友好，不存在使用后的环境问题。

(4) 本产品用于碳钢及其产品的表面酸洗，可有效抑制金属基体在酸洗过程中基体金属的过度浸蚀（即有害腐蚀）以及酸液的过度消耗，具有用量低、效率高、使用效果好、持续作用能力强的突出优点，可反复使用。

## 配方56　碳钢酸洗液

**原料配比**

| 原料 | | 配比(质量份) | | | | | | | | | | | | | |
|---|---|---|---|---|---|---|---|---|---|---|---|---|---|---|---|
| | | 1# | 2# | 3# | 4# | 5# | 6# | 7# | 8# | 9# | 10# | 11# | 12# | 13# | 14# |
| 缓蚀剂 | 2-氨基-5-对羟基苯基-1,3,4-噻二唑 | 0.01 | 0.10 | 0.005 | — | — | 0.20 | — | 0.15 | 0.005 | — | 0.45 | 0.20 | 0.10 | 0.15 |
| | 2-氨基-5-(4-吡啶基)-1,3,4-噻二唑 | 0.30 | — | — | 0.15 | 0.005 | 0.20 | 0.20 | 0.20 | 0.10 | 0.20 | 0.20 | — | 0.40 | 0.15 |
| | 2-氨基-5-(3-吡啶基)-1,3,4-噻二唑 | — | 0.20 | 0.25 | 0.15 | 0.40 | — | 0.01 | — | 0.25 | 0.15 | 0.005 | 0.20 | 0.005 | 0.15 |

续表

| 原料 | | 配比（质量份） | | | | | | | | | | | | | |
|---|---|---|---|---|---|---|---|---|---|---|---|---|---|---|---|
| | | 1# | 2# | 3# | 4# | 5# | 6# | 7# | 8# | 9# | 10# | 11# | 12# | 13# | 14# |
| 酸洗液 | 0.5mol/L 盐酸 | 1000（体积份） | 1000（体积份） | — | 1000（体积份） | — | — | — | — | — | — | 1000（体积份） | — | — | — |
| | 1mol/L 盐酸 | — | — | 1000（体积份） | — | — | — | — | — | — | — | — | — | — | — |
| | 0.8mol/L 盐酸 | — | — | — | — | 1000（体积份） | 1000（体积份） | — | — | — | — | — | 1000（体积份） | — | — |
| | 0.1mol/L 硫酸 | — | — | — | — | — | — | 1000（体积份） | 1000（体积份） | 1000（体积份） | 1000（体积份） | — | 1000（体积份） | — | — |
| | 1mol/L 硫酸 | — | — | — | — | — | — | — | — | — | — | — | — | — | 1000（体积份） |

**制备方法**　称取 2-氨基-5-对羟基苯基-1,3,4-噻二唑、2-氨基-5-(4-吡啶基)-1,3,4-噻二唑、2-氨基-5-(3-吡啶基)-1,3,4-噻二唑中的任意两种或三种进行混合，得到缓蚀剂。将缓蚀剂加入酸液中得到酸洗液。

**产品应用**　本品主要用作碳钢及其制品的酸洗液。

使用时，用加有缓蚀剂的酸液浸没待清洗钢材，其中浸没温度为 10～60℃，浸没时间为 2～4h。

**产品特性**

（1）本产品所涉及的缓蚀剂是一种噻二唑类有机化合物，此化合物分子内含有氮、硫、氧、杂环等原子或原子团，能有效地吸附于碳钢表面，起到缓释作用。

（2）本产品缓蚀剂能有效防止在酸洗过程中硫酸对碳钢材料的腐蚀，并具有环境友好、用量低、缓蚀效率高、性能稳定等优点。

（3）本产品缓蚀剂为噻二唑类化合物，为有机缓蚀剂，毒性小，对环境友好，不存在使用后的环境问题，符合绿色缓蚀剂的发展趋势。

（4）本产品合成步骤简单，原料廉价易得，成本低。

（5）本产品用于碳钢表面酸洗，添加少量的缓蚀剂就可有效地抑制金属材料在酸洗过程中的有害腐蚀以及酸液的过度消耗。

（6）本产品缓蚀剂能承受清洗条件的变化，如温度、酸液浓度等，不影响缓蚀剂的缓蚀效果，缓蚀性能稳定。

## 配方57 碳钢制品酸洗液

**原料配比**

| 原料 | | 配比（质量份） | | | | | | | | |
|---|---|---|---|---|---|---|---|---|---|---|
| | | 1# | 2# | 3# | 4# | 5# | 6# | 7# | 8# | 9# |
| 金属酸洗缓蚀剂 | 季铵盐 | 14 | 13.2 | 12.8 | 12 | 12.8 | 12.8 | 12.8 | 12.8 | 12.8 |
| | 咪唑啉衍生物 | 3.4 | 3.4 | 3.2 | 3.4 | 3.2 | 3 | 3.2 | 3.2 | 3.2 |
| | 硫脲 | 2.6 | 3.4 | 4 | 4.6 | 4 | 4 | 4 | 4 | 4 |
| | OP-10 | 3 | 3 | 3 | 3 | 3 | 3 | 3 | 3 | 3 |
| | 乙醇 | 77 | 77 | 77 | 77 | 77 | 77 | 77 | 77 | 77 |
| 酸洗液 | 0.5mol/L 稀盐酸 | — | — | — | — | — | — | 100 | 100 | 100 |
| | 1mol/L 稀硫酸 | 100 | 100 | 100 | 100 | 100 | 100 | — | — | — |
| 金属酸洗缓蚀剂 | | 2 | 2 | 2 | 2 | 2 | 2 | 2 | 2 | 2 |

**制备方法** 将酸液与缓蚀剂混合均匀即可。

缓蚀剂的制备：将各组分加入到溶剂乙醇中，搅拌均匀即可。

**原料介绍** 酸洗液中表面活性剂为含有 10 个乙氧基的辛烷基酚聚氧乙烯醚、含有 15 个乙氧基的辛烷基酚聚氧乙烯醚或含有 20 个乙氧基的辛烷基酚聚氧乙烯醚。

季铵盐的制备：将 0.5mol 的十八胺、1mol 的 2-巯基苯并噻唑加入到装有 150mL 无水乙醇的反应釜中，加入 1.1mol 的 36% 的甲醛水溶液，加热搅拌，控制反应温度为 50～70℃，反应 5～8h 后将反应产物温度降至室温，在加入 1mol 的苄基氯，在回流温度下反应 12～16h 后将温度降至室温，得到季铵盐。

咪唑啉衍生物的制备：将 0.5mol 油酸甲酯和 0.5mol 三乙烯四胺加入到反应釜中，通入氮气，控制温度在 150～160℃，反应 1.5～2h 后，升温至 180℃反应 3h，补加 0.05mol 的三乙烯四胺，控制温度在 225～230℃反应 2h，降温至 65～70℃，加入 1.25mol 的丙烯酸甲酯，控制温度在 90℃反应 2h 后降温至室温，得到咪唑啉衍生物。

**产品应用** 本品主要用作碳钢制品的酸洗液，使用方法如下：

（1）在每升酸液中加入 0.2% 的缓蚀剂形成清洗液；酸液为 0.5mol/L 的稀盐酸或 1.0mol/L 的稀硫酸。

（2）用温度为 50～90℃ 的清洗液浸没被清洗的碳钢，浸没时间为 4h。

**产品特性**

（1）本产品具有高效、环保、价廉、用量小和能有效防止碳钢制品在酸洗过程中的腐蚀等特点。

（2）本产品缓蚀剂组分具有易合成、原料廉价的优点；缓蚀剂不存在环境污染问题，对环境和生物无毒无害，符合缓蚀剂发展的趋势，具有良好的应用前景。本品适用于碳钢制品的酸洗，可有效抑制金属基体在酸液中的腐蚀，具有用量低、效率高的突出优点。

## 配方58　碳钢用酸洗液

**原料配比**

| 原料 | | 配比（质量份） | | | | | |
|---|---|---|---|---|---|---|---|
| | | 1# | 2# | 3# | 4# | 5# | 6# |
| 酸液 | 0.1mol/L 盐酸 | 1000（体积份） | 1000（体积份） | — | — | — | — |
| | 0.5mol/L 盐酸 | — | — | 1000（体积份） | 1000（体积份） | — | — |
| | 1mol/L 盐酸 | — | — | — | — | 1000（体积份） | 1000（体积份） |
| 甲基蓝 | | 0.30 | 0.15 | 0.30 | 0.15 | 0.30 | 0.20 |

**制备方法**　将各组分原料混合均匀即可。

**产品应用**　本品主要用作碳钢及其制品的酸洗液，浸没温度为室温，时间为0.5~4h。

**产品特性**

（1）本产品中的缓蚀剂甲基蓝具有氨基、羰基、羧基、吡啶、噻唑环等原子或原子团，能有效地吸附于碳钢表面，起到缓蚀作用。

（2）本产品用于碳钢及其产品的表面清洗，能防止在清洗过程中金属的过度浸蚀和酸液的过度消耗，具有用最低、效率高、持续作用能力强的突出优点。

## 配方59　碳钢及其产品酸洗液

**原料配比**

| 原料 | | 配比（质量份） | | | | | | | | | | | |
|---|---|---|---|---|---|---|---|---|---|---|---|---|---|
| | | 1# | 2# | 3# | 4# | 5# | 6# | 7# | 8# | 9# | 10# | 11# | 12# |
| 酸液 | 0.1mol/L 盐酸 | 1000（体积份） | 1000（体积份） | — | — | — | — | | | | | | |
| | 0.5mol/L 盐酸 | — | — | 1000（体积份） | 1000（体积份） | — | — | | | | | | |
| | 1mol/L 盐酸 | — | — | — | — | 1000（体积份） | 1000（体积份） | — | | | | | |

续表

| 原料 | | 配比(质量份) | | | | | | | | | | | |
|---|---|---|---|---|---|---|---|---|---|---|---|---|---|
| | | 1# | 2# | 3# | 4# | 5# | 6# | 7# | 8# | 9# | 10# | 11# | 12# |
| 酸液 | 0.1mol/L 硫酸 | — | — | — | — | — | — | 1000(体积份) | 1000(体积份) | — | — | — | — |
| | 0.8mol/L 硫酸 | — | — | — | — | — | — | — | — | 1000(体积份) | — | — | — |
| | 0.8mol/L 硫酸 | — | — | — | — | — | — | — | — | — | 1000(体积份) | — | — |
| | 1mol/L 硫酸 | — | — | — | — | — | — | — | — | — | — | 1000(体积份) | 1000(体积份) |
| 缓蚀剂 | 2,3,5-三苯基-2H-四唑 | 0.30 | 0.15 | 0.30 | 0.15 | 0.30 | 0.20 | 0.20 | 0.15 | 0.40 | 0.20 | 0.40 | 0.20 |
| | 2,4,6-三(2-吡啶基)-三嗪 | 0.30 | 0.15 | 0.30 | 0.15 | 0.30 | 0.20 | | 0.15 | 0.40 | 0.20 | 0.40 | 0.20 |

**制备方法**　将各组分原料混合均匀即可。

**产品应用**　本品主要用作碳钢及其制品的酸洗液,浸没温度为室温,时间为 0.5～4h。

**产品特性**

(1) 本产品中 2,3,5-三苯基-2H-四唑、2,4,6-三(2-吡啶基)-三嗪具有苯环、四氮杂环、吡啶基、三嗪基等原子团,能有效地吸附于碳钢表面,起到缓蚀作用。

(2) 本产品用于碳钢及其产品的表面清洗,能防止在清洗过程中金属的过度浸蚀和酸液的过度消耗,具有用量低、效率高、持续作用能力强的突出优点。

## 配方60　碳钢环保酸洗液

**原料配比**

| 原料 | | 配比(质量份) | | | | | | | | | |
|---|---|---|---|---|---|---|---|---|---|---|---|
| | | 1# | 2# | 3# | 4# | 5# | 6# | 7# | 8# | 9# | 10# |
| 酸洗液 | 1mol/L 盐酸 | 1000(体积份) | 1000(体积份) | 1000(体积份) | 1000(体积份) | 1000(体积份) | 1000(体积份) | 1000(体积份) | 1000(体积份) | 1000(体积份) | 1000(体积份) |
| 缓蚀剂 | 1-乙基-2-[4-(N,N-二苯基)氨基苯基]苯并咪唑 | 0.05 | 0.10 | 0.15 | 0.25 | 0.05 | 0.10 | 0.15 | — | — | — |
| | 1-乙基-2-[(4-咔唑-9-基)苯基]苯并咪唑 | — | — | — | — | — | — | — | 0.05 | 0.10 | 0.15 |

**制备方法**　将各组分原料混合均匀即可。

**产品应用**　本品主要用于碳钢及其制品的酸洗。用加入缓蚀剂的酸液浸没清洗钢材，其中浸没温度为 30～40℃，浸没时间为 18h。

**产品特性**

（1）本产品采用的缓蚀剂是一种 1-乙基-2-取代苯并咪唑类有机化合物，此化合物分子中含有氮、杂环等原子或官能团，能有效地吸附在碳钢表面，起到缓蚀作用。

（2）本产品缓蚀剂为 1-乙基-2-取代苯并咪唑类化合物，为有机缓蚀剂，与目前常用的无机缓蚀剂相比，毒性小，对环境友好，不存在使用后的环境问题，符合绿色缓蚀剂发展的趋势。

（3）本产品缓蚀剂为苯并咪唑类化合物，合成步骤简单，原料廉价易得，成本低。

（4）本产品用于碳钢表面酸洗，添加少量的缓蚀剂就能有效抑制金属材料在酸洗过程中金属的过度浸蚀（即有害腐蚀）以及酸液的过度消耗，具有用量低、缓蚀效率高、使用效果好、持续作用能力强的突出优点。

（5）本产品缓蚀剂能承受清洗条件的变化，如温度、酸液浓度等，不影响缓蚀剂的缓蚀效果，缓蚀性能稳定。

## 配方61　天然绿色酸洗液

**原料配比**

<table>
<tr><td colspan="2" rowspan="2">原料</td><td colspan="5">配比（质量份）</td></tr>
<tr><td>1#</td><td>2#</td><td>3#</td><td>4#</td><td>5#</td></tr>
<tr><td rowspan="3">缓蚀剂</td><td>盐酸小檗碱</td><td>98</td><td>96</td><td>94</td><td>92</td><td>90</td></tr>
<tr><td>盐酸表小檗碱</td><td>0.1</td><td>1</td><td>1</td><td>5</td><td>5</td></tr>
<tr><td>盐酸药根碱</td><td>1.9</td><td>3</td><td>5</td><td>3</td><td>5</td></tr>
<tr><td rowspan="5">酸洗液</td><td>0.1mol/L 盐酸</td><td>1000（体积份）</td><td>—</td><td>—</td><td>—</td><td>—</td></tr>
<tr><td>0.5mol/L 盐酸</td><td>—</td><td>1000（体积份）</td><td>—</td><td>—</td><td>—</td></tr>
<tr><td>1mol/L 硫酸</td><td>—</td><td>—</td><td>1000（体积份）</td><td>1000（体积份）</td><td>—</td></tr>
<tr><td>0.5mol/L 硫酸</td><td>—</td><td>—</td><td>—</td><td>—</td><td>1000（体积份）</td></tr>
<tr><td>缓蚀剂</td><td>0.30</td><td>0.45</td><td>0.90</td><td>1.2</td><td>2</td></tr>
</table>

**制备方法**　将各组分混合均匀即可。

**产品应用**　本品主要用作钢铁及其制品的酸洗液。

使用浓度范围：酸洗液为稀盐酸或稀硫酸，浓度为 0.1～2mol/L，加入黄连提取物（缓蚀剂，0.3～2g/L），升温至 25～50℃，加入待清洗钢材，浸没 1～

3h；或者，将所得溶液作为清洗液直接加入待清洗设备，浸泡3～12h。

**产品特性**

（1）本产品的小檗碱等生物碱具有异喹啉结构，分子内含有杂环、氮、氧等原子或原子团，能有效地吸附于钢铁表面，起到缓蚀作用。

（2）本产品黄连植物来源广泛，提取方法简单，成本较低。

（3）本产品缓蚀剂为天然植物提取物，提取物为无毒无害绿色物质，不存在使用后的环境问题，对环境和生物无毒无害，符合酸洗缓蚀剂发展的趋势，具有良好的应用前景。

（4）本产品用于各类钢铁及其产品的工业酸洗，可有效抑制金属基体在酸中的全面腐蚀和局部腐蚀，具有用量低、缓蚀效率高、持续作用能力强的突出优点，可反复使用。

## 配方62    铜合金材料酸洗液

**原料配比**

| 原料 | 配比（质量份） | | |
|---|---|---|---|
| | 1# | 2# | 3# |
| 硫酸 | 6 | 8 | 10 |
| 磷酸 | 6 | 8 | 10 |
| 壬基酚聚氧乙基醚 | 0.4 | 0.35 | 0.3 |
| 苯并三氮唑 | 0.02 | 0.015 | 0.025 |
| 水 | 加至100 | 加至100 | 加至100 |

**制备方法**    将各组分混合均匀得到酸洗液。

**产品应用**    本品主要为一种铜合金材料酸洗液。

将铜合金材料浸泡于按上述配方得到的酸洗液中，在常温、不断搅拌下，处理30min，即可达到酸洗的目的。

**产品特性**    本品酸洗质量良好、经济效益明显。

## 配方63    头孢类碳钢酸洗液

**原料配比**

| 原料 | | 配比（质量份） | | | | | | | | | | |
|---|---|---|---|---|---|---|---|---|---|---|---|---|
| | | 1# | 2# | 3# | 4# | 5# | 6# | 7# | 8# | 9# | 10# | 11# |
| 缓蚀剂 | 头孢地嗪 | 0.35 | 0.20 | 0.20 | 0.15 | 0.40 | 0.20 | 0.01 | 0.30 | 0.70 | 1 | 1 |
| | 头孢尼西 | 0.35 | 0.20 | 0.20 | 0.15 | 0.40 | 0.20 | 0.50 | 0.50 | 0.30 | 0.60 | 0.60 |

| 原料 | | 配比(质量份) | | | | | | | | | | |
|---|---|---|---|---|---|---|---|---|---|---|---|---|
| | | 1# | 2# | 3# | 4# | 5# | 6# | 7# | 8# | 9# | 10# | 11# |
| 酸洗液 | 0.1mol/L 盐酸 | 1000(体积份) | 1000(体积份) | — | — | — | — | — | — | — | 1000(体积份) | — |
| | 1mol/L 盐酸 | — | — | 1000(体积份) | — | — | — | — | — | 1000(体积份) | — | — |
| | 0.1mol/L 硫酸 | — | — | — | 1000(体积份) | — | — | — | — | — | — | — |
| | 0.8mol/L 硫酸 | — | — | — | — | 1000(体积份) | — | — | — | — | — | 1000(体积份) |
| | 1mol/L 硫酸 | — | — | — | — | — | 1000(体积份) | 1000(体积份) | — | — | — | — |
| | 0.5mol/L 硫酸 | — | — | — | — | — | — | — | 1000(体积份) | — | — | — |

**制备方法**　将各组分原料混合均匀即可。

**产品应用**　本品主要用于碳钢及其产品的表面清洗，浸没温度为室温（20～30℃），时间为 0.5～4h。

**产品特性**

（1）本产品用于碳钢及其产品的表面清洗，能防止在清洗过程中金属的过度浸蚀和酸液的过度消耗，具有用量低、效率高、持续作用能力强的突出优点。

（2）本产品中头孢地嗪、头孢尼西能利用其本身的官能团与金属原子相互作用而有效地吸附于碳钢表面，起到缓蚀作用。

## 配方64　头孢类碳钢制品酸洗液

**原料配比**

| 原料 | 配比(质量份) | | | | | | | | | | |
|---|---|---|---|---|---|---|---|---|---|---|---|
| | 1# | 2# | 3# | 4# | 5# | 6# | 7# | 8# | 9# | 10# | 11# |
| 头孢哌酮钠 | 0.35 | 0.20 | 0.20 | 0.15 | 0.40 | 0.20 | 0.01 | 0.30 | 0.70 | 1 | 1 |
| 头孢唑啉钠 | 0.35 | 0.20 | 0.20 | 0.15 | 0.40 | 0.20 | 0.50 | 0.50 | 0.30 | 0.60 | 0.10 |
| 0.1mol/L 盐酸 | 1000(体积份) | 1000(体积份) | — | — | — | — | — | — | — | 1000(体积份) | — |

续表

| 原料 | 配比(质量份) | | | | | | | | | | |
|---|---|---|---|---|---|---|---|---|---|---|---|
| | 1# | 2# | 3# | 4# | 5# | 6# | 7# | 8# | 9# | 10# | 11# |
| 1mol/L 盐酸 | — | — | 1000(体积份) | — | — | — | — | — | 1000(体积份) | — | — |
| 0.1mol/L 硫酸 | — | — | — | 1000(体积份) | — | — | — | — | — | — | — |
| 0.8mol/L 硫酸 | — | — | — | — | 1000(体积份) | — | — | — | — | — | 1000(体积份) |
| 1mol/L 硫酸 | — | — | — | — | — | 1000(体积份) | 1000(体积份) | — | — | — | — |
| 0.5mol/L 硫酸 | — | — | — | — | — | — | — | 1000(体积份) | — | — | — |

**制备方法**　将各组分原料混合均匀即可。

**产品应用**　本品主要用于碳钢及其制品的酸洗液,浸没温度为室温,时间为0.5~4h。

**产品特性**

(1) 本产品用于碳钢及其产品的表面清洗,能防止在清洗过程中金属的过度浸蚀和酸液的过度消耗,具有用量低、效率高、持续作用能力强的突出优点。

(2) 本产品的原理在于头孢哌酮钠、头孢唑啉钠能有效地吸附于碳钢表面,起到缓蚀作用。

(3) 头孢哌酮钠、头孢唑啉钠均具有良好的缓蚀性能,在相同温度、质量浓度下,头孢哌酮钠较头孢唑啉钠的缓蚀性能更为优越;二者复配使用时,由于互补、增效作用,缓蚀性能较单独使用时更好。

## 配方65　维生素类碳钢酸洗液

**原料配比**

| 原料 | | 配比(质量份) | | | | | | | | | | | |
|---|---|---|---|---|---|---|---|---|---|---|---|---|---|
| | | 1# | 2# | 3# | 4# | 5# | 6# | 7# | 8# | 9# | 10# | 11# | 12# |
| 酸洗液 | 0.1mol/L 盐酸 | 1000(体积份) | 1000(体积份) | — | — | — | — | — | — | — | — | — | — |
| | 0.5mol/L 盐酸 | — | — | 1000(体积份) | 1000(体积份) | | | | | | | | |

续表

| 原料 | | 配比(质量份) | | | | | | | | | | | |
|---|---|---|---|---|---|---|---|---|---|---|---|---|---|
| | | 1# | 2# | 3# | 4# | 5# | 6# | 7# | 8# | 9# | 10# | 11# | 12# |
| 酸洗液 | 1mol/L 盐酸 | — | — | — | — | 1000(体积份) | 1000(体积份) | — | — | — | — | — | — |
| | 0.1mol/L 硫酸 | — | — | — | — | — | — | 1000(体积份) | 1000(体积份) | — | — | — | — |
| | 0.8mol/L 硫酸 | — | — | — | — | — | — | — | — | 1000(体积份) | 1000(体积份) | — | — |
| | 1mol/L 硫酸 | — | — | — | — | — | — | — | — | — | — | 1000(体积份) | 1000(体积份) |
| 缓蚀剂 | 维生素 $B_1$ | 0.35 | 0.20 | 0.35 | 0.20 | 0.35 | 0.20 | 0.20 | 0.20 | 0.40 | 0.20 | 0.40 | 0.20 |
| | 维生素 $B_6$ | 0.35 | 0.20 | 0.35 | 0.20 | 0.35 | 0.20 | 0.20 | 0.20 | 0.40 | 0.20 | 0.40 | 0.20 |

**制备方法**　将各组分原料混合均匀即可。

**产品应用**　本品主要用于碳钢及其制品的酸洗液，浸没温度为室温，时间为 0.5~4h。

**产品特性**

(1) 本产品用于碳钢及其产品的表面清洗，能防止在清洗过程中金属的过度浸蚀和酸液的过度消耗，具有用量低、效率高、持续作用能力强的突出优点。

(2) 本产品中维生素 $B_1$、维生素 $B_6$ 具有嘧啶基、氨基、吡啶基等原子团，能有效地吸附于碳钢表面，起到缓蚀作用。

## 配方66　席夫碱吡啶类碳钢酸洗液

**原料配比**

| 原料 | | 配比(质量份) | | | | | | | |
|---|---|---|---|---|---|---|---|---|---|
| | | 1# | 2# | 3# | 4# | 5# | 6# | 7# | 8# |
| 酸液稀盐酸(浓度为 1mol/L) | | 1000(体积份) | 1000(体积份) | 1000(体积份) | 1000(体积份) | 1000(体积份) | 1000(体积份) | 1000(体积份) | 1000(体积份) |
| 缓蚀剂 | 吡啶-2-甲醛缩氨基硫脲席夫碱 | 0.09 | — | 0.18 | — | — | 0.27 | — | — |
| | 吡啶-3-甲醛缩氨基硫脲席夫碱 | — | 0.09 | — | 0.18 | — | — | 0.27 | — |
| | 吡啶-4-甲醛缩氨基硫脲席夫碱 | — | — | — | — | 0.18 | — | — | 0.27 |

**制备方法**　将各组分原料混合均匀即可。

**产品应用**　本品主要用作碳钢及其制品的酸洗液。用加入缓蚀剂的酸液浸没清洗钢材，其中浸没温度为30℃，浸没时间为24h。

**产品特性**

（1）本产品所涉及的缓蚀剂是一种席夫碱吡啶类有机化合物，此类化合物同时具有席夫碱和吡啶环的结构特征，分子类含有吡啶环、氮、硫、C═N双键等原子或原子团，能有效吸附在碳钢表面，起到缓蚀作用。

（2）本产品缓蚀剂为席夫碱吡啶类化合物，是以吡啶甲醛、氨基硫脲以及冰乙酸为主要原料合成得到的，具有易合成、原料廉价、成本低的优点。

（3）本产品缓蚀剂为席夫碱吡啶类化合物，为有机缓蚀剂，与目前常用的无机缓蚀剂相比，毒性小，对环境友好，不存在使用后的环境问题，符合绿色缓蚀剂发展的趋势。

（4）本产品用于碳钢表面酸洗，添加少量的缓蚀剂就能有效抑制金属材料在酸洗过程中金属的过度浸蚀（即有害腐蚀）以及酸液的过度消耗，具有用量低、缓蚀效率高、使用效果好、持续作用能力强的突出优点。

（5）本产品缓蚀剂能承受清洗条件的变化，如温度、酸液浓度等，不影响缓蚀剂的缓蚀效果，缓蚀性能稳定。

## 配方67　席夫碱杂环类碳钢酸洗液

**原料配比**

| 原料 | | 配比（质量份） | | | | | | | | | | | | | |
|---|---|---|---|---|---|---|---|---|---|---|---|---|---|---|---|
| | | 1# | 2# | 3# | 4# | 5# | 6# | 7# | 8# | 9# | 10# | 11# | 12# | 13# | 14# |
| 酸洗液 | 0.5 mol/L 盐酸 | 1000（体积份） | 1000（体积份） | — | — | — | — | — | — | — | — | — | — | — | — |
| | 1mol/L 盐酸 | — | — | 1000（体积份） | 1000（体积份） | 1000（体积份） | — | 1000（体积份） | — | — | — | — | — | — | — |
| | 0.8 mol/L 盐酸 | — | — | — | — | — | 1000（体积份） | — | — | — | — | — | — | — | — |
| | 0.5mol/L 硫酸 | — | — | — | — | — | — | — | 1000（体积份） | 1000（体积份） | — | — | — | — | — |
| | 1mol/L 硫酸 | — | — | — | — | — | — | — | — | — | 1000（体积份） | 1000（体积份） | 1000（体积份） | — | 1000（体积份） |

续表

| 原料 | | 配比(质量份) | | | | | | | | | | | | | |
|---|---|---|---|---|---|---|---|---|---|---|---|---|---|---|---|
| | | 1# | 2# | 3# | 4# | 5# | 6# | 7# | 8# | 9# | 10# | 11# | 12# | 13# | 14# |
| 酸洗液 | 0.8 mol/L 硫酸 | — | — | — | — | — | — | — | — | — | — | — | — | 1000(体积份) | — |
| 缓蚀剂 | 1-(4″-氯苯基)亚甲基亚氨基-2-巯基-5-[1′-(1′,2′,4′-三氮唑)]亚甲基1,3,4-二氮唑(CMTT) | 2 | — | — | — | 0.15 | — | 0.15 | 2 | — | — | — | 0.15 | — | 0.15 |
| | 1-(2″-硝基苯)亚甲基亚氨基-2-巯基-5-[1′-(1′,2′,4′-三氮唑)]亚甲基1,3,4-二氮唑(NMTT) | — | 0.15 | — | 0.20 | 0.30 | 0.10 | 0.15 | — | 0.15 | — | 0.20 | 0.30 | 0.20 | 0.15 |
| | 1-(2″-甲氧基苯)亚甲基亚氨基-2-巯基-5-[1′-(1′,2′,4′-三氮唑)]亚甲基1,3,4-三氮唑(MMTT) | — | — | 0.50 | — | 0.15 | 0.10 | 0.15 | — | — | 0.50 | — | 0.15 | 0.10 | 0.15 |
| | 1-(2″-氟苯)亚甲基亚氨基-2-巯基-5-[1′-(1′,2′,4′-三氮唑)]亚甲基1,3,4-三氮唑(FMTT) | — | — | — | 0.20 | — | 0.10 | 0.15 | — | — | — | 0.20 | — | 0.10 | 0.15 |
| | 1-[4″-(N′,N′-二甲氨)苯基]亚甲基亚氨基-2-巯基-5-[1′-(1′,2′,4′-三氮唑)]亚甲基1,3,4-三氮唑(DMTT) | — | — | — | — | — | 0.10 | 0.15 | — | 0.15 | — | — | — | 0.20 | 0.15 |

**制备方法**　将各组分原料混合均匀即可。

**产品应用**　本品主要作碳钢及其制品的酸洗液,浸没温度为室温,时间为0.5～4h。

**产品特性**

(1) 本产品缓蚀剂的原料廉价易得,无毒无害,易溶于水。采用本产品清洗碳钢及其产品的表面,能防止在酸洗过程中基体金属的过度浸蚀和酸液的过度消耗，具有用量低、效率高、持续作用能力强的特点。

（2）本产品的原理在于席夫碱杂环类化合物同时具有席夫碱和杂环类化合物的结构特征，分子内既含有杂环、氮、氧、硫等原子或原子团，又含有 C $=$ N 双键，通过这些原子或基团，有机分子能有效地吸附于碳钢表面，起到缓蚀作用。

（3）本产品缓蚀剂为席夫碱杂环类化合物，是以三氮唑、氯乙酸乙酯、水合肼以及相应的芳香醛为主要原料合成得到的，具有易合成、原料廉价、无毒无害、易溶于水的优点。

（4）本产品缓蚀剂为有机缓蚀剂，不存在使用后的环境问题，对环境和生物无毒无害，符合缓蚀剂发展的趋势。

## 配方68　香蕉皮提取物碳钢酸洗液

**原料配比**

| 原料 | | 配比(质量份) | | | | | | |
|---|---|---|---|---|---|---|---|---|
| | | 1# | 2# | 3# | 4# | 5# | 6# | 7# |
| 酸洗液 | 0.1mol/L 盐酸 | 1000(体积份) | 1000(体积份) | — | — | — | — | — |
| | 0.5mol/L 盐酸 | — | — | 1000(体积份) | 1000(体积份) | — | — | 1000(体积份) |
| | 1mol/L 盐酸 | — | — | — | — | 1000(体积份) | 1000(体积份) | — |
| 香蕉皮提取物 | | 0.30 | 0.15 | 0.30 | 0.15 | 0.30 | 0.20 | 2(体积份) |

**制备方法**　将各组分原料混合均匀即可。

**产品应用**　本品主要用作碳钢及其制品的酸洗液。

　　每升酸液中加入缓蚀剂的量为 0.001～2mL，浸膏或粉末 0.001～3.0g，浸没温度为室温（室温是指温度控制在 25～30℃），时间为 0.5～4h。

**产品特性**

（1）本产品的原理在于香蕉皮提取物具有果胶、低聚糖、纤维素、半纤维素、木质素、蛋白质、水溶糖分、脂肪，还具有芳环、芳杂环、杂原子、双键、叁键、大 π 键等原子或基团，能有效地起到缓蚀作用。

（2）本产品用于碳钢及其产品的表面清洗，能防止在清洗过程中金属的过度浸蚀和酸液的过度消耗，具有用量低、效率高、持续作用能力强的突出优点。

## 配方69　乙酮类杂环有机物碳钢酸洗液

**原料配比**

| 原料 | | 配比(质量份) | | | | | | | | | | |
|---|---|---|---|---|---|---|---|---|---|---|---|---|
| | | 1# | 2# | 3# | 4# | 5# | 6# | 7# | 8# | 9# | 10# | 11# |
| 酸洗液 | 0.5mol/L 盐酸 | 1000(体积份) | 1000(体积份) | — | — | — | — | — | — | — | — | — |
| | 1mol/L 盐酸 | — | — | 1000(体积份) | 1000(体积份) | — | — | — | — | — | — | — |
| | 0.8mol/L 盐酸 | — | — | — | — | 1000(体积份) | 1000(体积份) | — | — | — | — | — |
| | 0.1mol/L 硫酸 | — | — | — | — | — | — | 1000(体积份) | 1000(体积份) | 1000(体积份) | — | — |
| | 0.5mol/L 硫酸 | — | — | — | — | — | — | — | — | — | 1000(体积份) | 1000(体积份) |
| 缓蚀剂 | 1-[2-4'-硝基苯-5-(1,2,4-氮唑)-甲基-(1,3,4-噁二唑)]-乙酮 | 0.30 | 0.20 | — | 0.20 | 0.35 | 0.20 | — | 0.20 | 0.20 | 0.35 | 0.20 |
| | 1-（4-甲氧基苯)-2-[5-(1,2,4-三氮唑)-甲基-(1,2,4-三氮唑)-3-硫基]-乙酮 | — | 0.20 | 0.40 | 0.20 | — | 0.20 | 0.15 | 0.15 | — | — | 0.20 |

**制备方法**　将各组分原料混合均匀即可。

**产品应用**　本品主要用作碳钢及其制品的酸洗液。用加有乙酮类缓蚀剂的酸洗液浸没待清洗钢材、浸没温度为室温，时间为1～4h。

**产品特性**

（1）本产品缓蚀剂能有效防止在酸洗过程中酸对碳钢的腐蚀，具有用量低、缓蚀效率高、缓蚀性能稳定的突出优点。

（2）本产品涉及的乙酮类缓蚀剂是具有三氮杂环类的化合物，此化合物含有三氮杂环，分子内含有氮原子、苯环、$C=N$双键等原子或原子团，能有效地吸附于碳钢表面，起到缓蚀作用。

（3）本产品缓蚀剂为乙酮类化合物及其衍生物，合成步骤简单，原料廉价易得，成本低，属绿色型缓蚀剂。

（4）本产品缓蚀剂为乙酮类化合物，为有机缓蚀剂，不存在使用后的环境问题，对环境和生物无毒无害，环境友好，符合绿色缓蚀剂发展的趋势。

（5）本产品用于碳钢表面酸洗，添加少量的缓蚀剂就可有效抑制金属材料在酸洗过程中金属的过度浸蚀（即有害腐蚀）以及酸液的过度消耗，具有用量低、缓蚀效率高、持续作用能力强、使用效果好、可反复使用的突出优点。

（6）本产品能承受清洗条件的变化，如清洗剂浓度、温度、流速等，不影响缓蚀剂的缓蚀效果，缓蚀性能稳定。

## 配方70　　用于裸钢锈层稳定的酸洗液

**原料配比**

| 原料 | 配比（质量份） | | | | | |
|---|---|---|---|---|---|---|
| | 1# | 2# | 3# | 4# | 5# | 6# |
| HCl | 18 | 2 | 5 | 10 | 15 | 10 |
| $H_3PO_4$ | 1 | 10 | 8 | 5 | 3 | 5.5 |
| $HNO_3$ | 0.5 | 5 | 4 | 3 | 1 | 2.6 |
| 硫脲 | 10 | 1 | 8 | 5 | 3 | 5 |
| 六亚甲基四胺 | 0.1 | 5 | 0.5 | 1.5 | 3 | 2.5 |
| 羧基纤维素盐 | 0.1 | 5 | 3 | 1.5 | 0.5 | 2.5 |
| 水 | 70.3 | 72 | 71.5 | 74 | 74.5 | 71.9 |

**制备方法**　将原料按比例均匀混合配制成酸洗液。

**产品应用**　本品主要用作裸钢锈层稳定的酸洗液。

使用时，在 60～90℃条件下酸洗，可明显改善钢板表面的酸洗质量，提高后工序裸钢锈层稳定表面处理剂的涂覆性能。

**产品特性**

（1）本产品的作用机理为：酸洗液中，HCl、$H_3PO_4$、$HNO_3$ 可以提供游离氢离子，维持溶液酸度。$H_3PO_4$ 可降低硝酸对铁基体的腐蚀速度，同时能在工件表面产生薄的磷化层，有利于以后工序裸钢锈层的稳定。硝酸可用于处理四氧化三铁（$Fe_3O_4$）等难去除的氧化皮。硫脲、六亚甲基四胺和羧基纤维素盐为缓蚀添加剂，可避免工件表面过腐蚀、氢脆和酸雾的产生。在使用 HCl、$H_3PO_4$、$HNO_3$ 酸洗液时，酸洗时间要严格掌握，稍有不慎，工件就会产生过腐蚀现象，也会产生酸雾和氢脆现象。工件酸洗后不能马上进行下一道工序，需要存放一段时间，往往产生锈蚀，而在 HCl、$H_3PO_4$、$HNO_3$ 酸洗液中加入硫脲、六亚甲基四胺和羧基纤维素盐作为缓蚀添加剂，能在工件表面产生薄覆盖层，酸洗后存放一段时间也不会产生锈蚀。

（2）本产品不含铬及亚硝酸盐，健康环保；同时，本产品的酸洗液可在60～90℃范围内直接酸洗热轧板，高温条件下酸雾少，还能避免工件过腐蚀和氢脆现象，提高产品质量。

# 参 考 文 献

中国专利公告

CN-201310580111. X
CN-201310580109. 2
CN-201310624949. 4
CN-201410506589. 2
CN-201310621503. 6
CN-201410506402. 9
CN-201210569670. 6
CN-201310580055. X
CN-201210582196. 0
CN-201210569712. 6
CN-201410344418. 4
CN-201410808056. X
CN-201210118168. 3
CN-201210400374. 3
CN-201210557288. 3
CN-201310580075. 7
CN-201410601069. X
CN-201210575558. 3
CN-201310453291. 5
CN-201410271466. 5
CN-201110312681. 1
CN-201410601134. 9
CN-201410433678. 9
CN-201210569721. 5
CN-201410355082. 1
CN-201210569684. 8
CN-201210569112. X
CN-201310579861. 5
CN-201310584544. 2
CN-201410433816. 3
CN-201410433887. 3
CN-201310579848. X
CN-201210569675. 9
CN-201410601014. 9
CN-201410506204. 2
CN-201110105597. 2

CN-201410464817. 4
CN-201410392144. 6
CN-201410622275. 9
CN-201310584546. 1
CN-201410647030. 1
CN-201010562069. 5
CN-201210017870. 0
CN-201510211428. 5
CN-201310289880. 4
CN-201410622048. 6
CN-201410433815. 9
CN-201510211366. 8
CN-201310634515. 2
CN-201010219294. 9
CN-201410433785. 1
CN-201310588265. 3
CN-201410435600. 0
CN-201410435290. 2
CN-201410435602. X
CN-201410433788. 5
CN-201210569639. 2
CN-201410818320. 8
CN-201210117018. 0
CN-201410466461. 8
CN-201410700075. 0
CN-201410435300. 2
CN-201410700417. 9
CN-201410597375. 0
CN-201110247240. 8
CN-201410622240. 5
CN-201410622181. 1
CN-201410622264. 0
CN-201410622253. 2
CN-201410622230. 1
CN-201110293692. X
CN-201310633757. X

CN-201210243535. 2
CN-201110371471. X
CN-201510067745. 4
CN-201510044721. 7
CN-201210546681. 2
CN-201310419624. 2
CN-201310021295. 6
CN-201310162331. 0
CN-201410622280. X
CN-201410446237. 2
CN-201310439827. 8
CN-201210569612. 3
CN-201210257353. 0
CN-201410337986. 1
CN-201410599496. 9
CN-201510059638. 7
CN-201310439823. X
CN-201210355474. 9
CN-201410504153. X
CN-201410122488. 5
CN-201210394137. 0
CN-201310240042. 8
CN-201210386535. 8
CN-201410493835. 5
CN-201410623620. 0
CN-201210367844. 0
CN-201310211636. 6
CN-201410434024. 8
CN-201410638267. 3
CN-201510211489. 1
CN-201210569660. 2
CN-201110190390. X
CN-201310409838. 1
CN-201410292132. 6
CN-201110137842. 8
CN-201410434054. 9

CN-201410637475. 1
CN-201410582324. 0
CN-201410433954. 1
CN-201210566784. 5
CN-201410435709. 4
CN-201210287925. X
CN-201210287450. 4
CN-201310579867. 2
CN-201310370469. X
CN-201410292204. 7
CN-201310726184. 5
CN-201310678604. 7
CN-201410759665. 0
CN-201310486638. 6
CN-201410524520. 2
CN-201110004894. 8
CN-201410759794. X
CN-201510068794. X
CN-201310497108. 1
CN-201310439804. 7
CN-201310579917. 7
CN-201310579999. 5
CN-201410684800. X
CN-201310704318. 3
CN-201310588182. 4
CN-201410497213X
CN-201210569658. 5
CN-201110349284. 1
CN-201310579567. 4
CN-201310102715. 3
CN-201110367160. 6
CN-201210408897. 2
CN-201310424276. 8
CN-201410288453. 9
CN-201410481109. 1
CN-201410600990. 2
CN-201410701729. 1
CN-201210569732. 3
CN-201210518540. X

CN-201110058081. 7
CN-201210345616. 3
CN-201310114759. 8
CN-201410582322. 1
CN-201410601015. 3
CN-201110356104. 2
CN-201310439825. 9
CN-201510044441. 6
CN-201410595332. 9
CN-201310443727. 2
CN-201310442511. 4
CN-201310580046. 0
CN-201510211491. 9
CN-201410358737. 0
CN-201410355084. 0
CN-201410368647. X
CN-201310579781. X
CN-201410433988. 0
CN-201310580110. 5
CN-201510211344. 1
CN-201310579669. 6
CN-201210569598. 7
CN-201410481112. 3
CN-201210569714. 5
CN-201410506451. 2
CN-201310584367. 8
CN-201410434025. 2
CN-201410279049. 5
CN-201410434079. 9
CN-201210569600. 0
CN-201210569677. 8
CN-201310579668. 1
CN-201410674109. 3
CN-201410355085. 5
CN-201410694708. 1
CN-201410433886. 9
CN-201410649268. 8
CN-201410695010. 1
CN-201010614900. 7

CN-201210236052. X
CN-201010614902. 6
CN-201210488128. 8
CN-201410637664. 9
CN-201410248990. 0
CN-201210569693. 7
CN-201410622194. 9
CN-201210306456. 1
CN-201310439803. 2
CN-201510053651. 1
CN-201510146096. 7
CN-201310579971. 1
CN-201410256817. 5
CN-201510097376. 3
CN-201410434058. 7
CN-201510211493. 8
CN-201110186706. 8
CN-201210169730. 5
CN-201310695207. 0
CN-201210226278. 1
CN-201310507809. 9
CN-201310579813. 6
CN-201510025143. 2
CN-201510025139. 6
CN-201410709237. 7
CN-201210558225. X
CN-201310540987. 1
CN-201410098104. 0
CN-201510145887. 8
CN-201310166410. 9
CN-201310148518. 5
CN-201410642330. 0
CN-201210065561. 0
CN-201510262615. 6
CN-201210213604. 5
CN-201210550966. 3
CN-201510113823. X
CN-201310372070. 5
CN-201410621682. 8

CN-201010276833. 2

CN-201310393631. X

CN-201410850058. 5

CN-201310507104. 7

CN-201410030348. 5

CN-201310623615. 5

CN-201510034594. 2

CN-201410065551. 6

CN-201310336301. 7

CN-201310243057. X

CN-201210460680. 6

CN-201010282991. 9

CN-201010282663. 9

CN-201210197346. 6

CN-201410250493. 4

CN-201310272321. 2

CN-201310279533. 3

CN-201310647111. 7

CN-201410376654. 4

CN-201310703996. 8

CN-201510195146. 0

CN-201510221492. 1

CN-201210433756. 6

CN-201310125710. 2

CN-201110330115. 3

CN-201310442451. 6

CN-201010113506. 5

CN-201010224437. 5

CN-201310009238. 6

CN-201110330093. 0

CN-201510250639. X